乳胶涂料
配方与制备
（二）

李东光 主编

U0273426

化学工业出版社
·北京·

乳胶漆是以合成树脂乳液为基料，以水为分散介质，加人颜料、填料和助剂，经一定工艺过程制成的乳胶涂料。由于以水为溶剂，因此没有有机溶剂挥发所带来的环境和健康问题。

本书收集了近 200 种乳胶漆的配方和配伍、制法、应用等，可供涂料、化工、建筑等领域工作人员参考使用。

图书在版编目（CIP）数据

乳胶涂料配方与制备（二）/李东光主编 .—北京：
化学工业出版社，2015.12
ISBN 978-7-122-25488-7

Ⅰ.①乳… Ⅱ.①李… Ⅲ.①乳胶漆-配方②乳胶漆-生产工艺 Ⅳ.①TQ637

中国版本图书馆 CIP 数据核字（2015）第 253239 号

责任编辑：靳星瑞　　　　　　　　　　文字编辑：李锦侠
责任校对：宋　玮　　　　　　　　　　装帧设计：王晓宇

出版发行：化学工业出版社（北京市东城区青年湖南街 13 号　邮政编码 100011）
印　　刷：北京永鑫印刷有限责任公司
装　　订：三河市宇新装订厂
850mm×1168mm　1/32　印张 10¼　字数 323 千字
2016 年 2 月北京第 1 版第 1 次印刷

购书咨询：010-64518888（传真：010-64519686）　售后服务：010-64518899
网　　址：http://www.cip.com.cn

定　　价：48.00 元　　　　　　　　　　版权所有　违者必究

FOREWORD 前 言

在我国，人们习惯上把以合成树脂乳液作为基料，以水为分散介质，加入颜料、填料（亦称体质颜料）和助剂，经一定工艺过程制成的涂料，叫做乳胶漆，也叫乳胶涂料。

乳胶漆是水性涂料，它们的漆膜性能比溶剂型涂料要好得多，占溶剂型涂料一半的有机溶剂在这里被水代替了，因此有机溶剂的毒性问题，基本上被乳胶漆彻底地解决了。乳胶漆是以一些聚合物水溶液做成膜物质的，除水和安全无害的不同类型聚合物之外，还含有少量乳化剂和微量未聚合的游离单体。游离单体是一些能挥发的小分子物质，存在不同程度的毒性问题，现在环保漆游离单体的浓度控制在 0.1％以下，助剂用量多的有 2％～3％，少的只占 0.05％～0.1％。一些劣质的乳胶漆有毒的游离单体浓度和助剂用量超标几十倍或几百倍，影响健康。

根据生产原料不同，乳胶漆主要有聚醋酸乙烯乳胶漆、乙丙乳胶漆、纯丙烯酸乳胶漆、苯丙乳胶漆等品种；根据产品适用环境不同，分为内墙乳胶漆和外墙乳胶漆两种；根据装饰的光泽效果不同又可分为无光、哑光、半光、丝光和有光等类型。乳胶漆有如下特性。

① 干燥速度快。在 25℃时，30min 内表面即可干燥，120min 左右就可以完全干燥。

② 耐碱性好。涂于呈碱性的新抹灰的墙和天棚及混凝土墙面，不返黏，不易变色。

③ 色彩柔和，漆膜坚硬，表面平整无光，观感舒适，色彩明快而柔和。颜色附着力强，是粉刷墙面和天棚的理想涂料。

④ 可在新施工完的湿墙面上施工，允许湿度可达 8％～10％，而且不影响水泥继续干燥。

⑤ 无毒。即使在通风条件差的房间里施工，也不会给施工工人带来危害。

⑥ 调制方便，易于施工。可以用水稀释，用毛刷或排笔施工，工具用完后可用清水清洗，十分便利。

⑦ 不引火。因涂料属水相系统，所以无引起火灾的危险。

近几年市场上推出了新一代乳胶漆产品——纳米乳胶漆。纳米乳胶漆中的主要组成部分是纳米复合涂料，是指一些颜填料以纳米尺寸分散在涂料混合体系中制得的涂料的，性能得到大幅度的提高。纳米复合涂料能大幅度提高抗老化性、耐洗刷性、耐水性、附着力、光洁度、抗沾污性（涂膜的自洁能力）、杀菌、防霉、抗藻等性能，是新一代高科技含量的绿色环保产品。由于纳米涂料采用纳米级单体浆料及纳米乳液、纳米色浆、纳米杀菌剂、纳米多功能助剂等系列纳米材料生产，与现有乳胶漆所用原料相比有无可比拟的超细性和独特性，其产品综合性能和质量大大优于其同类产品，且成本低于传统乳胶漆产品，与传统乳胶漆相比具有以下特点。

① 利用纳米材料的双疏机理，使涂层的水分有效地排出，并阻止外部水分的侵入，使涂膜具有呼吸的性能。

② 利用纳米材料的特殊功能和微分子结构，与墙体的无机硅质和钙质发生配位反应，使墙体和涂膜形成牢固的爪状渗透，使涂膜不会脱落，不起皮，有高强的硬度和耐洗刷性。

③ 利用纳米材料的超双界面的物性原理，有效地防止粉尘及油污的侵入，使墙体有良好的自洁功能。

④ 利用纳米材料的光催化技术，使涂层的抗老化能力增强，具有净化空气的功能。

⑤ 利用纳米材料的激活技术，可有效地杀灭或抑制细菌的繁殖。

⑥ 独特的环保性。常温常压下生产，无毒、无味、无污染，属水溶性环保型涂料。

⑦ 极强的黏结性。对砂浆、混凝土、石材、石棉板、木材、金属等建筑材料有很强的附着力。

⑧ 优良的高耐候性。南、北方，高、低温均适用。在潮湿的基面上亦可施工，抗冻型可在 $0 \sim -25℃$ 低温中施工，存放不变质。

⑨ 由于纳米级粉体材料极细（已接近分子结构），很难分散（始终浮于水面上），所以，将其聚合制成纳米浆料单体，使涂料在生产中分散轻松自如，可吸收和折射紫外线，使用寿命为 $10 \sim 15$ 年以上。

为了满足市场需求，我们在化学工业出版社的组织下编写了这本

《乳胶涂料配方与制备（二）》，书中收集了近200种乳胶涂料制备实例，详细介绍了产品的配方和制备方法、用途与质量指标、特性，旨在为乳胶涂料工业的发展尽点微薄之力。

本书的配方以质量份表示，在配方中有注明以体积份表示的情况下，需注意质量份与体积份的对应关系，例如质量份以克为单位时，对应的体积份是毫升，质量份以千克为单位时，对应的体积份是升，以此类推。

本书由李东光主编，参加编写的还有翟怀凤、李桂芝、吴宪民、吴慧芳、蒋永波、邢胜利、李嘉等，由于编者水平有限，书中疏漏及欠妥之处在所难免，恳请读者在使用过程中发现问题并及时指正。作者E-mail地址为 ldguang@163.com。

编者

2015.8

CONTENTS **目 录**

疏水性防污丙烯酸乳胶漆

原料配比

表1 防污剂

原　料	配比（质量份）
甲基硅酸	25
酒精	35
工业碱	40

表2 疏水剂

原　料	配比（质量份）
石蜡	20
硅油	6.68
十二烷基苯磺酸钠	2.27
吐温	2.59
油酸	3.56
三乙醇胺	1.94
硬脂酸	0.36
热水	62.24
消泡剂	0.17
pH调节剂	0.17

表3 疏水性防污丙烯酸乳胶漆

原　料	配比（质量份）
水	45
分散剂	0.07
消泡剂	0.03
防腐剂	0.05
防霉剂	0.06
高岭土	3
钛白粉	5
重质碳酸钙粉	6
石英粉	5
丙烯酸乳液	55
增稠剂	0.15
防污剂	7
疏水剂	5

制备方法

（1）防污剂的制备　将甲基硅酸、酒精和工业碱混合后得到。

（2）疏水剂的制备　将石蜡切成小块，放入烧杯中，加热至80℃

使其熔化，待其熔化后，加入硅油，低速搅拌使其充分混合，然后依次加入十二烷基苯磺酸钠、吐温、油酸、三乙醇胺、硬脂酸和热水；在乳化温度为 80℃ 的情况下，以 1000r/min 的速度搅拌 40min，冷却至室温，再加入消泡剂和 pH 调节剂，搅拌均匀，制得成品。

（3）疏水性防污丙烯酸乳胶漆的制备　将水、分散剂、消泡剂、防腐剂、防霉剂、高岭土、钛白粉、重质碳酸钙粉、石英粉、丙烯酸乳液、增稠剂、防污剂和疏水剂通过搅拌机高速分散搅拌均匀制成。

◀原料配伍▶

本品各组分质量份配比范围为：水 35~45、分散剂 0.05~0.1、消泡剂 0.01~0.05、防腐剂 0.04~0.1、防霉剂 0.02~0.08、高岭土 2~4、钛白粉 3~8、重质碳酸钙粉 5~6、石英粉 5~8、丙烯酸乳液 45~65、增稠剂 0.15~0.3、防污剂 5~10、疏水剂 2~6。

所述防污剂质量份配比范围为：甲基硅酸 24~26、酒精 34~36、工业碱 39~41。

所述疏水剂质量份配比范围为：石蜡 19~21、硅油 6.68、十二烷基苯磺酸钠 2.27、吐温 2.59、油酸 3.56、三乙醇胺 1.94、硬脂酸 0.36、消泡剂 0.17、pH 调节剂 0.17、水 62.24。

◀产品应用▶

本品主要应用于办公室、教室、家庭侧面墙等的涂装，并且能够很容易地清洁喷洒在墙上的墨汁、污水等。

◀产品特性▶

本品漆膜附着力好、遮盖力强，优质价低，经济适用，耐水、耐沾污性、耐洗刷性和耐候性好，可用于办公室、教室、家庭侧面墙等的涂装，并且能够很容易地清洁喷洒在墙上的墨汁、污水等。

疏水性防霉低 VOC 的环保乳胶漆

◀原料配比▶

表1　疏水剂

原　料	配比（质量份）
石蜡	20
硅油	6.68

续表

原　料	配比(质量份)
十二烷基苯磺酸钠	2.27
吐温	2.59
油酸	3.56
三乙醇胺	1.94
硬脂酸	0.36
热水	62.24
消泡剂	0.17

表 2　环保乳胶漆

原　料	配比(质量份)
分散剂	0.3
增稠剂	0.7
消泡剂	0.1
水	20
颜料	22
成膜物质	50
其他助剂	1.2
防霉剂	0.7
疏水剂	5

制备方法

（1）疏水剂的制备　将石蜡切成小块，放入烧杯中，加热至80℃使其熔化，后加入硅油，低速搅拌使其充分混合；然后依次加入十二烷基苯磺酸钠、吐温、油酸、三乙醇胺、硬脂酸和热水，在乳化温度为80℃的情况下，以 1000r/min 的速度搅拌 40min，冷却至室温，再加入消泡剂和 pH 调节剂，搅拌均匀，制得成品。

（2）疏水性防霉低 VOC 的环保乳胶漆的制备　将分散剂、增稠剂和消泡剂在水中混匀，加入颜填料，高速分散至细度合格，在低速下加入成膜物质和其他助剂，再加入防霉剂和疏水剂，检验合格后过滤，得成品。

原料配伍

本品各组分质量份配比范围为：水 5～20、分散剂 0.1～0.5、增稠剂 0.2～0.8、消泡剂 0.05～0.3、颜填料 15～30、成膜物质 30～50、其他助剂 0.5～1.5、防霉剂 0.1～1、疏水剂 1～6。

所述疏水剂质量份配比范围为：石蜡 19～21、硅油 6.67～6.69、十二烷基苯磺酸钠 2.26～2.28、吐温 2.58～2.6、油酸 3.55～3.57、三乙醇胺 1.93～1.95、硬脂酸 0.35～0.37、消泡剂 0.16～0.18、pH 调节剂 0.16～0.18、水余量。

所述的分散剂为聚丙烯酸钠盐、聚羧酸氨铵盐或聚丙烯酸铵盐。

所述的增稠剂为羟乙基纤维素、聚氨酯增稠剂中的一种或一种以上的混合物。

所述的消泡剂为矿物油改性聚硅氧烷。

所述的颜填料可选用重质碳酸钙粉、高岭土或滑石粉。

所述的成膜物质为核壳结构的纯丙聚合物。

产品应用

本品主要应用于内墙的涂装。

产品特性

本品制作简单，成本低，防霉抑菌效果好，耐沾污性、耐洗刷性和耐候性好，而且高温不回黏，硬度、附着力高，VOC 排放量低，低温可成膜，无毒无害，是符合环保特性的乳胶漆。

释放远红外的内墙乳胶漆

原料配比

原　料	配比（质量份）		
	1 号	2 号	3 号
H$_2$O	10	35	12
分散剂	0.4	0.8	0.5
润湿剂	0.1	0.2	0.15
消泡剂	0.2	0.5	0.3
防霉防藻剂	0.2	1	0.3
增稠剂	0.3	0.6	0.5
钛白粉	8	16.65	30
pH 调节剂	0.15	0.05	0.1
800 目重质碳酸钙	22.25	5	30
煅烧高岭土或水洗高岭土	5	15	6
远红外粉	2.5	0.5	0.6

续表

原　料	配比(质量份)		
	1 号	2 号	3 号
麦饭石	5	3	3.05
玉石粉	2	10	3
负离子素	2	0.5	0.6
乳液	35	10	11
成膜助剂	2.5	0.5	0.6
防冻剂	2.5	0.5	0.7
防腐剂	0.4	0.1	0.2
流平剂	1.5	0.1	0.4

制备方法

① 在小于 500r/min 的速度下，依次加入 90％的 H_2O、分散剂、润湿剂、50％的消泡剂、防霉防藻剂、增稠剂混合搅拌均匀。

② 在 500～1000r/min 的速度下依次加入钛白粉、pH 调节剂、800 目重质碳酸钙、煅烧高岭土或水洗高岭土、远红外粉、负离子素、麦饭石、玉石粉。

③ 在大于 1000r/min 的速度下，分散或砂磨至细度<50μm。

④ 在小于 500r/min 的速度下，依次加入乳液、成膜助剂、防冻剂、防腐剂、流平剂、剩余的消泡剂、剩余的水混合搅拌均匀。

原料配伍

本品各组分质量份配比范围为：H_2O 10～35、分散剂 0.4～0.8、润湿剂 0.1～0.2、消泡剂 0.2～0.5、防霉防藻剂 0.2～1、增稠剂 0.3～0.6、钛白粉 8～30、pH 调节剂 0.05～0.15、800 目重质碳酸钙5～30、煅烧高岭土或水洗高岭土 5～15、远红外粉 0.5～2.5、麦饭石3～5、玉石粉2～10、负离子素 0.5～2、乳液 10～35、成膜助剂 0.5～2.5、防冻剂 0.5～2.5、防腐剂 0.1～0.4、流平剂 0.1～1.5。

产品应用

本品主要应用于室内墙壁、天花板、石膏板等的表面装饰。

产品特性

① 本品释放的远红外线对人体具有一定的保健作用并且具有净化室内空气等功能。

② 本品气味低，基本无味。

③ 本品具有很好的物理性能，能满足室内装饰要求。

水性防氡乳胶漆

原料配比

原 料	配比（质量份）		
	1 号	2 号	3 号
水	300	320	310
羟乙基纤维素	3	2.6	2.4
分散剂 SN-Dispersant-5040	3.5	3.2	—
分散剂 SN-Dispersant-5040 与 FC-109 的混合物	—	—	3.1
消泡剂 SN-154	—	3.5	3.2
消泡剂磷酸三丁酯	4	—	—
流平剂 NOPCO OSX™2000EXP	3.2	3	2.8
轻质碳酸钙	75	125	128
钛白粉	170	175	190
膨润土	55	45	48
滑石粉	75	125	140
乙二醇	7	6.5	6.2
成膜助剂邻苯二甲酸二甲酯	4	3.5	3.2
PVDF-丙烯酸酯共聚物乳液与醋酸乙烯-丙烯酸酯共聚物的混合物	400	375	380
YN-215(1,3,5-三羟乙基均三嗪)	3	—	—
GK-98 防腐剂(有效化学组分三羟乙基均三嗪)	—	3.2	2.7

制备方法

① 反应混合温度在 40℃ 左右。

② 将组分水按量先放入反应釜，再将组分羟乙基纤维素、分散剂 SN-Dispersant-5040、消泡剂、流平剂 NOPCO OSX™2000EXP 逐步加入，先慢后快混合搅拌 30min。

③ 加入组分轻质碳酸钙、钛白粉、膨润土、滑石粉，高速搅拌 30min。

④ 加入组分乙二醇、成膜助剂邻苯二甲酸二甲酯、PVDF-丙烯酸

酯共聚物乳液与醋酸乙烯-丙烯酸酯共聚物的混合物、杀菌防霉剂，慢速搅拌30min。

⑤取出放入砂磨机研磨约60min，过滤。

◀ 原料配伍 ▶

本品各组分质量份配比范围为：水280～320、羟乙基纤维素2～3、分散剂SN-Dispersant-5040为3～3.5、消泡剂3～4、流平剂NOPCO OSX™2000EXP 2.5～3.2、轻质碳酸钙100～130、钛白粉170～200、膨润土45～55、滑石粉75～150、乙二醇6～7、成膜助剂邻苯二甲酸二甲酯3～4、PVDF-丙烯酸酯共聚物乳液与醋酸乙烯-丙烯酸酯共聚物的混合物350～400、杀菌防霉剂3～3.5。

◀ 产品应用 ▶

本品用于家居内墙装饰装修。

◀ 产品特性 ▶

与传统的水性防氡乳胶漆相比，本品可用作室内装饰内墙涂料，防氡、苯、二甲苯、甲醛等的效果在80%以上；且由于涂料中不含聚偏二氯乙烯，使得漆膜不易泛黄和粉化起泡，而且综合性能好，适用面广，自然干燥，漆膜具有附着力强，保色性、光泽保持性、抗污染性、去污性、耐风化、抗菌、霉、藻、抗开裂、耐水、耐碱、耐光、耐久性、耐老化、柔韧性佳，耐擦洗、耐化学性能优异等优点，生产工艺简单，成本较低。

水性内墙环保乳胶漆

◀ 原料配比 ▶

原　　料	配比(质量份)	
	1号	2号
水	28.32	22.67
分散剂	1	1
增稠剂	2	2.1
润湿剂	0.2	0.2
消泡剂	0.3	0.3
钛白粉	25	27

续表

原 料	配比（质量份）	
	1号	2号
煅烧高岭土	12	5
700目重质碳酸钙粉	—	5
滑石粉	—	2.5
成膜物质	31	34
pH 调节剂	0.15	0.2
杀菌防霉剂	0.03	0.03

制备方法

将分散剂、增稠剂、消泡剂在水中混匀，加入颜填料，高速分散至细度合格；然后在低速下加入精选的成膜物质、润湿剂、pH 值调节剂和杀菌防霉剂，搅拌均匀；检验合格后，过滤包装。

原料配伍

本品各组分质量份配比范围为：水 20～30、分散剂 0.8～2、增稠剂 0.2～3、润湿剂 0.2～1、消泡剂 0.2～0.8、颜填料 35～40、成膜物质 30～40、pH 调节剂 0.15～0.2、杀菌防霉剂 0.02～0.05。

所述分散剂选自聚丙烯酸钠盐 5040、聚羧酸铵盐 5027、聚丙烯酸铵盐 GA40、改性聚丙烯酸钠盐 731A 中的一种或一种以上的混合物。

所述增稠剂选自羟乙基纤维素 250HBR、QP15000H、ER52M、不含溶剂的非离子聚氨酯增稠剂 420、RM8W 中的一种或一种以上的混合物。

所述润湿剂选自美国气体化学、美国陶氏化学、德国科莱恩公司生产的 DC01、SA8、SA9、407、265 中的一种或一种以上的混合物。

所述消泡剂选自科宁的 A10、A34。

所述颜填料为钛白粉、重质碳酸钙粉、高岭土、滑石粉中的一种或一种以上的混合物。

所述成膜物质为塞拉尼斯的 1608。

所述 pH 调节剂选自氨水（28%）、陶氏化学的 AMP-95 中的至少一种。

所述杀菌防霉剂为罗门哈斯的 LXE、索尔的 ACTICIDE·MV、索尔的 ACTICIDE·EPW 中的任一种。

本品的技术原理：本品选用不含 APEO、低 VOC 的组分，替换了原来含有 APEO、高 VOC 的组分。

增稠剂为不含溶剂的非离子聚氨酯增稠剂中的一种或一种以上的混合物，因此 VOC 含量低。

润湿剂可选用商品名为 DC01 的表面活性剂，该品不含 APEO 且零 VOC。

消泡剂选自科宁的 A10、A34，该类产品系采用了特殊分子结构的消泡物质与聚硅氧烷合成的新型消泡剂，具有更低 VOC 含量和更强的持久消泡能力。

成膜物质为塞拉尼斯的 1608，是一种非增塑的基于乙烯和醋酸乙烯共聚物水分散的 VAE 乳液。该乳液没有任何溶剂或增稠剂自成膜，低气味，不需加防冻剂，在冻融方面有很好的表现。

质量指标

检验项目	检验标准	检验结果	
		1 号	2 号
在容器中的状态	无硬块,搅拌后呈均匀状态	符合	符合
施工性	刷涂二道无障碍	符合	符合
低温稳定性	不变质	符合	符合
干燥时间（表干）/h	<2	符合	符合
涂膜外观	正常	符合	符合
对比率（白色和浅色）	$\geqslant0.95$	0.96	0.97
耐碱性	24h 无异常	符合	符合
耐洗刷性/次	>1000	>1000	>1200

产品应用

本品主要应用于建筑内墙。

产品特性

① 制作简单，所需原料品种简单。

② 不含有 APEO，把有害物质降到最少。

③ 其挥发性有机物排放量近似于零。

④ 不需要加入成膜助剂、乙二醇、丙二醇等物质。

⑤ 具有低温成膜性和出色的低温稳定性、耐擦洗、附着力强、抗污性较好，综合性能比普通乳胶漆高。

⑥ 具有较好的长期稳定性，长期使用不会产生开裂、掉粉现象，装饰效果好，施工方便。

⑦ 气味低，安全可靠，是一种真正意义上的水性内墙环保乳胶漆。

水性内墙乳胶漆

原料配比

原　　料	配比（质量份）
防霉剂	0.2
分散剂	0.5
助溶剂	1.0
润湿剂	0.1
去离子水	48.8
重质碳酸钙	5.0
轻质碳酸钙	12.0
绢云母	10.0
高分子共聚乳液	20.0
成膜助剂	1.0
增稠剂	1.0
消泡剂	0.2
pH 调节剂	0.2

制备方法

① 在搅拌釜中加入去离子水，再加入防腐剂、分散剂、助溶剂、润湿剂等，并低速搅拌均匀。

② 在搅拌釜中将重质碳酸钙、轻质碳酸钙、绢云母制成涂浆，并搅拌均匀。

③ 将①泵入②的搅拌釜中，高速分散至颜填料达到规定细度。

④ 在低速搅拌下依次加入乳液、成膜助剂、增稠剂、消泡剂。

⑤ 搅拌均匀，调节 pH 值后，经过滤包装，制成合格成品。

原料配伍

本品各组分质量份配比范围为：高分子共聚乳液（45％～50％）18.0～20.2、轻质碳酸钙 12.0～14.0、重质碳酸钙 3.0～6.0、绢云母 8.0～11.0、增稠剂 1.0～3.0、防腐剂 0.15～0.5、成膜助剂 1.0～2.0、消泡剂 0.1～0.5、分散剂 0.1～0.5、润湿剂 0.1～1.0、助溶剂 1.0～1.5、pH 调节剂 0.1～0.5、去离子水 39.3～48.8。

其分散剂为聚丙烯酸钠、六偏磷酸钠；高分子乳液为醋酸乙烯-丙烯酸共聚物、醋酸乙烯均聚物、苯乙烯-丙烯酸共聚物；增稠剂为羟甲基纤维素、羟乙基纤维素；防腐剂为苯甲酸钠、异噻唑啉酮；润湿剂为有机磷酸盐、非离子型表面活性剂；消泡剂为磷酸三丁酯；成膜助剂为十二碳醇酯、丙二醇苯醚；助溶剂为乙二醇、丙二醇。

产品应用

本品用于建筑内墙的涂装。

产品特性

本品不含钛白粉及硅成分，有益环保及人体健康，光洁度高，具有良好遮盖力，对人体无过敏性刺激，是一种低成本的环保水性内墙乳胶漆。

水溶性内墙乳胶漆

原料配比

原　　料	配比（质量份）		
	1 号	2 号	3 号
水	35	35	35
阴离子型分散剂	1	1	1
消泡剂	0.2	0.2	0.2
高岭土	5	5	5
钛白粉	5	6	7
重质碳酸钙	20	19	18
硅灰石	5	5	5
滑石粉	10	10	10
立德粉	3	3	3
纤维素	1	1	1
绢云母	2	2	2
成膜助剂	0.2	0.2	0.2
乙二醇	6	6	6
抑泡剂	0.5	0.5	0.5
乳液	6	6	6
增稠剂	0.3	0.3	0.3
增白剂	0.3	0.3	0.3

制备方法

① 将水送入立式砂磨机，开动搅拌器，将转速调为 1800r/min，保

持常温，依次加入阴离子型分散剂、消泡剂，搅拌均匀后，加入高岭土、钛白粉、重质碳酸钙、硅灰石、滑石粉、立德粉、纤维素、绢云母再搅拌 50min。

② 将转速调为 1000r/min，依次加入成膜助剂、乙二醇、抑泡剂，并将转速逐步降至 600r/min，搅拌 20min，要达到均匀无颗粒。

③ 将转速调至 400r/min，依次加入乳液、增稠剂、增白剂，搅拌30min 即得到成品。

◀ 原料配伍 ▶

本品各组分质量份配比范围为：水 35、阴离子型分散剂 1、消泡剂0.2、高岭土 5、钛白粉 5～7、重质碳酸钙 18～20、硅灰石 5、滑石粉10、立德粉 3、纤维素 1、绢云母 2、成膜助剂 0.2、乙二醇 6、抑泡剂0.5、乳液 6、增稠剂 0.3、增白剂 0.3。

◀ 产品应用 ▶

本品主要应用于房屋内墙墙面的保护。

◀ 产品特性 ▶

本品工艺简单、操作方便，漆膜平整、光亮，耐久性强、干燥迅速、附着牢固、色彩稳定等，且无毒无味，属环保产品。

水性乳胶面漆

◀ 原料配比 ▶

原　料	配比（质量份）
聚丙烯酸钠	4
带氨基的硅烷	1.2
磷酸三丁酯	3.5
多菌灵	1.5
乙二醇乙醚醋酸酯	18
蒸馏水	230
炭黑	30
乙醇	13
苯丙乳液	700
丙二醇	28
丙烯酸酯共聚乳液	23
氨水	32

<制备方法>

① 先将蒸馏水加入配料罐中，然后依次加入聚丙烯酸钠、带氨基的硅烷、磷酸三丁酯、多菌灵、乙二醇乙醚醋酸酯、乙醇、丙烯酸酯共聚乳液、炭黑，高速分散30min，砂磨机研磨至细度≤30mm然后加入调漆罐中。

② 将氨水加入苯丙乳液中，注入配料罐，再加入丙二醇，分散均匀后加入调漆罐中。

③ 在调漆罐中将两种物料搅拌均匀，经80目铜丝网过滤，即得成品。

<原料配伍>

本品各组分质量份配比范围为：聚丙烯酸钠3～6、带氨基的硅烷0.5～1.5、磷酸三丁酯2～5、多菌灵1～2、乙二醇乙醚醋酸酯15～20、蒸馏水200～250、炭黑25～35、乙醇10～16、苯丙乳液650～750、丙二醇20～40、丙烯酸酯共聚乳液15～28、氨水25～40。最佳配比为：聚丙烯酸钠4～5、带氨基的硅烷1～1.2、磷酸三丁酯3～4、多菌灵1.2～1.8、乙二醇乙醚醋酸酯16～19、蒸馏水220～240、炭黑28～32、乙醇12～14、苯丙乳液680～720、丙二醇25～30、丙烯酸酯共聚乳液22～24、氨水30～35。

<产品应用>

本品用于建筑的涂刷。

<产品特性>

本品制备简单、成本低、无污染、物理机械性能优良、性能稳定。

四防乳胶漆面层

<原料配比>

原　料	配比（质量份）								
	1 号	2 号	3 号	4 号	5 号	6 号	7 号	8 号	9 号
紫外线吸收剂	1.05	1.2	0.6	0.6	0.6	0.6	0.75	0.75	0.75
水性分散剂	0.15	0.1	0.12	0.1	0.1	015	0.15	0.15	0.15
消泡剂	0.2	0.17	0.18	0.12	0.17	0.2	0.2	0.2	0.2
75# 工业防霉剂	0.6	0.18	0.2	0.18	0.18	0.6	0.6	0.6	0.6

续表

原　料	配比（质量份）								
	1 号	2 号	3 号	4 号	5 号	6 号	7 号	8 号	9 号
羟乙基纤维素	3.0	1.0	1.1	1.0	1.0	1.0	2.0	2.3	2.0
纯丙乳液胶黏剂	20	24.35	24.3	25	23.17	20	20	20	22
水	75	73	73.5	73	73	74.6	74	74	74
醇酯	—	—	—	—	0.28	0.35	0.3	—	0.3
丙二醇	—	—	—	—	1.5	2.5	2.0	2.0	—

制备方法

将上述原料加入反应釜，用高速分散机搅拌均匀后，分装即可。

原料配伍

本品各组分质量份配比范围为：紫外线吸收剂 0.6～1.2、水性分散剂 0.1～0.15、消泡剂 0.12～0.2、75# 工业防霉剂 0.18～0.6、羟乙基纤维素 1～3、纯丙乳液胶黏剂 20～25、水 73～75。

产品应用

本品用于墙体的涂刷。

产品特性

本乳胶漆面层，涂刷在乳胶漆上后，可有效起到防水、防老化、防褪色、防污染的四防作用，同时本乳胶漆面层价格较低，且寿命可增加一倍。

调湿内墙乳胶漆

原料配比

原　料		配比（质量份）		
		1 号	2 号	3 号
去离子水		700	350	500
基料	硅藻土	100	120	450
	负离子添加剂	70	30	10
	苯丙乳液	100	125	500
填料	高岭土	80	30	40
	碳酸钙	100	80	50
颜料	钛白粉	100	110	350

原　料		配比（质量份）		
		1 号	2 号	3 号
功能性助剂	消泡剂	9	3	2
	分散剂 A	1	5	5
	分散剂 B	0	1	7
	pH 调节剂	0.5	1	2.5
	杀菌防腐剂	5	1.5	1
	防霉抗藻剂	3	6	5
	抗冻剂	1	0.5	1
	成膜助剂	2	10	5
	增稠剂 A	—	5	10
	增稠剂 B	10	5	2

制备方法

① 按配方称量各组分。

② 将去离子水、消泡剂、分散剂 A、分散剂 B 和负离子添加剂在容器中混合，用搅拌机以 400r/min 搅拌 5min，得到混合物一。

③ 将混合物一与高岭土、钛白粉、硅藻土和碳酸钙在容器中混合，用搅拌机以 1200r/min 搅拌 30min，得到混合物二。

④ 将混合物二与 pH 调节剂、杀菌防腐剂、防霉抗藻剂、抗冻剂、成膜助剂在容器中混合，用搅拌机以 1000r/min 搅拌 5min，得到混合物三。

⑤ 将混合物三与增稠剂 A、增稠剂 B 和苯丙乳液在容器中混合，用搅拌机以 130r/min 搅拌 15min，即得粉状成品。

原料配伍

本品各组分质量份配比范围为：去离子水 350～700；基料，硅藻土 100～450、负离子添加剂 10～70、苯丙乳液 100～500；填料，高岭土 0～80、碳酸钙 0～100；颜料，钛白粉 100～350；功能性助剂，消泡剂 2～9、分散剂 A 5～15、分散剂 B 0～7、pH 调节剂 0.5～2.5、杀菌防腐剂 1～5、防霉抗藻剂 5～30、抗冻剂 0～15、成膜助剂 5～20、增稠剂 A 0～10、增稠剂 B 2～10。

其中，所述硅藻土为采用古生物硅藻类经过成千上万年沉积而成的硅藻土矿，经过 930℃ 高温提炼而成的白色粉质。所述负离子添加剂是采用自然界唯一天生带电的高品质极性无机材料，经过高科技加工而成的一种负离子空气净化剂。所述消泡剂为脂肪族和乳化剂的混合物，所述分散剂 A 为多磷酸盐类，所述分散剂 B 为聚丙烯酸铵盐，所述 pH 调节剂为有机铵，所述防霉剂为 IPBC 和 BCM 的复配物，所述抗冻剂为丙二醇，所述成膜助剂为戊二醇单异丁酸酯，所述防腐剂为 MIT 和 CMIT 的复配物，所述增稠剂 A 为乙氧基聚氨酯类增稠剂，所述增稠剂 B 为丙烯酸类碱溶胀改性增稠剂，所述钛白粉为金红石型二氧化钛粉；所述苯丙乳液为苯乙烯与丙烯酸酯共聚的净味乳液。

产品应用

本品是一种调湿内墙乳胶漆。

产品特性

① 本品除了自身具有的环保性外，还能够调节室内湿度及改善空气质量。

② 本品较其他粉末状调湿涂料更易施工及操作。

③ 本品涂刷在内墙表面后，涂膜中的硅藻土由于本身的多孔隙特点，能够为水的出入提供了方便的通道，以此来吸湿及放湿达到调节湿度的目的；并且具有很强的吸附性，再结合"负离子添加剂"，可持续释放负离子，负离子的发生量为 2000 个/cm^3，能快速持久地去除空气中的甲醛、氨、苯等有害气体及异味，对空气中的细菌（如大肠杆菌、金黄色葡萄球菌等）有很好的扼杀和抑制其生长的效果，从而净化室内空气，改善人们居住环境，有益人体健康。

钛系银基防霉抗菌内墙乳胶漆

原料配比

原　　料	配比（摩尔比）
亚锡盐溶液中的 Sn 与二氧化钛溶胶中 Ti 的摩尔比为	（1：0.2）～（1：5）
可溶性银盐中的 Ag 与二氧化钛溶胶中 Ti 的摩尔比为	1：（0.5～20）
还原剂与银盐的摩尔比为	1：（0.1～10）
二氧化钛防霉抗菌溶胶的添加质量占乳胶漆质量的百分数	1%～15%

制备方法

① 将富含羟基的二氧化钛纳米晶溶胶与亚锡盐溶液充分混合，在

40～90℃的水浴条件下回流反应，然后将产物离心分离、洗涤后再胶溶到去离子水中，用硝酸调节其 pH 值，pH 值控制在 0.5～5 之间。

② 在搅拌条件下，向上述经亚锡盐处理后的溶胶中加入可溶性银盐溶液，并加入还原剂，搅拌促使体系充分反应后，将产物离心洗涤，并胶溶至去离子水中，获得载银纳米二氧化钛防霉抗菌溶胶。

③ 在搅拌条件下，将上述载银纳米二氧化钛防霉抗菌溶胶加入乳胶漆中，利用粒子间的静电作用促使载银二氧化钛溶胶粒子在乳液粒子上附着，实现纳米载银二氧化钛在乳胶漆中的分散，获得钛系银基防霉抗菌乳胶漆内墙涂料。

原料配伍

本品各组分质量份配比范围为：亚锡盐溶液中的 Sn 与富含羟基的二氧化钛纳米晶溶胶中的 Ti 的摩尔比为 (1:0.2)～(1:5)、可溶性银盐中的 Ag 与二氧化钛溶胶中 Ti 的摩尔比为 1:(0.5～20)、还原剂与银盐的摩尔比为 1:(0.1～10)、二氧化钛防霉抗菌溶胶的添加质量占乳胶漆质量的 1%～15%。

所述富含羟基的二氧化钛纳米晶溶胶按如下过程制备。

① 在搅拌条件下将四氯化钛、硫酸钛或钛酸丁酯中的至少一种加入 1～10 倍的醇稀释溶剂中，搅拌均匀。

② 在 5～95℃ 水浴温度下，将步骤①中的混合溶液逐滴加入 1～500 倍的水解溶剂中，搅拌 0.5～5h。

③ 溶胶静置陈化 1h～15 天，直至呈淡蓝色透明。

所述亚锡盐是氯化亚锡、硝酸亚锡或硫酸亚锡中的至少一种。

所述可溶性银盐溶液为硝酸银、高氯酸银或氟化银溶液中的至少一种。

所述乳胶漆的基料为纯丙乳液或苯丙乳液中的一种。

产品应用

本品主要应用于内墙装饰。

产品特性

本品通过湿化学方法在低温条件下利用二氧化钛溶胶粒子所含丰富的羟基，与亚锡离子有效键合，并通过锡原位地将银离子还原成纳米银颗粒负载在二氧化钛表面，随后这些纳米颗粒可在还原剂的进一步作用下长大，从而提高银的含量，实现载银二氧化钛材料的低温制备，节约了能源。同时以溶胶形式向乳胶涂料中添加载银二氧化钛，通过静电作用促使载银二氧化钛溶胶粒子在乳液粒子上附着，实现纳米载银二氧化钛在乳胶漆中的良好分散。

本品对制备条件要求不高，在常温常压下便可进行，无需传统的热后处理工艺，可实现防霉抗菌剂在乳胶漆涂料体系中的长期稳定分散，具有超强的氧化能力，能破坏细菌的蛋白质，分解有机物，起到防霉抗菌的作用。

本品具有诸多突出的优势：

① 无毒无害，无第二次污染；

② 抗菌效果明显，并可重复使用；

③ 制备工艺简单，操作方便。

通用型内墙乳胶漆

▶ 原料配比 ◀

原　料	配比（质量份）		
	1 号	2 号	3 号
去离子水	25	25	25
聚羧酸钠分散剂	0.5	0.5	0.5
消泡剂	0.5	0.5	0.5
轻质碳酸钙	20	20	20
钛白粉	8	9	10
无水硅酸铝	7	6	5
滑石粉	7	7	7
立德粉	5	5	5
羟乙基纤维素	1	1	1
乙二醇	4	4	4
十二碳醇酯	0.5	0.5	0.5
DC-216 内墙用纯丙烯酸乳液	20	20	20
增稠剂	0.5	0.5	0.5
群青	1	1	1

▶ 制备方法 ◀

① 将去离子水送入立式砂磨机，开动搅拌器，将转速调为 1900r/min，保持常温，依次加入聚羧酸钠分散剂、消泡剂，搅拌均匀后，加入轻质

碳酸钙、钛白粉、无水硅酸铝、滑石粉、立德粉、羟乙基纤维素再搅拌 40min。

② 将转速调为 900r/min，依次加入乙二醇、十二碳醇酯，搅拌 20min，要达到均匀无颗粒。

③ 将转速调至 400r/min，依次加入 DC-216 内墙用纯丙烯酸乳液、增稠剂、群青，搅拌 30min 即得到成品。

◀ 原料配伍 ▶

本品各组分质量份配比范围为：去离子水 25、聚羧酸钠分散剂 0.5、消泡剂 0.5、轻质碳酸钙（800 目）20、钛白粉 8～10、无水硅酸铝 5～7、滑石粉 7、立德粉 5、羟乙基纤维素 1、乙二醇 4、十二碳醇酯 0.5、DC-216 内墙用纯丙烯酸乳液 20、增稠剂 0.5、群青 1。

◀ 产品应用 ▶

本品主要应用于房屋内墙墙面的保护。

◀ 产品特性 ▶

该方法具有工艺简单、操作方便、漆膜平整、耐久性强、干燥迅速、附着牢固、色彩稳定等优点，产品具有极佳的耐水、耐碱、耐老化性及耐沾污性。

该通用型内墙乳胶漆是为保护房屋的内墙而专门配制的，属于较高档次的内墙乳胶漆，能适合不同消费层次的需求，且配制方法简单。

托玛琳环保乳胶漆

◀ 原料配比 ▶

原　　料	配比（质量份）
托玛琳纳米超微粉体	10
二氧化钛	23
水	19
消泡剂	0.06
分散剂	0.19
润湿剂	0.1
纤维素	0.3
重质碳酸钙粉	12
丙烯酸树脂	35

续表

原　　料	配比（质量份）
无水乙醇	2.5
流平剂	0.05
成膜助剂	0.8

◀ 制备方法 ▶

① 取水、消泡剂、分散剂、润湿剂和纤维素混合，并以 500r/min 的速度搅拌 15min，然后加入称取的托玛琳纳米超微粉体、二氧化钛、重质碳酸钙粉和丙烯酸树脂，以 1800r/min 的速度搅拌 40min，再加入称取的无水乙醇、流平剂和成膜助剂，以 100～2000r/min 的速度搅拌 30min 后静置 1h，得浆料。

② 将浆料注入研磨机，然后以 200r/min 的速度研磨 1h，即得托玛琳环保乳胶漆。

◀ 原料配伍 ▶

本品各组分质量份配比范围为：托玛琳纳米超微粉体 9～11、二氧化钛 22～24、水 18～20、消泡剂 0.05～0.07、分散剂 0.18～0.2、润湿剂 0.1、纤维素 0.2～0.4、重质碳酸钙粉 11～13、丙烯酸树脂 34～36、无水乙醇 2.4～2.6、流平剂 0.04～0.06、成膜助剂 0.7～0.9。

所述托玛琳纳米超微粉体的粒径为 150～240nm。

所述二氧化钛的粒径为 2～30nm。

◀ 质量指标 ▶

检验项目	检验结果
外观	米白色，均匀液体
固含量/%	＞50
细度/μm	＜25
光泽	哑光
对比率	＞0.93
理论刷涂面积	12～14m²/kg（一遍）
耐碱性	24h 无异常
耐洗刷次数/次	≥500

◀ 产品应用 ▶

本品主要用于内墙装饰。

◀ 产品特性 ▶

　　本品可有效地中和、降解、分解、消除有毒有害物质和异味。本品能够永久性地释放被称为"空气维生素"的负离子,当空气中的水分与涂料接触时,可使水分发生电解生成负离子,因为空气湿度是肯定存在的,所以空气中的水分子就会不断地与涂料发生反应,从而持续释放负离子,永不间断,并通过这种不断的积累,使室内负离子浓度达到相对稳定的较高水平,进而去除室内空气中的甲醛、氨等有害污染物质及异味;发射的远红外线对细菌霉菌也起到抗菌抑菌的作用;可发射被称为"生命之光"的波长 $4 \sim 14 \mu m$ 的远红外光波,与人体远红外波长相匹配,改善人体的血液循环系统和微循环系统;还可释放具有生物电极的微电流,与人体的生物电相匹配为 $0.06mA$,作用于人体时具有调节人体阴阳平衡、舒筋活络、促进睡眠等作用;能稳定空间能量场,可以有效地扰乱、缓冲、抵消、阻断电磁波、水脉波对人体的危害,可起到镇静、安神、舒缓紧张情绪的作用。涂刷本品后可使房间内负离子浓度增加 $1000 \sim 2000$ 个/cm^3,并且抑菌作用明显,可中和、降解、分解、消除居室内空气中的有毒有害物质,改善空气质量,环保效果好,装修后可以立即入住,使用方便,方法简单。

　　本品的制备不需要改变现有涂料加工过程,原料来源较广,成本低,能够实现产业化。

竹炭净化多功能内墙乳胶漆

◀ 原料配比 ▶

原　料	配比(质量份)
去离子水	15
母料	10
润湿剂 X405	0.1
聚丙烯酰胺盐分散剂 PR03	0.5
消泡剂 NXZ	0.15
细度为 800 目的重质碳酸钙	5
钛白粉 PTA120	18
细度为 400～600 目的白竹炭粉	15.3
细度为 800 目的轻质碳酸钙	5
水洗高岭土 551	3

乳胶涂料配方与制备（二）

续表

原　料	配比（质量份）
硅酸铝 AS881	2
苯丙乳液 998A	22
消泡剂 NXZ	0.15
防腐剂 MV	0.15
牛顿型非离子聚醚类流变改性剂增稠剂 DSX2000	0.4
碱溶胀增稠剂 TT935	0.25
去离子水	3

◤ **制备方法** ◢

　　将上述质量比的组分在常温下进行混合，在低速搅拌下加入部分水、润湿剂、分散剂、前期消泡剂、重质碳酸钙、钛白粉、竹炭粉、轻质碳酸钙、水洗高岭土、硅酸铝，高速分散后研磨至浆料细度≤30μm后，低速搅拌加入乳液、后期消泡剂、防腐剂、增稠剂、余量水，达到要求的黏度后，再低速搅拌 10min，再经过检验、过滤，称重包装。

◤ **原料配伍** ◢

　　本品各组分质量份配比范围为：去离子水 10～20、母料 10～20、润湿剂 0.1～0.2、分散剂 0.4～0.8、消泡剂 0.3～0.8、重质碳酸钙 5～8、锐钛型钛白粉 15～20、白竹炭粉 10～20、轻质碳酸钙 5～8、水洗高岭土 3～5、硅酸铝 1～2、苯丙乳液 20～25、防腐剂 0.1～0.2、增稠剂 0.6～0.9。

　　本品使用了一种苯乙烯与丙烯酸酯的共聚聚合物，使产品具有较低的 VOC 值及良好的耐擦洗性、耐水性和耐碱性，同时白竹炭粉的使用，使产品具有了释放负离子、净化空气的性能，能够吸附空气中游离的甲醛、苯、二甲苯等有害物质。

　　本品使用的合成胶乳 RS-998A 是一种由苯乙烯与丙烯酸酯共聚产生的聚合物，具有粒子细小、黏度适中的特点，具有极高的颜填料承载能力，与众多的颜填料具有良好的相容性，不含保护胶体，低 VOC 含量，并且使产品具有良好的耐擦洗性、耐水性和耐碱性。

　　本品使用的分散剂为低分子量❶聚丙烯酸胺盐分散剂，可以显著提

---

　　❶　本书中所提到的"分子量"均表示"相对分子质量"，即物质的分子或特定单元的平均质量与核素 $^{12}_{6}C$ 原子质量的 1/12 之比。

高颜填料分散浆的浓度及其稳定性，通过这种分散剂，可以在颜填料颗粒表面包围一层电荷，使颗粒之间相互排斥，从而达到稳定浆料的作用。

本品使用的钛白粉为氯化法制作的锐钛型钛白粉，其特点是具有良好的光散射能力，白度好，着色力强、遮盖力强，同时具有较好的化学稳定性和耐候性能，无毒无味，对人体无刺激。其性能与涂膜的遮盖力、耐候性及耐粉化性有着密切关系。

本品使用的竹炭是一种天然的竹炭因子，是用生长 5 年以上的毛竹在 800℃ 高温下长时间烧制而成的，外观为闪亮的银色。小指头般大小的约 1g 的竹炭，其表面积可达到 700m²，空气中游离的甲醛、苯类、胺类等有害气体被吸附并分解，达到净化空气的目的，并且由于竹炭自身的原子结构，使它具有优异的抗氧化性，能够释放远红外线以及负离子，是一种不可多得的纯天然的多功能填料。

本品所使用的增稠剂主要有牛顿型非离子聚醚类流变改性剂增稠剂和碱溶胀类增稠剂。

◀ 产品应用 ▶

本品主要用于内墙涂装。

◀ 产品特性 ▶

本品不仅具有低 VOC、超强的耐擦洗性、耐水性和耐碱性，同时还具有释放负离子、净化空气的功能，能够吸附空气中产生的游离甲醛、苯等有害气体。

透气调湿内墙硅藻乳胶漆

◀ 原料配比 ▶

原　料	配比(质量份)					
	1 号	2 号	3 号	4 号	5 号	6 号
丙烯酸乳液	10	—	—	25	—	—
苯丙乳液	—	30	—	—	—	—
醋丙乳液	—	—	15	—	—	—
丙烯酸醇酸树脂	—	—	—	—	28	—
硅丙乳液	—	—	—	—	—	20
硅藻土	35	10	30	20	18	25

续表

原　　料	配比(质量份)					
	1 号	2 号	3 号	4 号	5 号	6 号
重质碳酸钙	4	12	—	—	10	—
滑石粉	4	12	8	—	10	—
钛白粉	2	8	3	4	6	7
轻质碳酸钙粉	—	—	—	—	—	10
灰钙粉	—	—	—	10	—	—
立德粉	—	—	—	10	—	2
硅灰石粉	—	3	7	—	—	—
分散剂	1	1	0.5	0.8	0.8	1.2
流平剂	0.5	0.5	—	0.3	0.2	0.5
pH 调节剂	0.7	0.2	—	0.1	0.1	0.3
消泡剂	0.5	0.3	0.2	0.3	0.3	0.8
成膜助剂	0.3	0.3	—	0.3	0.3	1.2
增稠剂	0.5	0.2	0.3	0.6	0.3	1
防腐剂	1.5	0.5	0.8	0.6	1	1
水	40	22	35	28	25	30

制备方法

① 将硅藻土与颜填料、防腐剂加入干粉搅拌装置中，充分混合均匀，然后利用真空抽入反应釜中，同时水与部分助剂（分散剂、pH 调节剂、部分消泡剂）分散后也用真空抽入反应釜中，调整反应釜转速为 1000～1500r/min，分散 30～40min，混合均匀后形成浆料①。

② 浆料①过砂磨形成浆料Ⅱ，浆料Ⅱ再真空抽入另一分散罐。

③ 分散罐中加入合成乳液或树脂和余下的助剂（成膜助剂、增稠剂、流平剂和余下的消泡剂），调整转速为 400～500r/min，搅拌均匀后形成浆料Ⅲ。

④ 过滤，得到成品，包装。

原料配伍

本品各组分质量份配比范围为：合成乳液或树脂 10～30、硅藻土（600～1000 目）10～35、颜填料 10～35、其他助剂 1.2～5、防腐剂 0.5～1.5、水 22～40。

所述合成乳液或树脂选用低 VOC、非高致密性的水性树脂与乳液中的一种，选自纯丙烯酸乳液、硅溶胶、水玻璃硅丙乳液、醋丙乳液、苯丙乳液、丙烯酸树脂、丙烯酸醇酸树脂。

所述硅藻土细度为 600～1000 目，白度大于 85。

所述颜填料选自白水泥、立德粉、滑石粉、轻质碳酸钙、重质碳酸钙、钛白粉、硅灰石粉、灰钙粉中的一种或几种的复合物，复合使用时的复合比例没有限定。颜填料的作用是提高涂层的遮盖力，改善涂料的稠度、耐久性、渗透性、耐擦洗性、耐污染性以及保光性等。

所述其他助剂选自分散剂（如 Disperbyk-108）、成膜助剂（如十二碳醇酯）、增稠剂（如丙烯酸乳液 T-117A）、消泡剂（如 BYK-052）、流平剂（如 L150）、pH 调节剂（如氨水、盐酸）等水性涂料通用助剂中的一种或几种的复合物。

所述防腐剂为液体的 EPW 或 LXE 中的一种。

所述大功率是指在 1000L 分散反应釜中的最大功率为 50kW。

本品中选用的硅藻土在白度和细度上有较高要求。区别于目前市场上硅藻泥涂料追求硅藻的介孔结构，细度不能过低的特点，本品选用的硅藻土细度要求达到 600～1000 目，其主要的调湿及吸附等功能依靠自身的大比表面积以及内部的微孔结构来实现。选用的硅藻土白度要求达到 85 以上，以利于乳胶漆的调色。

在上述透气调湿内墙硅藻乳胶漆的原料配方中，作为基料-成膜物质的合成乳液或树脂选用低 VOC（挥发性有机化合物）、非高致密性的水性树脂与乳液中的一种，包括纯丙烯酸乳液、硅溶胶、水玻璃硅丙乳液、醋丙乳液、苯丙乳液、丙烯酸树脂、丙烯酸醇酸树脂等。本品选用合成乳液或树脂作为基料——成膜物质是因为该类物质作为成膜物质既可保证涂料的表面成膜，又可使涂层具有与普通乳胶漆相同的表面装饰效果。

作为调湿功能材料的多孔道、大比表面积填料选自硅藻土，经过高温（800～1200℃）煅烧后，分级筛选，要求细度为 600～1000 目，白度大于 85。本品摸索与分析确知，在本品配方中，硅藻土细度要求的目的是保持涂层成膜后的表面细腻度，同时保持涂层的透气与调湿性能。低于 600 目则涂料成膜后膜层粗糙，达不到乳胶漆的装饰效果，高于 1000 目则硅藻土的微孔结构被破坏，其调湿性能受到很大影响。因此，要想有较高的硅藻土掺量，恰当的硅藻土选择十分必要。

产品应用

本品主要用于内墙涂装。

◀ 产品特性 ▶

　　本品还通过调整生产工艺，利用大功率高剪切分散技术，实现硅藻土的大掺量添加，本品不仅具有易调色、装饰细腻的特点，还具有透气、调湿、防结露、净化空气（可吸附有害气体）的优良特性，是一种健康环保、可优异调节室内空间湿度（吸湿性及放湿性良好）、高透气性的乳胶漆。

新型环保绿色乳胶漆

◀ 原料配比 ▶

原　　料	配比（质量份）		
	1 号	2 号	3 号
聚合物乳液	20	24	30
钛白粉	40	45	52
着色粉	15	20	25
体质颜料	2	3	4
增稠剂	5	6	7
分散剂	3	4	5
流变助剂	6	7	7
消泡剂	4	6	7
防沉剂	5	8	6

◀ 制备方法 ▶

　　向一定量的水中加入分散剂、流变助剂在搅拌机中搅匀，然后加入钛白粉、着色粉、体质颜料等填料拌匀后经研磨加入聚合物乳液、增稠剂、消泡剂、防沉剂拌匀，过滤即可。

◀ 原料配伍 ▶

　　本品各组分质量份配比范围为：聚合物乳液 20～30、钛白粉 30～60、着色粉 15～25、体质颜料 2～5、增稠剂 5～7、分散剂 3～5、流变助剂 5～7、消泡剂 4～7、防沉剂 4～9。

　　所述的聚合物乳液为丙烯酸乳液、二丁醇乳液、二丙酮乳液；着色粉为红丹粉、龙胆紫粉；体质颜料为碳酸钙颜料、氧化镁颜料。

　　所述增稠剂为砂浆增稠剂、砂浆增黏剂、石膏粉增稠增黏剂；分散剂为己烯基双硬脂酰胺、硬脂酸单甘油酯；流变助剂为聚乙烯蜡、二乙酯；消泡剂为有机硅、矿物油；沉降剂为有机膨润土、超细二氧化硅。

◀ **产品应用** ▶

本品主要用于内墙涂装。

◀ **产品特性** ▶

本品因加入了防霉剂和用不含甲醛的树脂乳液，使乳胶漆本身对人体无害且能在增强漆膜硬度的同时具有柔软、细滑和抗菌的特点，所述乳胶漆提高了建筑涂料的凝聚性、防霉性、抗腐性、耐磨性，减少了对人体的危害。

新型乳胶漆

◀ **原料配比** ▶

原　料	配比（质量份）	
	1号	2号
环氧树脂	12	10
丙烯酸聚氨酯	8	5
滑石粉和粉煤灰的混合物	7	3
丙纶纤维	4	2
钛白粉	5	3

◀ **制备方法** ▶

将各组分混合均匀，经过研磨、过滤得到产品。

◀ **原料配伍** ▶

本品各组分质量份配比范围为：环氧树脂 10～12、丙烯酸聚氨酯 5～8、滑石粉和粉煤灰的混合物 3～7、丙纶纤维 2～4、钛白粉 3～5。

◀ **产品应用** ▶

本品主要用于内墙涂装。

◀ **产品特性** ▶

本品利用丙纶纤维的控流变性能，有效提高了涂料的中、高剪切黏度，改善了涂料的分水倾向，利用滑石粉和粉煤灰的天然杀菌性能，有效防止了涂料的腐败破乳，提高了涂料的存储周期，通过环氧树脂、丙烯酸聚氨酯及其他助剂的合理搭配，提高了涂料的综合性能，制备出了低成本高性能的乳胶漆。

抑菌型内墙乳胶漆

原料配比

原 料	配比（质量份）
重质碳酸钙	50
苯丙乳液	30
多元素钛白助剂	15
阴丹士林蓝 RS	0.4
硅油	0.3
水	余量

制备方法

① 将去离子水及 1/2 的硅油投入分散罐中，开启搅拌装置，控制转速为 300r/min。

② 向步骤①制得的混合液中依次投入多元素钛白助剂、苯丙乳液及重质碳酸钙，控制搅拌装置转速为 600r/min，15min 后停止搅拌，静置。

③ 将静置后的混合液砂磨过滤，控制样品细度小于 $50\mu m$，最后加入剩余的消泡剂进行调漆，搅拌均匀并控制黏度合格，即得到产品。

原料配伍

本品各组分质量份配比范围为：重质碳酸钙 40～50、苯丙乳液 20～30、多元素钛白助剂 10～15、阴丹士林蓝 RS 0.4、硅油 0.3、水余量。

产品应用

本品主要用于内墙涂装。

产品特性

① 本品采用的多元素钛白粉助剂遮盖力强、吸油量低、化学稳定性好，使乳胶漆性能大大提高，湿擦性由 500 次提高至 800 次，稳定性大大提高，生产过程中也便于分散、砂磨，减少了工时，降低了能耗，还降低了产品的成本。

② 本品采用多种无有害挥发气体的原料，制备方法简单，绿色环保，对人体无害，而且抗水性强，耐腐蚀，具有良好的施工性。

硬膜乳胶漆

原料配比

表1 硬膜乳胶漆

原　　料	配比(质量份)
纯丙乳液	40
灰钙粉	3
煅烧高岭土	27
十二碳醇酯成膜助剂	5
羟乙基纤维素	1
二亚乙基三胺	0.3
偏钨酸铵	0.3
钛白粉	11
2,4,7,9-四甲基-5-癸炔-4,7-二醇	2～3
复合助剂	7
去离子水	40

表2 复合助剂

原　　料	配比(质量份)
VAE乳液	20
铝溶胶	7
吡咯烷酮羟酸钠	1
氨基酸螯合锌	0.2
羟丙基甲基纤维素	2
卡拉胶	0.2
富马酸二甲酯	1

制备方法

① 将上述富马酸二甲酯加入到铝溶胶中，在70～80℃下搅拌混合2～3min，加入氨基酸螯合锌，100～200r/min搅拌分散3～5min。

将羟丙基甲基纤维素与卡拉胶混合，搅拌均匀后加入到VAE乳液中，搅拌均匀；将上述处理后的各原料与剩余各原料混合，200～300r/min搅拌分散10～20min，即得复合助剂。

② 将灰钙粉、煅烧高岭土、钛白粉混合加入到去离子水中，加入羟乙基纤维素，500～600r/min搅拌分散10～13min，加入二亚乙基三胺、2,4,7,9-四甲基-5-癸炔-4,7-二醇，1200～1400r/min搅拌分散30～

50min，测得上述物料混合物的细度为 50μm 以下，加入剩余各原料，1000～1200r/min 搅拌分散 30～40min，即得所述硬膜乳胶漆。

原料配伍

本品各组分质量份配比范围为：纯丙乳液 34～40、灰钙粉 2～3、煅烧高岭土 20～27、十二碳醇酯成膜助剂 3～5、羟乙基纤维素 1～2、二亚乙基三胺 0.2～0.3、偏钨酸铵 0.1～0.3、钛白粉 8～11、2,4,7,9-四甲基-5-癸炔-4,7-二醇 2～3、复合助剂 5～7、去离子水 20～40。

所述的复合助剂是由下述原料组成的：VAE 乳液 15～20、铝溶胶 5～7、吡咯烷酮羟酸钠 1～2、氨基酸螯合锌 0.2～1、羟丙基甲基纤维素 2～3、卡拉胶 0.2～1、富马酸二甲酯 1～2。

质量指标

检验项目	检验结果
漆膜外观	平整、无硬块、手感好、光泽度好
耐洗刷性试验	5000 次通过，漆膜无破损
耐人工老化试验	2000h 不起泡、无剥落、无裂纹
耐水性	140h 漆膜无破损
耐碱性	120h 漆膜无破损

产品应用

本品主要用于内墙的涂装。

产品特性

本品漆膜硬度好，遮盖力强，耐擦洗性好，使用寿命长，不会发生鼓起脱落现象，稳定性高，耐水性、耐酸碱性好，综合性能优越。

消除甲醛的乳胶漆、水性木器漆

原料配比

表 1　消除甲醛的乳胶漆

原　料		配比（质量份）
制浆	纯净水	167
	分散剂	7
	助溶剂乙二醇	10
	消泡剂	0.49

原　料		配比(质量份)
制浆	表面活性剂	1.8
	pH 调节剂	0.78
	增稠剂	0.5
	成膜助剂	10
	钛白粉	54
	高岭土	60
	立德粉	80
	滑石粉	29
	重质碳酸钙	320
	功能材料壳聚糖粉	10
调漆	纯净水	129.93
	苯丙乳液	110
	消泡剂	1
	增稠剂	7.5
	防腐剂	1

表 2　水性木器漆底漆

原　料	配比(质量份)
纯净水	9.2
功能材料壳聚糖(可溶)	0.5
苯丙乳液	80
消泡剂	1
助溶剂乙二醇丁醚	8
润湿剂	0.3
流平剂	0.5
纯净水(稀释流平剂用)	0.5

表 3　水性木器漆面漆

原　料	配比(质量份)
纯净水	9.4
壳聚糖(可溶)	0.5
苯丙乳液	78
助溶剂乙二醇丁醚	8
助溶剂二乙二醇丁醚	2
润湿剂	0.4

乳胶涂料配方与制备（二）

原　　料	配比（质量份）
消泡剂	0.6
增滑剂	0.3
增塑剂	2
流平剂	0.4

◁ 制备方法 ▷

（1）消除甲醛的乳胶漆的制备　按以上原料配比，将纯净水装入工作桶，开动高速搅拌机，转速 800～1500r/min，将分散剂、助溶剂、消泡剂、表面活性剂、pH 调节剂、增稠剂、成膜助剂、钛白粉、高岭土、立德粉、滑石粉、重质碳酸钙、壳聚糖逐一加入桶中，分散30min，制成料浆后，再将料浆进行研磨，研磨完成后，进行调漆，再将纯净水、苯丙乳液、消泡剂、增稠剂、防腐剂依次投入到料浆中，将搅拌机转速调至 400～600r/min，搅拌 1～1.5h，经过过滤，即得成品。

生产过程中使用的壳聚糖为不溶于水的粉料，也可以使用可溶性壳聚糖。方法是按上述配比，将可溶性壳聚糖溶于相当于自身质量10～20 倍的水中，在乳胶漆生产流程中的制浆阶段、研磨阶段、调漆阶段均可加入，按照常规的生产程序得到成品。也可以在成品乳胶漆中添加，搅拌均匀即可。

（2）消除甲醛的水性木器漆底漆的制备　按以上原料配比，先将壳聚糖溶于水中，在搅拌机 600r/min 的转速下，逐一将壳聚糖溶液、消泡剂、助溶剂、润湿剂加入到乳液中，然后再加入钛白粉，将转速提至1000r/min，搅拌 30min。再将转速调至 600r/min，用纯净水将流平剂稀释后加入，再搅拌 10min 后，即得成品。

以上生产过程选用的是可溶性壳聚糖，若选用不可溶的壳聚糖粉料配制，可在消泡剂、助溶剂、润湿剂加入完毕后，再加入壳聚糖粉料，其后续工艺流程不变。

（3）消除甲醛的水性木器漆面漆的制备　按以上原料配比，将壳聚糖溶于水中，再加入乙二醇丁醚、二乙二醇丁醚预混，在搅拌机 600r/min的转速下，将上述预混材料加入到乳液中，然后依次加入润湿剂、消泡剂、增滑剂、增塑剂，然后将搅拌机提高转速至2000r/min，分散 30min，再将搅拌机调至 600r/min，加入流平剂，分散 10min，即得成品。

以上生产过程选用的是可溶性壳聚糖，若选用不可溶的壳聚糖的粉料配制，可在助溶剂、润湿剂、消泡剂、增滑剂、增塑剂加入完毕后，再加入壳聚糖粉料，其后续工艺流程不变。

原料配伍

本品各组分质量份配比范围如下。

消除甲醛的乳胶漆包括：制浆，纯净水 $166\sim168$、分散剂 $6\sim8$、助溶剂乙二醇 $9\sim11$、消泡剂 $0.48\sim0.5$、表面活性剂 $1.7\sim1.9$、pH 调节剂 $0.77\sim0.79$、增稠剂 $0.4\sim0.6$、成膜助剂 $9\sim11$、钛白粉 $53\sim55$、高岭土 $59\sim61$、立德粉 $79\sim81$、滑石粉 $28\sim30$、重质碳酸钙 $319\sim321$、功能材料壳聚糖粉 $9\sim11$；调漆，纯净水 $129\sim130$、苯丙乳液 $109\sim111$、消泡剂 1、增稠剂 $7.4\sim7.6$、防腐剂 1。

水性木器漆底漆包括：纯净水 $9.1\sim9.3$、功能材料壳聚糖（可溶）$0.4\sim0.6$、苯丙乳液 $79\sim81$、消泡剂 1、助溶剂乙二醇丁醚 $7\sim9$、润湿剂 $0.2\sim0.4$、流平剂 $0.4\sim0.6$、纯净水（稀释流平剂用）$0.4\sim0.6$。

水性木器漆面漆包括：纯净水 $9.3\sim9.5$、壳聚糖（可溶）$0.4\sim0.6$、苯丙乳液 $77\sim79$、助溶剂乙二醇丁醚 $7\sim9$、助溶剂二乙二醇丁醚 $1\sim3$、润湿剂 $0.3\sim0.5$、消泡剂 $0.5\sim0.7$、增滑剂 $0.2\sim0.4$、增塑剂 $1\sim3$、流平剂 $0.3\sim0.5$。

产品应用

本品主要用于内墙装饰和木器涂刷。

产品特性

本品装饰性能不变，对于空气中的游离甲醛、苯类、氨具有良好的清除作用，还能抑制原微生物的生长繁殖；水性木器漆涂刷在木器和木质装饰材料上，消除其散发出来的甲醛的作用更为直接，有效防止了对空气的二次污染。

洋红色内墙乳胶漆

原料配比

	原料	配比（质量份）
基础漆	水	15.0
	丙二醇	1.5
	Hydropalat 5040	0.5

续表

原料		配比(质量份)
基础漆	Hydropalat 188A	0.1
	FoamaSter 111	0.15
	锐钛型钛白粉 BA01-01	18.0
	重质碳酸钙 1000 目	8.0
	煅烧高岭土 800 目	5.0
	立德粉 B301	10.0
	Filmer C40	1.5
	苯丙乳液	30.0
	DSX 600	0.4
	AMP-95	0.1
	DSX-3256	0.4
产品	基础漆	1000
	PV23	0.06
	PR101	0.03
	PBK7	0.17

制备方法

将上述原材料准备好后，在水中加入助溶剂、分散剂、消泡剂，低速搅拌均匀后缓慢加入颜填料，然后高速分散颜填料，再通过砂磨直到细度小于 30μm，过滤。过滤完成后，在低速搅拌条件下，在上述分散浆中依次加入润湿剂、消泡剂、成膜助剂、乳液，然后加入增稠剂调整黏度为 90～100KU，加入 pH 调节剂调节 pH 值为 8.5～9.0，慢速消泡完成乳胶基础漆的制备。

本技术中，调色色浆由深圳海川公司生产的色浆 PV23、PR101 和 PBK7 组成，将它们按比例分别注入调色机中，经调试后，与上述乳胶基础漆一起注入色漆专用混匀机中，使之在短时间内混合均匀，一般是 200～280s，最好是 200～250s。

原料配伍

本品各组分质量份配比范围为：水 8～12、助溶剂 2～4、分散剂 0.5～1.2、润湿剂 0.15～0.25、颜料 0～25、填料 0～30、成膜助剂 1.5～2.4、乳液 35～60、增稠剂 0.20～1.0、pH 调节剂 0.1～0.2。

乳胶漆用色浆在建筑涂料中起装饰作用，要求有优异的分散稳定性、耐光性、耐候性及与涂料的配合性等。本品所选用的调色色浆中，PV23是颜色鲜艳纯正的紫色，用于调整颜色的蓝紫色相，色浆的颜料含量为10%；PR101为铁红，具有着色力强，经济型强、物化性能稳定的明显特点；PBK7是炭黑，主要用于消色降低颜色的饱和度，将其用在上述乳胶基础漆中，每千克乳胶基础漆要求添加PV23为0.05～0.08g，PR101为0.02～0.04g，PBK7为0.15～0.19g。

内墙乳胶漆用乳液则通常选用：苯乙烯和丙烯酸酯共聚物、醋酸乙烯和合成脂肪酸乙烯酯类共聚物。其中，苯乙烯和丙烯酸酯共聚物平均分子量范围在（15～20）万，平均粒径为$0.1～0.3\mu m$，最低成膜温度为15～20℃，玻璃化温度为20～25℃，阴/非离子型，pH值为7.0～9.0；醋酸乙烯和合成脂肪酸乙烯酯类共聚物平均分子量范围在（15～20）万，平均粒径为$0.3～0.5\mu m$，最低成膜温度为15～20℃，玻璃化温度是20～25℃，阴/非离子型，pH值为4.0～5.0。

内墙涂料白颜料可选用金红石型或锐钛型钛白粉、立德粉。

国标颜色（GB/T 18922—2002）0391的彩色建筑乳胶漆，为低饱和洋红色，对比率应为0.90～0.96，钛白粉添加量为240～300g/L（涂料）。

分散剂为聚羧酸盐分散剂，丝光面漆可选胺盐分散剂，平光可选用钠盐分散剂。平均分子量为2000～5000。

润湿剂为1～2种不同亲水亲油平衡值的非离子润湿剂的组合，调整涂料体系的HLB为12～13，可以最大限度地调整涂料的润湿性能及展色性，使具有不同亲水或者疏水性能的色浆均达到良好的相容效果。

为消除涂料生产和涂装过程中产生的气泡，在制备各乳胶基础漆时，在其中添加适量的消泡剂，采用的消泡剂可以为脂肪烃复合消泡剂，消泡活性物质为聚乙烯蜡、金属皂、疏水无机硅和有机聚硅氧烷等。

依据乳胶漆的用途，可选择在乳胶基础漆中添加防腐剂，以确保乳胶漆的使用性能，通常防腐剂可选用异噻唑啉酮。

pH调节剂可以选用2-氨基-2-甲基-1-丙醇、二甲氨基乙醇、二乙基乙醇胺、氨水、异丙醇胺等。

增稠剂可选用水合型增稠剂，如疏水改性聚丙烯酸碱溶胀型、羟乙基纤维素醚、聚氨酯型等，而成膜助剂选用十二碳醇酯。

质量指标

性　能	结　果
PVC/%	34
黏度/KU	90
触变指数	3.6
对比率	0.960
光泽度(60°)	15
耐洗刷性/次	1200
耐碱性	24h 无异常
VOC/(g/L)	130
游离甲醛	<0.02g/kg
重金属/(mg/kg)	可溶性铅 20 可溶性镉 20 可溶性铬 20 可溶性汞 20
储存稳定性(50℃,30 天)	92(KU)

产品应用

　　本品用于建筑内墙的装饰。

产品特性

　　本品可以在较短的时间内再现国标颜色 0391，还能最大限度地保证颜色的准确性，选用与所需颜色的调色色浆相关的乳胶基础漆，通过调色机、色漆混匀机混合均匀后，使制备的彩色乳胶漆与建筑涂料标准色卡相比，两者之间的色差在允许范围内，所示颜色的耐候性也得到了一定的保证。

长效杀虫乳胶漆

原料配比

原　料	配比(质量份)		
	1 号	2 号	3 号
菊酯类制剂	0.8	1.2	1.0
增效剂	1	3	2

原　　料	配比(质量份)		
	1 号	2 号	3 号
乳化剂	2	4	3
抗氧剂	0.01	0.03	0.02
聚合物乳液	20	30	25
水	8	12	10

制备方法

（1）制备普通乳胶漆

① 向反应器中投入水、羟乙基纤维素和防霉剂，搅拌形成羟乙基纤维素溶液。

② 向该反应器中投入分散剂、成膜助剂、乙二醇、消泡剂充分搅拌均匀。

③ 向该反应器中投入立德粉、高岭土、钛白粉、增白剂充分搅拌均匀，其改进之处在于还包含以下工序。

（2）制备药剂乳化黏结混合液

① 将菊酯类制剂、乳化剂搅拌均匀加热至 40～45℃，并与同样加热至 40～45℃的水混合，以 600～800r/min 的速度搅拌 15～20min。

② 当混合液呈透明状时，把搅拌速度降至 80～100r/min，同时加入聚合物乳液，并继续搅拌 20min。

（3）混合　将药剂乳化黏结混合液投入反应器中慢速搅拌 15min。

（4）加入增稠剂　投入已稀释好的增稠剂，以细流投入反应器中继续搅拌 5min。

（5）研磨　略。

上述长效杀虫乳胶漆的生产工艺，在所述的工序（2）制备药剂乳化黏结混合液中的①还可以采用以下工艺制成：将菊酯类制剂、增效剂、乳化剂、抗氧剂搅拌均匀，与加热至 40～45℃的水混合，以 600～800r/min 速度搅拌 15～20min。所述的工序（3）为：将药剂乳化黏结混合液投入反应器中慢速搅拌 15min。上述长效杀虫乳胶漆的生产工艺中，所述的工序（3）中的慢速为 150～200r/min。

原料配伍

本品各组分质量份配比范围为：菊酯类制剂 0.8～1.2、乳化剂 2～

4、聚合物乳液 20～30、水 8～12。

所述的菊酯类制剂为二氯苯醚菊酯。

所述的药剂乳化黏结混合液还包括增效剂和抗氧剂，其中所述的增效剂为增效胺。

所述的乳化剂为 TX-10 壬基酚聚氧乙烯醚或 AEO-9 脂肪醇聚氧乙烯醚。

所述的聚合物乳液为丙烯酸酯系列乳液、聚醋酸乙烯乳液或 VAE 乳液。

◀ 产品应用 ▶

本品用于建筑装潢。

◀ 产品特性 ▶

本品具有杀虫、低毒无味、药效稳定、持久的特点。

中高 PVC 乳胶漆

◀ 原料配比 ▶

原　　料	配比（质量份）	
	1 号	2 号
丙烯酸乳液	95	—
VAE 乳液	—	250
金红石型钛白粉	480	400
乳化硅油消泡剂	3	4
非离子型聚氨酯类增稠流平剂	8	10
聚羧酸钠盐分散剂	6.5	6
纳米粉体（TiO_2 和 Al_2O_3 纳米粉体）	50	50
去离子水	330	242
十二碳醇酯	27.5	20
8-羟基喹啉酮	—	8
邻苯二甲酸二乙酯	—	10

◀ 制备方法 ▶

在分散器的搅拌状态下依次加入乳液、乳化硅油消泡剂和聚羧酸钠盐分散剂，低速分散 5min，再缓慢加入纳米粉体，中速分散 20～

30min，低速消泡 5～10min，再依次加入十二碳醇酯、8-羟基喹啉酮、邻苯二甲酸二乙酯、非离子型聚氨酯类增稠流平剂和去离子水，中速搅拌 5～15min，最后按质量份配比投入滑石粉进行混合搅拌，过滤出料。

原料配伍

本品各组分质量份配比范围为：成膜物质 90～300、颜填料 300～600、消泡剂 1～5、增稠流平剂 2～10、分散剂 1～10、纳米粉体 0～50、去离子水 200～450、其他助剂 0～50。

所述的成膜物质选用丙烯酸乳液、苯丙乳液、纯丙乳液或 VAE 乳液。

所述的纳米粉体选用 TiO_2、SiO_2 和 Al_2O_3 纳米粉体中的一种或几种的混合。

所述的颜填料选用碳酸钙或钛白粉；所述的消泡剂选用乳化硅油；所述的增稠流平剂选用非离子型聚氨酯类增稠流平剂。

所述的分散剂选用聚羧酸钠盐分散剂。

所述的其他助剂为成膜助剂、防腐防霉剂、增塑剂中的一种或几种的混合。

所述的成膜助剂选用十二碳醇酯；所述的防腐防霉剂选用 8-羟基喹啉酮；所述的增塑剂选用邻苯二甲酸二乙酯。

本品所用的十二碳醇酯，为高沸点环保助剂；非离子型聚氨酯类增稠流平剂为无溶剂助剂，可生物降解；乳化硅油消泡剂，具有水乳化性；分散剂选用聚羧酸钠盐分散剂，为无溶剂低气味钠盐分散剂。由于纳米粉体的加入，使制得的高 PVC 乳胶漆具有很好的耐擦湿性和耐水性。

产品应用

本品主要应用于内墙装饰。

产品特性

① 不会出现擦湿脱白的问题。

② 环保无味。

③ 成本低。

④ 耐碱，耐擦洗。

本品的各项性能和环保指标符合国家标准的各项要求，解决了中高 PVC 漆湿擦脱白的问题，属于中低领域的净味漆，价格低，适于推广。

植物草本纤维乳胶漆

原料配比

原　　料	配比（质量份）
钛白粉	20
氧化钙	25
轻质碳酸钙	10
丙烯酸乳液	18
苯丙异噻唑啉酮类防霉剂	0.3
合成植物脂	0.6
植物脱水纤维丝	5
水	加至 100

制备方法

① 在反应釜内投入配比量的钛白粉、氧化钙、轻质碳酸钙、丙烯酸乳液、防霉剂、增塑剂、水充分混合均匀，1000～2000r/min 高速搅拌混合成乳胶状。

② 将配比量的植物脱水纤维丝添加至步骤①混合制得的混合物中，低速 200～300r/min 混合均匀，灌装即制得植物草本纤维乳胶漆。

原料配伍

本品各组分质量份配比范围为：钛白粉 15～25、氧化钙 10～25、轻质碳酸钙 5～12、丙烯酸乳液 12～30、防霉剂 0.25～0.6、增塑剂 0.3～0.8、植物脱水纤维丝 3～5、水加至 100。

所述防霉剂为苯丙异噻唑啉酮类防霉剂。

所述增塑剂为合成植物脂。

所述植物脱水纤维丝为中草药脱水纤维丝，如：薰衣草脱水纤维丝、兰花脱水纤维丝、薄荷茎秆脱水纤维丝等。

产品应用

本品是一种植物草本纤维乳胶漆。

产品特性

本品根据所选用的不同植物所起的作用不同，如：提神醒脑、缓解神经、安神、杀菌、除甲醛等；由于乳胶漆中含有植物脱水纤维丝，当乳胶漆使用在墙面上后，墙面会有纤维丝产生的丝状不规则条纹，视觉上很有层次感，墙体非常美观；同时本品无污染、环保、制作成本低、生产工艺简单，有利于推广使用。

竹炭净味抗菌乳胶漆

原料配比

原　料	配比（质量份）				
	1 号	2 号	3 号	4 号	5 号
巴斯夫苯乙烯-丙烯酸酯乳液 ECO560	330	300	250	—	—
上海巴德富有限公司的苯乙烯-丙烯酸酯乳液 RS-936W	—	—	—	180	160
科宁消泡剂 SN-154	1.5	1.5	1.5	—	1
消泡剂 BYK024	—	—	1	1	—
科宁消泡剂 A-10	1.5	1.5	—	1.5	1.5
科莱恩防腐剂 Nipacide GSF	1.5	1.0	1.5	1.5	1
迪高分散剂 TEGO Dispers750W	6	6	—	—	6
分散剂巴斯夫 SokalanPA30C	—	—	6	6	—
颜料杜邦金红石型钛白粉 R-706	250	210	180	150	140
填料重质碳酸钙	120	80	150	200	240
填料煅烧高岭土	30	70	80	80	80
纳诺纳米气相二氧化硅粉体	6	6	—	—	—
羟乙基纤维素 250MBR	—	—	3	4	4.5
罗门哈斯流平剂 RM-2020	6	5	6	6	4
TZY-02 纳米无机负离子助剂	15	12	15	12	10
聚甲基丙烯酸-二乙烯苯空心微球	38	35	32	28	25
竹醋液	38	35	32	28	25
水	150.5	232	237	298	299
阴离子表面活性剂	6	5	5	4	3

制备方法

① 将纳米聚合物空心微球、竹醋液按质量比 1∶1 的比例混合均匀，加入阴离子表面活性剂，搅拌 24h，使竹醋液渗透至空心微球内部，备用。

② 将水、防腐剂、湿润分散剂和消泡剂混合，搅拌均匀。

③ 加入颜料和填料，真空状态下高速分散到 $50\mu m$ 以下。

④ 加入水性树脂、纳米负离子助剂、流平剂、增稠剂，搅拌均匀，

41

然后加入第一步制成的备用混合液，送检。

◤ 原料配伍 ▶

本品各组分质量份配比范围为：水性树脂 120～450、消泡剂 2～6、防腐剂 1～4、分散剂 3～10、颜料 100～300、填料 100～400、增稠剂 1～10、流平剂 1～10、纳米无机负离子助剂 5～20、纳米聚合物空心微球 21～39、竹醋液 21～39、水 0～350、阴离子表面活性剂 1～10。

所述水性树脂为聚乙烯-丙烯酸酯乳液和聚苯乙烯-丙烯酸酯乳液，上述两种树脂合成物具有壳核结构，利用水为外增塑剂，不需要添加任何成膜助剂即能较好成膜，采用特殊的保护胶体，具有优异的抗冻融性，不需要添加防冻剂，并且在合成的时候经过三次真空隔膜净化处理，游离单体极少，气味清淡。

所述消泡剂选自聚硅氧烷-聚醚共聚物乳液类、聚丙二醇类、聚乙二醇-憎水固体-聚硅氧烷混合物类或矿物油基类中的两种混合物。

所述防腐剂选自 2-(4-噻唑基）苯并咪唑、甲基异丙基异噻唑啉酮或有机溴合成物。

所述分散剂选自聚丙烯酸钠盐类、改性聚丙烯酸溶液类或改性聚羧酸盐类。

所述颜料为金红石型钛白粉。

所述填料选自煅烧高岭土、重质碳酸钙、硅藻土、滑石粉、硅灰石或沉淀硫酸钡中的两种或多种的混合物。

所述增稠剂为纳米气相二氧化硅或羟乙基纤维素。

所述流平剂选自交联型有机硅聚醚丙烯酸酯类共聚物、二甲基聚硅氧烷乳液或聚硅氧烷-聚醚共聚物。

所述纳米无机负离子助剂为纳米稀土元素混合物。该产品利用稀土元素价态变化过程中转移的电子激活并参与光化反应，降低水分子缔和度，促进羟基自由基产生。由于羟基自由基具有很强的氧化能力，可分解有机物，从而可使室内甲醛和挥发性有机物（VOC）等活性气体分解。

所述纳米聚合物空心微球为聚甲基丙烯酸-二乙烯苯空心微球，其粒径为 50～150nm，其纳米级的细小的规则而均匀的孔隙率可以有效吸附甲醛、VOC 等极性物质。

所述阴离子表面活性剂的主要成分为丙烯基聚氧乙烯醚硫酸铵，不含 APEO（烷基酚聚氧乙烯醚），通过向纳米聚合物空心微球、竹醋液的混合液中加入所述阴离子型表面活性剂可以提高竹醋液在纳米聚合物空心微球中的溶出效果，增加了竹醋液的量，提高了抗菌效果。

所述竹醋液，可以在市场上直接购买，目前市场上具有较多供应竹醋液的厂家，需优选色浅透明、气味清淡的优质竹醋液。该物质是在竹材烧炭的过程中，收集竹材在高温分解中产生的气体，并将这种气体在常温下通过冷却、沉淀、过滤、蒸馏、吸附过滤的方法进行处理，除去杂质，得到纯净透明的液体，具有较好的除臭抗菌作用。

产品应用

本品是一种竹炭净味抗菌乳胶漆。

产品特性

① 采用高温炭化高山竹炭获得竹炭溶液（竹醋液），利用其亲油疏水的性质，在搅拌下使竹醋液渗透至聚合物纳米空心微球内部，形成包埋结构，通过包埋作用，在乳胶漆干燥挥发时，阻止了竹醋液随水分一起挥发，同时使用阴离子表面活性剂增加了纳米空心微球中的竹醋液含量。

② 纳米聚合物空心微球为聚甲基丙烯酸-二乙烯苯空心微球，其粒径为 $50 \sim 150nm$，其纳米级的细小的规则而均匀的孔隙率可以有效吸附房间中的有害物质，利用复合无机纳米负离子助剂稀土元素在温度和湿度变化时价态发生变化，强化了包覆于聚合物纳米空心微球内部竹醋液的释放效率。竹醋液从包埋结构中释放出来，利用竹醋液的活性加强激活纳米负离子除甲醛助剂中稀土元素价态变化，利用稀土元素价态变化过程中转移的电子激活并参与光化反应，降低水分子缔合度，促进羟基自由基产生；由于羟基自由基具有很强的氧化能力，可分解有机物，对各种有害病菌有很好的杀灭作用。因为竹醋液被包覆在纳米聚合物空心微球的空腔中，通过复合无机纳米负离子助剂稀土元素在温度和湿度变化时价态发生变化来控制竹醋液的挥发速率，能够较长时间发挥竹醋液的作用。

③ 本品采用特殊的壳核结构苯乙烯-丙烯酸酯乳液，利用水为外增塑剂，不需要添加任何成膜助剂即能较好成膜，采用特殊的保护胶体，具有优异的抗冻融性，不需要添加防冻剂，并且在合成的时候经过三次真空隔膜净化处理，游离单体极少，气味清淡，用该乳液配置的产品涂刷后不需要长时间通风"晾"房，可以做到当天涂刷，隔天入住，大大缩短入住时间。

④ 本品可以涂装在墙面和木材上，漆膜具有气味清淡、VOC 低、遮盖力好、附着力良好、耐擦洗等特点，同时能有效杀灭房间涂刷墙面接触的有害病菌，且成本低，施工性好，环保性能佳，是一款将装饰性、功能性、环保性三大主题完美融合的产品。本品的优点在于，漆膜环保无毒，且在效果上具有可持续性。

竹炭净味除甲醛乳胶漆

◀ 原料配比 ▶

原　　料	配比（质量份）				
	1 号	2 号	3 号	4 号	5 号
苯乙烯-丙烯酸酯乳液	340	280	240	180	150
消泡剂	2.5	2.5	2.5	2.5	2.5
防腐剂	1.5	1.5	1.5	1.5	1
分散剂	6	6	6	6	6
颜料	250	170	180	150	120
填料	180	210	240	280	350
纳米气相二氧化硅粉体	6	6	—	—	—
羟乙基纤维素	—	—	3	4	4.5
流平剂	6	5	6	6	4
纳米无机负离子除甲醛助剂	15	12	15	12	10
聚甲基丙烯酸-二乙烯苯空心微球	60	60	54	48	45
竹醋液	20	20	18	16	15
水	193	227	234	294	291

◀ 制备方法 ▶

① 将纳米聚合物空心微球、竹醋液按质量比 3∶1 的比例混合均匀，搅拌 20～30h，使竹醋液渗透至空心微球内部，备用。

② 将水、防腐剂、湿润分散剂和消泡剂混合，搅拌均匀。

③ 加入颜料和填料，真空状态下高速分散到 $50\mu m$ 以下。

④ 加入水性树脂、纳米负离子除甲醛助剂、流平剂、增稠剂，搅拌均匀，然后加入第一步制成的备用混合液，送检。

◀ 原料配伍 ▶

本品各组分质量份配比范围为：水性树脂 100～400、消泡剂 1～5、防腐剂1~5、分散剂1~10、颜料100~300、填料100~400、纳米增稠剂1~10、流平剂1~10、纳米无机负离子除甲醛助剂5~20、纳米聚合物空心微球40~100、竹醋液10~20、水0~350。

所述水性树脂为苯乙烯-丙烯酸酯乳液，其合成物中存在壳核结构，利用水为外增塑剂，不需要添加任何成膜助剂即能较好成膜，采用特殊的保护胶体，具有优异的抗冻融性，不需要添加防冻剂，并且在合成的时候经过三次真空隔膜净化处理，游离单体极少，气味清淡。

所述消泡剂选自聚硅氧烷-聚醚共聚物乳液类、聚丙二醇类、聚乙二醇-憎水固体-聚硅氧烷混合物类或矿物油基类中的两种。

所述防腐剂选自2-(4-噻唑基)苯并咪唑、甲基异丙基异噻唑啉酮或有机溴合成物。

所述分散剂选自聚丙烯酸钠盐类、改性聚丙烯酸溶液类或改性聚羧酸盐类。

所述颜料为金红石型钛白粉。

所述填料选自煅烧高岭土、重质碳酸钙、硅藻土、滑石粉、硅灰石或沉淀硫酸钡中的两种或多种。

所述纳米增稠剂为纳米气相二氧化硅或羟乙基纤维素。

所述流平剂选自交联型有机硅聚醚丙烯酸酯类共聚物、二甲基聚硅氧烷乳液或聚硅氧烷-聚醚共聚物。

所述纳米无机负离子除甲醛助剂为纳米稀土元素混合物。该产品利用稀土元素价态变化过程中转移的电子激活并参与光化反应，降低水分子缔和度，促进羟基自由基产生。由于羟基自由基具有很强的氧化能力，可分解有机物，从而可使室内甲醛和挥发性有机物（VOC）等活性气体分解。

所述纳米聚合物空心微球为聚甲基丙烯酸-二乙烯苯空心微球，其粒径为50~150nm，其纳米级的细小的规则而均匀的孔隙率可以有效吸附甲醛、VOC等极性物质。

所述竹醋液，可以在市场上直接购买，目前市场上具有较多供应竹醋液的厂家，需优选色浅透明、气味清淡的优质竹醋液。该物质是在竹材烧炭的过程中，收集竹材在高温分解中产生的气体，并将这种气体在常温下通过冷却、沉淀、过滤、蒸馏、吸附过滤的方法进行处理，除去杂质，得到纯净透明的液体，具有除臭抗菌作用，并能有效激活负离子除甲醛助剂中稀土元素价态变化，强化其降解甲醛等有害物质。

乳胶涂料配方与制备（二）

本品功能原理如下。

采用高温炭化高山竹炭获得竹炭溶液（竹醋液），利用其亲油疏水的性质，在搅拌下使竹醋液渗透至聚合物纳米空心微球内部，形成包埋结构，通过包埋作用，在乳胶漆干燥挥发时，阻止了竹醋液随水分一起挥发。

纳米聚合物空心微球为聚甲基丙烯酸-二乙烯苯空心微球，其粒径为 $50\sim150nm$，其纳米级的细小的规则而均匀的孔隙率可以有效吸附房间中的甲醛、VOC 等极性有害物质。

利用复合无机纳米负离子除甲醛助剂稀土元素在温度和湿度变化时价态发生变化，强化了包覆于聚合物纳米空心微球内部竹醋液的释放效率。竹醋液从包埋结构中释放出来，利用竹醋液的活性加强激活纳米负离子除甲醛助剂中稀土元素价态变化，利用稀土元素价态变化过程中转移的电子激活并参与光化反应，降低水分子缔和度，促进羟基自由基产生。

由于羟基自由基具有很强的氧化能力，可分解有机物，从而可对室内甲醛和挥发性有机物（VOC）等活性有害物质进行有效吸收降解。因为竹醋液被包覆在纳米聚合物空心微球的空腔中，通过复合无机纳米负离子除甲醛助剂稀土元素在温度和湿度变化时价态发生变化来控制竹醋液的挥发速率，能够较长时间发挥竹醋液的作用。

本品采用特殊的壳核结构苯乙烯-丙烯酸酯乳液，利用水为外增塑剂，不需要添加任何成膜助剂即能较好成膜，采用特殊的保护胶体，具有优异的抗冻融性，不需要添加防冻剂，并且在合成的时候经过三次真空隔膜净化处理，游离单体极少，气味清淡，用该乳液配置的本品涂刷后可以大大减少甲醛、VOC 对人的伤害，不需要长时间通风"晾"房，可以做到当天涂刷，隔天入住，大大缩短入住时间。

质量指标

检验项目		检验结果				
		1 号	2 号	3 号	4 号	5 号
涂膜外观		表面平整，光滑	表面平整，光滑	表面平整，光滑	表面平整，光滑	表面平整，光滑
干燥时间（25℃）	表干	40min	40min	40min	50min	40min
	实干	≤24h	≤24h	≤24h	≤24h	≤24h
附着力		1 级	1 级	1 级	1 级	1 级
耐水性(25℃,96h)		无异常	无异常	无异常	无异常	无异常

续表

检验项目	检验结果				
	1 号	2 号	3 号	4 号	5 号
耐碱性(25℃,48h)	无异常	无异常	无异常	无异常	无异常
对比率	0.96	0.95	0.95	0.94	0.94
耐洗刷性	≥10000 次	≥5000 次	≥5000 次	≥5000 次	≥3000 次
低温稳定性	不变质	不变质	不变质	不变质	不变质
涂层耐温变性	5 个循环 无异常	5 个循环 无异常	5 个循环 无异常	5 个循环 无异常	5 个循环 无异常
挥发性有机化合物(VOC)	8g/L	12g/L	10g/L	7g/L	5g/L
苯、甲苯、乙苯、二甲苯总和/(mg/kg)	未检出	2	10	未检出	未检出
游离甲醛/(mg/kg)	未检出	28	未检出	未检出	未检出
可溶性重金属/(mg/kg) 铅 Pb	2	5	4	未检出	5
可溶性重金属/(mg/kg) 镉 Cd	未检出	1	未检出	未检出	未检出
可溶性重金属/(mg/kg) 铬 Cr	未检出	未检出	未检出	未检出	未检出
可溶性重金属/(mg/kg) 汞 Hg	未检出	未检出	未检出	未检出	未检出

产品应用

本品主要用于内墙的装饰。

使用方法：本品适用于刷涂、滚涂和喷涂，涂装施工时，可根据具体情况加入适量的水调节黏度。

产品特性

本品可以涂装在墙面和木材上，漆膜具有气味清淡、VOC 低、遮盖力好、附着力良好、耐洗擦等特点，同时可消除甲醛、苯等有害物质，且成本低、施工性好，环保性能佳，是一款将装饰性、功能性、环保性三大主题完美融合的产品。本品的优点在于，漆膜环保无毒，且在效果上具有可持续性。

自洁去污型内墙乳胶漆

原料配比

原　　料	配比(质量份)	
	1 号	2 号
纯水	35.75	31.28

续表

原　料	配比（质量份）	
	1号	2号
羟乙基纤维素	0.35	0.42
多功能助剂	0.2	0.2
润湿分散剂	0.5	0.6
防腐杀菌剂	0.1	0.15
钛白粉颜料	10	15
重质碳酸钙填料	27.5	20
纳米去污因子	2.5	3.5
改性丙烯酸乳液	20	25
成膜剂	1.5	1.8
助溶剂	1.2	1.5
消泡剂	0.15	0.2
流平剂	0.1	

制备方法

① 在室温条件下，将纯水、增稠剂、多功能助剂投入搅拌缸中，搅拌 5～10min，使增稠剂完全溶解。

② 在搅拌缸中投入润湿分散剂、防腐杀菌剂和 1/2 的消泡剂搅拌 3～5min。

③ 加入颜填料搅拌 15～20min，至细度达到 60μm 后，再加入纳米去污因子，搅拌 5～10min。

④ 加入改性丙烯酸乳液、成膜助剂、助溶剂、流平剂以及剩余的 1/2 消泡剂，搅拌 10～15min 即得成品。

原料配伍

本品各组分质量份配比范围为：纯水 30～40、增稠剂 0.3～0.5、多功能助剂 0.1～0.2、消泡剂 0.2～0.4、润湿分散剂 0.4～0.6、防腐杀菌剂 0.1～0.15、颜填料 30～40、纳米去污因子 2.5～5、改性丙烯酸乳液 20～30、成膜助剂 1.5～2.0、助溶剂 1.2～1.8、流平剂 0.1～0.2。

所述增稠剂为羟乙基纤维素。

所述多功能助剂为 pH 调节剂 AMP-95。

所述消泡剂为矿物油消泡剂。

所述润湿分散剂为疏水性润湿分散剂。

所述防腐杀菌剂为苯丙异噻啉酮类。

所述颜填料为金红石型钛白粉和重质碳酸钙。

所述纳米去污因子为纳米级氧化钛因子。

所述改性丙烯酸乳液为有机硅改性丙烯酸乳液。

所述成膜助剂为不含 VOC 的水溶性成膜助剂。

所述助溶剂为丙二醇。

所述流平剂为疏水改性聚氨酯类流平剂。

产品应用

本品主要用于内墙涂层装饰。涂刷法为在所述内墙乳胶漆中加入占所述内墙乳胶漆质量 10%～15% 的水，搅拌均匀后涂刷。

滚涂法为在所述内墙乳胶漆中加入占所述内墙乳胶漆质量 10%～15% 的水，搅拌均匀后，用短毛滚筒滚涂。

喷涂法为在所述内墙乳胶漆中加入占所述内墙乳胶漆质量 10% 的水，搅拌均匀后喷涂。喷涂法有气喷涂和无气喷涂。

产品特性

① 本品中所用的有机硅改性丙烯酸乳液是一种具有室温交联固化乳液体系、双重交联核壳结构乳液体系的硅丙乳液，其制成的涂层的耐老化性、耐污染性和耐水性好，因此具有耐洗刷性和抗污自洁性。

② 本品中所用的助溶剂和成膜助剂提供了乳液成膜后涂膜的精密内应力，从而可以有效阻止污渍的迁移和渗透，另外，助溶剂还可降低涂膜表面张力，即可降低涂膜的吸水性，从而提高涂膜的抗污能力，对水性污渍具有去除能力。

③ 本品中所用的纳米级去污因子能有效吸收聚集油和污迹使之留在涂膜表层，易于擦去，从而抵制污迹和油渍的渗入。

④ 本品所用的流平剂能改善涂膜的流平性，使涂膜视觉具有柔软的表面质感，并提高了可修补性能。

暗红色外墙乳胶漆

原料配比

原　料		配比(质量份)
基础漆	水	8.0
	丙二醇	3.0

续表

	原　　料	配比（质量份）
基础漆	Hydropalat 100	0.5
	Hydropalat 3204	0.1
	Defoa mer 334	0.15
	滑石粉	15.0
	重晶石粉 1000 目	15.0
	绢云母粉 800 目	5.0
	Dehydran LFM	0.2
	Filmer C40	1.2
	FoamStar A10	0.15
	纯丙 AC-261	40.0
	OP-62	5.0
	Thickener 660	0.3
	氨水 28%	0.1
	Thickleveling 632	0.2
	水	5.8
产品	基础漆	1000
	PBK7	5.59
	PW6	30.20
	PR101	15.84
	PR254	1.00

◀制备方法▶

　　将上述原材料准备好后，在水中加入配方中的助溶剂、分散剂、消泡剂，低速搅拌均匀后缓慢加入颜填料，然后高速分散颜填料，再通过砂磨直到细度小于 $30\mu m$，过滤。过滤完成后，在低速搅拌条件下，在上述分散浆中依次加入润湿剂、消泡剂、成膜助剂、乳液，然后加入增稠剂调整黏度为 90～100KU，加入 pH 调节剂调节 pH 值为 8.5～9.0，慢速消泡完成乳胶基础漆的制备。

　　本技术中，调色色浆由深圳海川公司的色浆 PBK7、PW6、PR101和 PR254 组成，将它们按比例分别注入调色机中，经调试后，与上述乳胶基础漆一起注入色漆专用混匀机中，使之在短时间内混合均匀，一般是 200～280s，最好是 200～250s。

◀原料配伍▶

　　本品各组分质量份配比范围为：水 8～12、助溶剂 2～4、分散剂

0.5～1.2、润湿剂 0.15～0.25、颜料 0～25、填料 0～30、成膜助剂 1.5～2.4、乳液 35～60、增稠剂 0.20～1.0、pH 调节剂 0.1～0.2。

乳胶漆用色浆在建筑涂料中起装饰作用，要求有优异的分散稳定性、耐光性、耐候性及与涂料的配合性等。本品所选用的调色色浆中，PR101 为铁红，是常用的外墙高耐候性色浆，颜料含量为 65%；PR254 是外墙耐候性极好的大红颜料，具有鲜艳明亮的纯正红色色相，颜料含量为 40%；PBK7 是常见的炭黑颜料，用于调整颜色的灰度，明暗相；PW6 是钛白色浆，主要是深色涂料中提供遮盖力的部分以及起到消色的作用。将其用在上述乳胶基础漆中，每千克乳胶基础漆添加 PBK7 为 5.54～5.61g，PR101 为 15.8～16.3g，PR254 为 0.98～1.05，PW6 为 29.12～30.25g。

作为乳胶基础漆中的必要组分，乳液按乳胶漆使用的不同墙面可分为：内墙乳胶漆用乳液和外墙乳胶漆用乳液。其中，外墙乳胶漆用乳液通常是丙烯酸酯共聚物，其平均分子量范围为（15～20）万，平均粒径为 0.1～0.2μm，最低成膜温度为 10～22℃，玻璃化温度为 25～35℃，阴离子型，pH 值为 8.5～10.0。

为提高外墙深色乳胶漆的遮盖力，采用中空的聚合物乳液，如罗门哈斯的 OP-62，在深色颜色准确展现的同时，保证遮盖力。

为了保证深色基础漆可以调出最饱和的颜色，涂料中不加入任何钛白颜料。

如果所配置的乳胶漆是低遮盖力的（对比率 0.05～0.25），则选用调整饱和深色用的涂料钛白，其添加可以是 0g/L（涂料）；若是高遮盖力的（对比率 0.9～0.96），则选用调浅色用钛白，通常添加量为 240～300g/L（涂料）。

根据本品所述的彩色乳胶漆生产技术，乳胶基础漆中选用的填料可以是重晶石粉或云母粉，其中重晶石粉的耐酸性和保光保色性比较好，云母粉的晶体为片状结构，可以提高涂层耐紫外线性能，提高涂层耐候性。

分散剂为具有疏水改性功能的聚羧酸盐分散剂，同时其对无机和有机颜料具有吸附作用，展色性强，抗水性强，平均分子量为 100～5000。

润湿剂为 1～2 种不同亲水亲油平衡值的非离子润湿剂的组合，调整涂料体系的 HLB 为 12～13，可以最大限度地调整涂料的润湿性能及展色性，使具有不同亲水或者疏水性能的色浆均达到良好的相容效果。

为消除涂料生产和涂装过程中产生的气泡，在制备乳胶基础漆时，在其中添加适量的消泡剂，采用的消泡剂可以为脂肪烃复合消泡剂，消泡活性物质为聚乙烯蜡、金属皂、疏水无机硅和有机聚硅氧烷、聚乙二醇和丙二醇醚类等。

根据乳胶漆的用途，可选择在乳胶基础漆中添加防腐剂，以确保乳胶漆的使用性能。防腐剂可选用三嗪类含氮杂环化合物、4,4-二甲基唑烷及其三甲基同系物等。

pH 调节剂可以选用 2-氨基-2-甲基-1-丙醇、二甲氨基乙醇、二乙基乙醇胺、氨水异丙醇胺等。

增稠剂可选用水合型增稠剂，如疏水改性聚丙烯酸碱溶胀型、羟乙基纤维素醚、聚氨酯型等。

成膜助剂选用十二碳醇酯。

质量指标

性　　能	结　　果
PVC/%	45
黏度/KU(ASTM D562—2001)	88
触变指数(TIASTM D2196—91)	3.5
对比率	0.05
光泽度(60°)	4.5
耐洗刷性	900 次
耐碱性	48h 无异常
耐水性	96h 无异常
耐候性	600h 无异常
储存稳定性(50℃,30 天)	92(KU)

产品应用

本品用于建筑外墙的装饰。

产品特性

本品可以在较短的时间内再现国标颜色 0275，还能最大限度地保证颜色的准确性，选用与所需颜色的调色色浆相关的乳胶基础漆，通过调色机、色漆混匀机混合均匀后，使制备的彩色乳胶漆与建筑涂料标准色卡相比，两者之间的色差在允许范围内，所示颜色的耐候性也得到了一定的保证。

凹凸棒外墙乳胶漆

原料配比

原　　料	配比（质量份）
膏状凹凸棒黏土	35
苯丙乳液	28
超细重质碳酸钙	20
金红石型钛白粉	4
羟乙基纤维素	2
乙二醇	0.6
磷酸三丁酯	0.4
去离子水	10

制备方法

①将凹凸棒外墙乳胶漆的配料加入粉碎打浆机内进行粉碎，粉碎打浆混合均匀后为凹凸棒外墙乳胶漆的混合物。

②将步骤①获得的混合物输入高黏度真空搅拌机中，凹凸棒外墙乳胶漆的配料在真空下经过搅拌、分散、溶解、均质、乳化和消泡后为凹凸棒外墙乳胶漆的半成品。

③将步骤②获得的凹凸棒外墙乳胶漆的半成品输入多功能胶体磨中进行研磨，研磨后的颗粒细度小于0.015mm，灌装为凹凸棒外墙乳胶漆的成品。

原料配伍

本品各组分质量份配比范围为：膏状凹凸棒黏土20～55、苯丙乳液15～45、超细重质碳酸钙5～35、金红石型钛白粉1～10、羟乙基纤维素0.5～5、乙二醇0.5～5、磷酸三丁酯0.01～2、去离子水5～35。

凹凸棒石黏土是一种含水富镁纳米级多孔纤维状硅酸盐黏土矿物，当凹凸棒石黏土中的凹凸棒含量≥80％以上时，其比表面积较大，可达500m²/g以上。使用"凹凸棒的湿法选矿工艺"和"凹凸棒矿造浆生产工艺"，将凹凸棒石黏土中的水云母、石英、蛋白石和碳酸盐等矿物筛选去除掉，得到一种凹凸棒矿泥浆；经过钠化处理和酸化处理后的膏状凹凸棒石黏土，是一种触变性和胶黏性极好的天然硅酸镁铝凝胶，pH值呈中性，凹凸棒石黏土的黏度、膨胀容、胶质价、白度、比表面积、吸附性能和悬浮率都得到了较大的提高。

凹凸棒石黏土土质细腻，表面光滑，质地较轻，潮湿时呈黏性和可塑性，其黏度可达到 3000mPa·s 以上，有利于原料之间的黏结；凹凸棒石黏土干燥收缩率小，且不产生龟裂，能提高外墙涂料对建筑物墙面的附着力，膏状凹凸棒石黏土加入涂料溶液中，在外力搅拌下快速形成稳定的不分层的凝胶体，有较好的黏滞性和触变性，凹凸棒石黏土涂料涂膜的显微照片显示，其晶体呈网状排列，均匀地分布在涂料中，所以涂膜表面耐磨性能好。

凹凸棒石黏土具有选择吸附能力，如对极性分子水、氨、甲醇、乙醇、醛、酮、烯、烃等能被通道孔吸收，而对非极性分子如氧等则不能进入孔道，利用这种吸附特性，能吸附空气中的甲醛和挥发性有机物，净化空气。

苯丙乳液是苯乙烯、丙烯酸酯类共聚乳液的简称，具有较好的化学稳定性、冻融稳定性和亲和性，苯丙乳液有良好的附着力、耐水性和流平性。

超细重质碳酸钙具有粒径小、粒度分布窄、杂质极少、吸油值低、高白度等优点，有助于提高凹凸棒外墙乳胶漆的光泽度、干燥性和遮盖力。

金红石型钛白粉耐光性非常强，是建筑涂料的基础白色颜料，对涂料的装饰性、耐候性、耐化学稳定性等方面起着关键作用，特别适用于外墙涂料。

羟乙基纤维素在凹凸棒外墙乳胶漆中能起增稠、黏结、乳化、分散、稳定作用，并能保持水分，形成薄膜和保持稳定的胶体性能。

乙二醇是成膜助剂和防冻剂。

磷酸三丁酯是一种消泡剂。

所述膏状凹凸棒石黏土的生产工艺如下。

① 选用凹凸棒矿泥浆为主体原料，凹凸棒矿泥浆按质量分数由下列组分组成：凹凸棒石黏土 15%～35% 和水 65%～85%。

② 钠化处理：将凹凸棒矿泥浆输送到搅拌机内，添加氢氧化钠后进行搅拌，经过搅拌后的凹凸棒矿泥浆输送到钠化池中陈化 1～7 天；钠化配料按质量分数由下列组分组成：凹凸棒矿泥浆 95%～99.5% 和氢氧化钠 0.5%～5%。

③ 酸化处理：将钠化后的凹凸棒矿泥浆输送到搅拌机内，添加浓

度为98%的硫酸后进行搅拌，经过搅拌后的凹凸棒矿泥浆输送到酸化池中陈化1～3天；酸化配料按质量分数由下列组分组成：钠化后的凹凸棒矿泥浆92%～99.5%和浓度为98%的硫酸0.5%～8%。

④ 水洗和筛去杂质：将酸化后的凹凸棒矿泥浆输送到沉淀池中，重新加水浸泡，用气泵冲翻，筛去杂质，沉淀后放出浸泡水，并将沉淀后的泥浆输送到成品池内，沉淀后的泥浆为膏状凹凸棒石黏土；水洗配料按质量分数由下列组分组成：酸化后的凹凸棒矿泥浆25%～65%和水35%～75%；膏状凹凸棒石黏土按质量分数由下列组分组成：凹凸棒石黏土5%～40%和水60%～95%。

所述凹凸棒矿造浆的生产工艺是：将凹凸棒矿输入搅拌机内搅拌，经挤出机挤压成片状后，再次输入搅拌机内搅拌，经挤出机挤压成片状后自然晾晒，晾干的凹凸棒矿输送到原料池中浸泡，用气泵冲翻，沉淀后放出浸泡水，筛去杂质，输入半成品池中，重新加水浸泡，用气泵冲翻，沉淀后放出浸泡水，并将沉淀后的泥浆输送到成品池内，即为凹凸棒矿泥浆成品。

◀ 产品应用 ▶

本品主要用于建筑物的装饰装修。

◀ 产品特性 ▶

① 凹凸棒外墙乳胶漆附着力好，具有较好的耐候性、耐水性和耐冻融性，凹凸棒外墙乳胶漆安全无毒，无污染，属于环保型外墙乳胶漆。

② 凹凸棒外墙乳胶漆是白色基准涂料，可以直接进行调色，生产各种不同颜色的彩色涂料。

③ 凹凸棒外墙乳胶漆适用于建筑物的装饰装修。

不含 VOC 的乳胶漆

◀ 原料配比 ▶

原　料	配比（质量份）
钛白粉	10～25
重质碳酸钙	50～300
滑石粉	5～300
植物类分散剂	1～15

续表

原　　料	配比（质量份）
纤维素	0.5～3
不含 VOC 的消泡剂	适量
不含 VOC 的苯丙乳液	80～400
豆油卵磷脂类流变改性剂	1～10
纳米改性乳胶漆防腐剂	2～5
水	200～300

制备方法

① 在高速分散机中加入水，依次加入纤维素、分散剂、消泡剂、钛白粉、重质碳酸钙、滑石粉、纳米乳胶漆防霉剂，高速分散 30min，制成色浆。

② 检测色浆细度到 $30\mu m$ 以下时合格。

③ 降低速度，消泡，加入不含 VOC 的苯丙乳液，用不含 VOC 的流变改性剂调节流变性。

④ 过滤、计量、包装。

原料配伍

本品各组分质量份配比范围为：钛白粉 10～25、重质碳酸钙 50～300、滑石粉 5～300、植物类分散剂 1～15、纤维素 0.5～3、不含 VOC 的消泡剂若干、不含 VOC 的苯丙乳液 80～400、豆油卵磷脂类流变改性剂 1～10、纳米改性乳胶漆防腐剂 2～5、水 200～300。

产品应用

本品用于建筑物的涂刷。

产品特性

本乳胶漆不含 VOC，可提高乳胶漆的环保、健康水平，涂刷这种乳胶漆，没有有机化合物挥发，不会对空气造成污染，伤害人的身体。

丙烯酸酯树脂水乳胶涂料

原料配比

原　　料	配比（质量份）
氨水	10～15

原　料	配比(质量份)
甲基丙烯酸丁酯	195～210
去离子水	320～380
丙烯酸酯树脂溶液	155～175
过硫酸铵溶液	3.0～7.0

制备方法

在反应釜中，按上述配方加入丙烯酸酯树脂溶液、氨水和甲基丙烯酸丁酯之后混合，充分分散后加入过硫酸铵溶液，然后加热升温至80℃，保温反应 3h，即得丙烯酸酯树脂水乳胶涂料，其固体分为38.3％，透明性为 0.09mm，黏度 1.80Pa·s。

原料配伍

本品各组分质量份配比范围为：氨水 10～15、甲基丙烯酸丁酯 195～210、去离子水 320～380、丙烯酸酯树脂溶液 155～175、过硫酸铵溶液 3.0～7.0。

所述的氨水的浓度为 25％～30％；过硫酸铵溶液比为 0.5/5.0。

所述的丙烯酸酯树脂溶液由丁基溶纤剂、甲基丙烯酸烯丙酯、丙烯酸乙酯、甲基丙烯酸甲酯、丙烯酸、甲基丙烯酸-2-乙基己酯、偶氮二甲醛戊腈、叔十二烷硫醇等制成。

产品应用

本品主要作为外墙涂料。

产品特性

本品具有光泽度高、漆面状态优、耐水性好和涂膜耐拒黄变等特点。

丙烯酸有机膨润土聚醋酸乙烯酯乳胶漆

原料配比

原　料		配比(质量份)									
		1 号	2 号	3 号	4 号	5 号	6 号	7 号	8 号	9 号	10 号
碱性钙基膨润土	去离子水	450	550	500	480	520	420	520	500	450	500
	活性白土	200	250	230	240	220	220	240		250	250
	氧化钙	150	200	170	170	180	160	180	200	150	150

乳胶涂料配方与制备（二）

原　　料		配比(质量份)									
		1号	2号	3号	4号	5号	6号	7号	8号	9号	10号
碱性钙基膨润土	蒸馏水(先加)	10	15	13	12	14	12	14	10	15	13
	蒸馏水(后加)	80	100	90	90	90	85	100	80	100	100
丙烯酸有机膨润土	Ca-MMT	80	100	90	95	90	85	90	80	90	90
	环己烷分散剂	25	30	27	28	30	26	28	30	30	25
	有机改性剂丙烯酸	40	45	43	42	44	42	45	40	40	45
	无水乙醇	20	35	28	30	33	22	28	35	35	30
	环己烷	5	10	7	8	6	6	8	5	5	6
	无水乙醇和环己烷混合溶剂	25	30	27	28	30	26	28	30	30	25
丙烯酸有机膨润土聚醋酸乙烯酯乳胶漆	丙烯酸有机膨润土	30	45	40	30~45	43	32	35	45	45	30~45
	蒸馏水	1500	2000	1700	1800	1900	1600	1800	2000	1500	1600
	聚乙烯醇	20	30	2	23	28	22	28	20	30	25
	十二烷基硫酸钠	2	5	3	4	3	3	3	2	5	5
	OP乳化剂	1	3	2	2	2	2	2	3	1	2
	醋酸乙烯酯	750	1000	850	850	950	800	900	750	1000	800
	14%的过硫酸铵溶液	2	—	—	—	—	—	—	3	2	—
	15%的过硫酸铵溶液	—	—	3	3	2	—	3	—	—	2
	16%的过硫酸铵溶液	—	3	—	—	—	—	—	—	—	—
	醋酸乙烯酯	250	500	350	400	400	400	400	250	500	300
	3%的过硫酸铵溶液	3	—	—	—	—	—	—	—	4	—
	4%的过硫酸铵溶液	—	—	4	4	—	—	—	—	20	25
	5%的过硫酸铵溶液	—	—	—	—	4	3	—	—	—	—
	6%的过硫酸铵溶液	—	4	—	—	—	30	3	3	—	—

原　　料		配比(质量份)									
		1号	2号	3号	4号	5号	6号	7号	8号	9号	10号
丙烯酸有机膨润土聚醋酸乙烯酯乳胶漆	4%的 NaHCO₃ 水溶液	20	30	—	—	20	—	—	—	—	—
	5%的 NaHCO₃ 水溶液	—	—	25	28	—	—	—	—	—	—
	6%的 NaHCO₃ 水溶液	—	—	—	—	—	—	30	20	—	—
	邻苯二甲酸二丁酯	35	40	34	38	35	40	40	40	35	40

制备方法

（1）碱性钙基膨润土的制备　在敞口釜中，分别取 450～550 份的去离子水、200～250 份活性白土和 150～200 份氧化钙，通过搅拌混料均匀，放入鼓风干燥设备中，设定 70～80℃反应 4～6h，得到 1～5mm 粒径干产物；将产物转移到敞口釜中，加入 10～15 份蒸馏水，搅拌使其充分混合，然后过 50～100 目筛，再用蒸馏水 80～100 份，分 2～3 次洗涤滤饼，除去未反应的氢氧化钙，在 90～110℃条件下烘干，粉碎后，过 200～300 目的筛，得到碱性钙基膨润土。

（2）丙烯酸有机膨润土的制备　在装有机械搅拌、冷凝装置及温控设备的反应釜中，加入 80～100 份制备好的 Ca-MMT，加入 25～30 份的环己烷分散剂，称取 40～45 份的有机改性剂丙烯酸，溶解于 20～35 份无水乙醇与 5～10 份环己烷的混合溶剂中，当温度在 60～80℃，达到环己烷沸腾回流时，保持 60～80℃恒温，待分水器内液面回流平衡后，开始将丙烯酸溶液泵送入反应釜，控制加料速度在 0.2～0.4 份/min，在 2.0～2.5h 之内加完，再反应 3.0～3.5h，反应结束后，产物转入压滤设备，滤饼用 25～30 份无水乙醇和环己烷混合溶剂洗涤 2～3 次，在 60～80℃温度条件下烘干、干燥即得到产品丙烯酸有机膨润土。

（3）丙烯酸有机膨润土聚醋酸乙烯酯乳胶漆的制备　在反应釜内将 30～45 份丙烯酸有机膨润土分散到 1500～2000 份蒸馏水中，在搅拌下加入 20～30 份聚乙烯醇，用水浴加热升温至 90～95℃并搅拌至完全溶解，降温至 60～65℃，加入 2～5 份十二烷基硫酸钠和 1～3 份 OP 乳化剂，并搅拌 10~20min，把 750~1000 份醋酸乙烯酯和 2~3 份 14%~16% 的过硫酸铵溶液加入反应釜中搅拌，在温度 70~80℃ 下，保持 30~50min，当回流基本结束后，在 1.0~1.5h 内，将 250~500 份醋酸乙烯酯加入，并分 3~5 次加入 3%~6% 的过硫酸铵溶液 3~4 份，加完料后升温至 80~85℃，搅拌 20~30min，冷却至 50~60℃ 以下，加入 20~30 份 4%~6% 的 $NaHCO_3$ 水溶液调节 pH=6~7，然后加入 35~40 份邻苯二甲酸二丁酯，搅拌 5~10min，冷却至室温得到白色乳状液。

原料配伍

本品各组分质量份配比范围如下。

碱性钙基膨润土的制备：去离子水 450~550、活性白土 200~250、氧化钙 150~200、蒸馏水（先加）10~15、蒸馏水（后加）80~100。

丙烯酸有机膨润土的制备：Ca-MMT 80~100、环己烷分散剂 25~30、有机改性剂丙烯酸 40~45、无水乙醇 20~35、环己烷 5~10。

丙烯酸有机膨润土聚醋酸乙烯酯乳胶漆的制备：丙烯酸有机膨润土 30~45、蒸馏水 1500~2000、聚乙烯醇 20~30、十二烷基硫酸钠 2~5、OP 乳化剂 1~3、醋酸乙烯酯 750~1000、14%~16% 的过硫酸铵溶液 2~3、醋酸乙烯酯 250~500、3%~6% 的过硫酸铵溶液 3~4、4%~6% 的 $NaHCO_3$ 水溶液 20~30、邻苯二甲酸二丁酯 35~40。

产品应用

本品是一种丙烯酸有机膨润土聚醋酸乙烯酯乳胶漆。

产品特性

本品采用丙烯酸改性膨润土，通过原位乳液聚合与种子乳液聚合相结合的方法制得丙烯酸膨润土聚合物乳胶漆，以改善聚醋酸乙烯酯的性能，其具有以下特点。

① 丙烯酸改性的膨润土具有可以共聚的双键，膨润土与聚合物以共价键的方式结合。

② 乳液聚合的分散剂是水，以水为分散介质，可解决低 VOC 排放及毒性、刺激性等问题。

③ 新疆活性白土资源丰富，价格便宜易得。本合成方法通过引入少量膨润土和丙烯酸单体，改善了乳胶漆性能，投产后可获得良好的经济效益。

彩色乳胶漆

原料配比

原　　料		配比（质量份）
乳液		21.3～34
填料		59.4～74.5
助料		20～40
颜料浆		适量
水		适量
填料组成	钛白粉	10～15
	立德粉	80～110
	滑石粉	120
	轻质碳酸钙	110～135
助料组成	磷酸盐	5～10
	羧甲基纤维素	5～10
	二醇单醚	5～10
	磷酸酯	3～6
	苯甲酸盐	2～4

制备方法

将各组分混合均匀，研磨、过滤得到产品。

原料配伍

本品各组分质量份配比范围为：乳液 21.3～34、填料 59.4～74.5、助料 20～40、颜料浆适量、水适量。填料包括：钛白粉 10～15、立德粉 80～110、滑石粉 120、轻质碳酸钙 110～135。助料包括：磷酸盐 5～10、羧甲基纤维素 5～10、二醇单醚 5～10、磷酸酯 3～6、苯甲酸盐 2～4。

产品应用

本品作为建筑涂料。

产品特性

采用上述方案制备的无公害彩色乳胶漆，为水剂型涂料，无味、无毒、耐燃、不污染，涂膜层具有优异的耐水、耐擦洗、耐热、耐冷、耐酸碱、保色、不脱落、不霉变、施工方便等优越性能。

超耐候性外墙乳胶漆

原料配比

原　　料	配比(质量份)	
	1 号	2 号
BC-01 苯丙乳液	43.9	30.0
CU-1 成膜助剂	1.7	1.2
钛白粉(金红石型)	16.9	18.0
硫酸钡	6.8	15.0
滑石粉	3.8	7.0
DA 分散剂	0.3	0.3
六偏磷酸钠(10%水溶液)	0.3	0.4
AT-1 增稠剂	1.3	—
AT-01 增稠剂	—	1.3
有机硅消泡剂	0.3	—
SPA-202 消泡剂	—	0.2
磷酸三丁酯	0.3	0.3
防腐剂	0.1	0.1
乙二醇	1.2	—
丙二醇	—	1.0
pH 调节剂(氨水)	0.4	0.2
分散介质(水)	22.7	25.0

制备方法

颜、填料是先用钛酸酯偶联剂进行表面预处理，预处理的方法是以钛酸酯偶联剂（1 质量份）与三乙胺（0.5 质量份）进行搅拌混合制成季铵盐，并将季铵盐分散在 600 质量份的水中，与颜、填料搅拌均匀，烘干得到经过预处理的颜、填料，再按一般乳胶漆生产工艺加入涂料中；在 CA-1 成膜助剂中加入市售抗氧剂 1010、紫外线吸收剂苯并三唑加热反应制得 CU-1 成膜助剂。

上述制备成膜助剂 CU-1 的反应条件是在 80℃，搅拌反应 4h。

上述颜、填料的烘干条件是于 120℃烘干 8h。

原料配伍

本品各组分质量份配比范围为：BC-01 苯丙乳液 30.0～43.9、CU-1 成膜助剂 1.2～1.7、钛白粉（金红石型）16.9～18.0、硫酸钡 6.8～

15.0、滑石粉 3.8～7.0、DA 分散剂 0.3、六偏磷酸钠（10％水溶液）0.3～0.4、AT-1 增稠剂 0～1.3、AT-01 增稠剂 0～1.3、有机硅消泡剂 0～0.3、SPA-202 消泡剂 0～0.2、磷酸三丁酯 0.3、防腐剂 0.1、乙二醇 0～1.2、丙二醇 0～1.0、pH 调节剂（氨水）0.2～0.4、分散介质（水）22.7～25.0。

上述钛酸酯偶联剂为二（焦磷酸二辛酯）氧乙酸酯钛酸酯，如国外生产的商品代号 KR-138S 或国产的商品代号 TC-115 或 TC-WT。

成膜助剂 CU-1 的使用量为苯丙乳液的 1％～4％（质量分数）。

◀ 产品应用 ▶

本品用于建筑外墙。

◀ 产品特性 ▶

本品具有优异的耐擦洗性及抗老化性，是一种品质更优良的外墙乳胶漆。

紫红色外墙乳胶漆

◀ 原料配比 ▶

	原　料	配比（质量份）
基础漆	水	10.0
	丙二醇	2.5
	Hydropalat 100	0.8
	Defoamer 334	0.15
	金红石型钛白粉 R-595	15.0
	重晶石粉 1000 目	15.0
	绢云母粉 800 目	5.0
	Filmer C40	1.2
	FoamStar A10	0.15
	纯丙 2800	35.0
	SN-636	0.2
	28％氨水	0.1
	DSX-2000	0.2
产品	基础漆	1000
	PO67	2.21
	PY138	3.83
	PY42	0.77

◆制备方法◆

将上述原材料准备好后，在水中按配方加入助溶剂、分散剂、消泡剂，低速搅拌均匀后缓慢加入颜填料，然后高速分散颜填料，再通过砂磨直到细度小于 $30\mu m$，过滤。过滤完成后，在低速搅拌条件下，在上述分散浆中依次加入润湿剂、消泡剂、成膜助剂、乳液，然后加入增稠剂调整黏度为 $90\sim100KU$，加入 pH 调节剂调节 pH 值为 $8.5\sim9.0$，慢速消泡完成乳胶基础漆的制备。

本技术中，调色色浆由深圳海川公司的色浆 PO67、PY138 和 PY42 组成，它们按比例使用 1/48Y 的单位分别注入调色机中，经调试后，与上述乳胶基础漆一起注入色漆专用混匀机中，使之在短时间内混合均匀，一般是 $200\sim280s$，最好是 $200\sim250s$。

◆原料配伍◆

本品各组分质量份配比范围为：水 $8\sim12$、助溶剂 $2\sim4$、分散剂 $0.5\sim1.2$、润湿剂 $0.15\sim0.25$、颜料 $0\sim25$、填料 $0\sim30$、成膜助剂 $1.5\sim2.4$、乳液 $35\sim60$、增稠剂 $0.20\sim1.0$、pH 调节剂 $0.1\sim0.2$。

乳胶漆用色浆在建筑涂料中起装饰作用，要求有优异的分散稳定性、耐光性、耐候性及与涂料的配合性等。本品所选用的调色色浆中，PY42 是一种高性能的、外墙耐候性良好的铁黄色浆，色浆的颜料含量为 6090；PY138 是喹啉黄，是常用的外墙高耐候性色浆，颜色鲜艳，具有明亮的绿色相的柠黄色；PO67 是外墙耐候性能良好的橙色颜料，具有明亮鲜艳的橙色，将其用在上述乳胶基础漆中，每千克基础漆添加 PO67 为 $2.18\sim2.23g$，PY138 为 $3.8\sim3.85g$，PY42 为 $0.71\sim0.78g$。

作为乳胶基础漆中的必要组分，乳液按乳胶漆使用的不同墙面可分为：内墙乳胶漆用乳液和外墙乳胶漆用乳液。其中，外墙乳胶漆用乳液普遍选用丙烯酸酯共聚物，其平均分子量范围为 $(15\sim20)$ 万，平均粒径为 $0.1\sim0.2\mu m$，最低成膜温度为 $10\sim22\,°C$，玻璃化温度为 $25\sim35\,°C$，阴离子型，pH 值为 $8.5\sim10.0$。

根据所使用的墙面的不同，钛白粉在乳胶基础漆中的选择也有不同。通常，外墙涂料选用金红石型，其中，TiO_2 含量 $>95\%$，金红石型含量 $>98\%$，吸油量 $<20g/100g$，消色力雷诺兹数 1800，ASTM D476 Ⅱ、Ⅲ型和 ISO 591 R2 型。

如果所配置的乳胶漆是中等遮盖力的（对比率 $0.75\sim0.85$），则选用调整较深色用的涂料钛白粉，通常添加量为 120～150g/L（涂料）；若是低遮盖力的（对比率 0.05～0.25），则选用调整饱和深色用的涂料钛白粉，其添加量可以为 0g/L（涂料）；若是高遮盖力的（对比率 0.9～0.96），则选用调浅色用钛白粉，通常添加量为 240～300g/L（涂料）。

根据本品所述的彩色乳胶漆生产技术，乳胶基础漆中选用的填料可以是重晶石粉或云母粉，其中重晶石粉的耐酸性和保光保色性比较好，云母粉的晶体结构为片状，可以提高涂层耐紫外线性能，提高涂层耐候性。

分散剂为具有疏水改性功能的聚羧酸盐分散剂，它对无机和有机颜料具有吸附作用，展色性强，抗水性强，平均分子量为 100～5000。

润湿剂为 1～2 种不同亲水亲油平衡值的非离子润湿剂的组合，调整涂料体系的 HLB 为 12～13，可以最大限度地调整涂料的润湿性能及展色性，使具有不同亲水或者疏水性能的色浆均达到良好的相容效果。

为消除涂料生产和涂装过程中产生的气泡，在制备乳胶基础漆时，在其中添加适量的消泡剂，采用的消泡剂可以为脂肪烃复合消泡剂，消泡活性物质为聚乙烯蜡、金属皂、疏水无机硅和有机聚硅氧烷、聚乙二醇和丙二醇醚类等。

根据乳胶漆的用途，可选择在乳胶基础漆中添加防腐剂，以确保乳胶漆的使用性能。防腐剂可选用三嗪类含氮杂环化合物、4,4-二甲基唑烷及其三甲基同系物等。

pH 调节剂可以选用 2-氨基-2-甲基-1-丙醇、二甲氨基乙醇、二乙基乙醇胺、氨水异丙醇胺等。

增稠剂可选用水合型增稠剂，如疏水改性聚丙烯酸碱溶胀型、羟乙基纤维素醚、聚氨酯型等。

成膜助剂选用十二碳醇酯。

产品应用

本品用于建筑外墙装饰。

产品特性

本品可以在较短的时间内再现国标颜色 0173，还能最大限度地保证颜色的准确性，选用与所需颜色的调色色浆相关的乳胶基础漆，通过调色机、色漆混匀机混合均匀后，使制备的彩色乳胶漆与建筑涂料标准色卡相比，两者之间的色差在允许范围内，所示颜色的耐候性也得到了一定的保证。

纯丙高弹外墙乳胶漆

原料配比

原　　料	配比（质量份）
纯净水	15
钛白粉	30
高岭土	5
超细硅酸铝	5
滑石粉	5
5027 分散剂	0.1
XGBC-163 纯丙弹性乳液	40
F111 消泡剂	0.2
5027 分散剂	0.5
PE-100 润湿剂	0.1
B60 流平剂	0.1
GZ-12 成膜助剂	1～2
636 增稠剂	1～1.2
YN187 防腐剂	0.1
相容稳定剂	0.005

制备方法

　　按配比将纯净水、钛白粉、高岭土、超细硅酸铝、滑石粉、5027 分散剂高速分散 20min，经研磨，加 XGBC-163 纯丙弹性乳液，再加 8 种助剂：F111 消泡剂、5027 分散剂、PE100 润湿剂、B60 流平剂、GZ-12 成膜助剂、636 增稠剂、YN187 防腐剂、相容稳定剂，经低速搅拌 30min，即得成品。

原料配伍

　　本品各组分质量份配比范围为：纯净水 15、钛白粉 30、高岭土 5、超细硅酸铝 5、滑石粉 5、5027 分散剂 0.1、XGBC-163 纯丙弹性乳液 40、F111 消泡剂 0.2、5027 分散剂 0.5、PE100 润湿剂 0.1、B60 流平剂 0.1、GZ-12 成膜助剂 1～2、636 增稠剂 1～1.2、YN187 防腐剂 0.1、相容稳定剂 0.005。

◀ 产品应用 ▶

本品用作外墙涂料。

◀ 产品特性 ▶

纯丙高弹外墙乳胶漆的优点是综合性能好，易施工，无毒，是绿色环保涂料，有较好的回弹性、延伸率和韧性，遮盖性能极佳，能使3mm以下裂痕遮盖住，漆膜完好无损，是新型涂料换代产品。

纯丙外墙乳胶涂料

◀ 原料配比 ▶

原　料	配比（质量份）		
	1号	2号	3号
纯丙乳液	280	250	260
分散剂	12	15	15
增稠剂	15	15	15
成膜助剂	8	10	10
流平剂	5	5	5
钛白粉	180	200	190
重质碳酸钙	60	65	60
轻质碳酸钙	60	65	60
滑石粉	90	85	85
硅灰石粉	28	28	28
防腐剂	0.5	0.5	0.5
消泡剂	1.5	1.5	1.5
水	250	250	260
颜料浆	10	10	10

◀ 制备方法 ▶

① 在分散容器中加入水，再放入分散剂、消泡剂、钛白粉，高速搅拌20min。

② 陆续加入重质碳酸钙、轻质碳酸钙、滑石粉、硅灰石粉、颜料浆后搅拌均匀。

③ 用胶体磨机研磨至所需要的细度。

④ 加入纯丙乳液，启动搅拌机，投入成膜助剂、防腐剂、消泡剂，

用氨水调节 pH 值到 8～10。

⑤ 把增稠剂和平流剂缓慢加入低速搅拌罐中，边加边搅拌至所需要的黏度为止，待制成后分罐密封储存。

◀ 原料配伍 ▶

本品各组分质量份配比范围为：纯丙乳液 250～280、分散剂 12～15、增稠剂 15～18、成膜助剂 8～10、流平剂 5～8、钛白粉 180～200、重质碳酸钙 60～70、轻质碳酸钙 60～70、滑石粉 80～90、硅灰石粉 28～32、防腐剂 0.5～1、消泡剂 1.2～1.5、水 250～300、颜料浆 10～20。

所述的分散剂为丙烯酸酯高分子分散剂。

所述的增稠剂为羟乙基纤维素。

所述的成膜助剂为十二碳醇酯。

所述的流平剂为有机硅流平剂。

所述的防腐剂为异噻唑啉酮。

所述的消泡剂为有机硅树脂类消泡剂。

◀ 产品应用 ▶

本品主要用于外墙的涂装。

◀ 产品特性 ▶

本品为绿色环保涂料，无毒无味，其涂膜光亮，具有良好的耐水性、耐碱性、耐气候性，同时该涂料施工性能好，饰面抗腐蚀，不起泡，不掉粉，能保持长久不褪色。

醇酸丙烯酸杂化乳胶涂料

◀ 原料配比 ▶

原　料		配比（质量份）
醇酸树脂	豆油酸	60
	季戊四醇	17.54
	苯甲酸	1.65
	苯酐	16.54
	顺酐	0.54
	二甲苯	5.46

原　　料		配比（质量份）
催干剂	乳化剂 CO-436	8.33
	去离子水	88.89
	乙二醇	2.78
	异辛酸钴	5.56
	异辛酸锰	22.22
	异辛酸锆	22.22
醇酸丙烯酸杂化乳液	醇酸树脂	9.6
	丙烯酸	0.9
	甲基丙烯酸甲酯	10.7
	苯乙烯	10
	丙烯酸丁酯混合单体	15.6
	CO-436	1.2
	5.9%PVA 水溶液	0.6
	碳酸氢钠	0.18
	去离子水	60
	过硫酸铵	0.24
	成膜助剂十二碳醇酯	1.2
	催干剂	0.96
醇酸丙烯酸杂化乳胶涂料	去离子水	15
	金红石型钛白粉	3.5
	碳酸钙	8
	BYK-301	0.20
	BYK-023	0.25
	醇酸丙烯酸杂化乳液	75
	催干剂	2.0

制备方法

（1）醇酸树脂的制备方法

① 在装有搅拌装置、油水分离器和温度计的反应容器中按配方量依次加入豆油酸、季戊四醇、苯甲酸，通氮气保护，开搅拌装置和冷凝水，1h 内升温至 180℃。

② 当温度达到 120℃时加入配方量 35%～40%的二甲苯；温度到 180℃时开始保温，保温 40min，温度控制在 180～200℃。

③ 加入苯酐和顺酐配方量的 1/2 及剩余的二甲苯，10min 后加入剩余的苯酐和顺酐；升温使温度控制在 210～220℃，保温 1h。

④ 升温使温度控制在 220～230℃，保温 1h 后开始测酸值；当酸值＜17mg/g（以 KOH 计）时开始降温，降温至 180℃，放出油水分离器中的水和二甲苯，开大氮气量，将醇酸树脂中的二甲苯蒸出；降温至 80℃，出料。

（2）催干剂的制备方法　将乳化剂 CO-436 溶于去离子水中，加入乙二醇、异辛酸钴、异辛酸锰、异辛酸锆，高速分散 1500r/mim，搅拌 2h 即可得到醇酸丙烯酸杂化乳液用催干剂。

（3）醇酸丙烯酸杂化乳液的制备方法

① 将醇酸树脂溶于丙烯酸、甲基丙烯酸甲酯、苯乙烯、丙烯酸丁酯中待用；将总用量 70％的 CO-436、5.9％PVA 水溶液、碳酸氢钠溶于总用量 60％的去离子水中，加入混合单体以 2000r/min 高速搅拌 30min 预乳化。

② 将剩余 CO-436 溶于总用量 30％的去离子水中投入装有搅拌装置、球形冷凝管、温度计的反应容器中，开搅拌装置（200r/min）和冷凝水，升温至 75℃，加入引发剂、过硫酸铵和剩余总用量 10％的去离子水。

③ 温度达到 78℃时，将预乳化液装入 100mL 恒压滴液漏斗中，于冷凝管上端开始滴加，约 3h 滴完，保持温度在 78～80℃；滴完后升温至 82℃，保温 1h；升温至 85℃，保温 0.5h；降温至 60℃，加入成膜助剂和预先乳化好的催干剂，并调节 pH＝7～8；搅拌 20min 后出料。

（4）醇酸丙烯酸杂化乳胶涂料的制备方法　将配方量的去离子水、颜料、填料、消泡剂、分散剂依次加入多用分散研磨机中高速分散 30～60min，然后用锥形磨研磨至所需的细度，加入醇酸丙烯酸杂化乳液在多用分散研磨机中分散 20～30min 后加入催干剂分散均匀即得成品。

原料配伍

本品各组分质量份配比范围如下。

醇酸丙烯酸杂化乳胶涂料的组分为：醇酸丙烯酸杂化乳液 65～80、颜料 3～4、填料 6～10、去离子水 10～20、分散剂 0.05～0.5、消泡剂 0.10～0.30、催干剂 0.9～3.5。

杂化乳液的组分为：丙烯酸 0.7～0.9、甲基丙烯酸甲酯 8.1～10.7、苯乙烯 7.6～10.0、丙烯酸丁酯混合单体 11.8～15.6、醇酸树脂 9.0～19.0、乳化剂 CO-436 为 0.9～1.2、引发剂 0.18～0.24、pH 缓冲剂 0.1～0.2、5.9％PVA 水溶液 0.5～0.6、去离子水 60.0、碳酸氢

钠 0.1～0.2、成膜助剂 0.9～1.2、催干剂 0.8～1。

醇酸树脂的组分为：豆油酸 55.0～65.0、季戊四醇 17.0～19.0、顺丁烯二酸酐 1.07～1.24、邻苯二甲酸酐 15.54～17.92、二甲苯 7.5、苯甲酸 1.55～1.79。

催干剂的组分为：异辛酸钴 5.56、异辛酸锰 22.22、异辛酸锆 22.22、乙二醇 2.78、去离子水 88.89、乳化剂 CO-436 为 8.33。

质量指标

项　　目		指　　标
硬度，≥		0.3
干燥时间/h，≤ 　表干 　实干		 4 15
光泽/%，≥		90
附着力/级，≤		2
冲击强度/cm，≥		40
柔韧性/mm，≤		1
耐水性(浸于 GB 6682 三级水中 72h)		不起泡,不开裂,不剥落,允许轻微变色失光,2h 内恢复
耐汽油性(浸于 75# 汽油中 72h)		不起泡,不开裂,不剥落,允许轻微变色失光,2h 内恢复
耐人工气候老化性 （复合涂层）	白色和浅色	500h 不起泡,不生锈,不开裂,不脱落
	粉化/级，≤	1
	变色/级，≤	1
	失光/级，≤	1
储存稳定性	树脂 色漆	1 年 1 年

产品应用

本品主要用作外墙涂料。

产品特性

本品通过分子设计合成高分子主链含有不饱和双键的醇酸树脂，再与丙烯酸单体进行核-壳乳液聚合，以醇酸树脂为核，丙烯酸树脂为壳，醇酸与丙烯酸树脂分子链之间通过化学键相连，提高了两种树脂的相容性，同时在材料固化成型过程中避免了树脂的相分离。醇酸丙烯酸杂化乳胶涂料固化成膜后既具有丙烯酸树脂色泽好，耐光、耐候性好，保光、保色性好等优点，又具有醇酸树脂漆膜柔韧坚牢、耐摩擦、耐介质、耐老化性能优良的特点，同时挥发性有机化合物（VOC）含量低于1.5%。

醇酸改性丙烯酸高耐候性乳胶漆

◀ 原料配比 ▶

原　　料	配比（质量份）		
	1号	2号	3号
水	30	38	36.8
丙烯酸乳液	120	130	124.6
干性改性醇酸树脂	10	15	13.8
聚丙烯酸接枝改性聚合物 PAA-L	0.2	0.5	0.42
润湿剂 Hydropalat 306	0.5	1	0.83
消泡剂 JY-822	0.1	0.2	0.16
防腐剂 DL702	1	1.5	1.2
抗氧剂 CYANOX 1790	0.1	0.2	0.13
硅微粉	10	20	15
滑石粉	20	25	22
钛白粉	15	20	18
羟乙基纤维素	5	10	8
二月桂酸二丁基锡	5	7	6
顺丁烯酸二丁酯	0.5	0.8	0.6
丙二醇丁醚	3	5	4.5

◀ 制备方法 ▶

　　将水、丙烯酸乳液、干性改性醇酸树脂、聚丙烯酸接枝改性聚合物 PAA-L、润湿剂 Hydropalat 306、消泡剂 JY-822、防腐剂 DL702、抗氧剂 CYANOX 1790、二月桂酸二丁基锡、顺丁烯酸二丁酯和丙二醇丁醚在 380～450r/min 下搅拌 8min，混合均匀得混合物 A，后将硅微粉、滑石粉和钛白粉加入上述混合物 A 中，再加入羟乙基纤维素混合均匀，即可得成品。

◀ 原料配伍 ▶

　　本品各组分质量份配比范围为：水 30～38、丙烯酸乳液 120～130、干性改性醇酸树脂 10～15、聚丙烯酸接枝改性聚合物 PAA-L 0.2～0.5、润湿剂 Hydropalat 306 为 0.5～1、消泡剂 JY-822 为 0.1～0.2、防腐剂 DL702 为 1～1.5、抗氧剂 CYANOX 1790 为 0.1～0.2、硅微粉 10～20、滑石粉 20～25、钛白粉 15～20、羟乙基纤维素 5～10、二月桂酸二丁基锡 5～7、顺丁烯酸二丁酯 0.5～0.8、丙二醇丁醚 3～5。

◁产品应用▷

本品主要作为建筑外墙涂料。

◁产品特性▷

本品在室外环境下具有较强的抗老化性能，其耐水性、耐酸性和漆膜附着力较强，耐刷次数超过 1000 次。

低档外墙薄弹性乳胶漆

◁原料配比▷

原　　料	配比（质量份）
水	222
杀菌剂	1
分散剂	6
润湿剂	1
消泡剂	1
丙二醇	20
金红石型钛白粉	120
800 目硅灰石粉	100
800 目重质碳酸钙	100
1250 目高岭土	50
成膜助剂	7
Fuchem-203	360
杀菌剂	1
消泡剂	2
AMP-95	1
碱溶胀增稠剂	6
聚氨酯流变助剂	2

◁制备方法▷

将水 222 份、杀菌剂 1 份、分散剂 6 份、润湿剂、消泡剂、丙二醇、金红石型钛白粉、800 目硅灰石粉、800 目重质碳酸钙、1250 目高岭土经高速分散、砂磨后再加入成膜助剂、Fuchem-203、杀菌剂 1 份、消泡剂 2 份，AMP-95、碱溶胀增稠剂、聚氨酯流变助剂、水 42 份，混合均匀，经研磨过滤得到产品。

原料配伍

本品各组分质量份配比范围为：水 222、杀菌剂 1、分散剂 6、润湿剂 1、消泡剂 1、丙二醇 20、金红石型钛白粉 120、800 目硅灰石粉 100、800 目重质碳酸钙 100、1250 目高岭土 50、成膜助剂 7、Fuchem-203 为 360、杀菌剂 1、消泡剂 2、AMP-95 为 1、碱溶胀增稠剂 6、聚氨酯流变助剂 2。

产品应用

本品主要用于装饰和保护建筑物面，使建筑物外貌整洁美观，从而达到美化城市环境的目的，同时能起到保护建筑物外墙的作用，延长其使用寿命。

产品特性

该低档外墙薄弹性乳胶漆在低温下仍能保持优良的弹性，其优良的回弹性、伸长率及柔韧性可以有效防止墙体产生细小裂纹，在广泛的温度内控制已有的和即将发生的裂缝，使涂层免于破坏和起皱，保护基层漆膜既柔软又抗沾污。成本低、性能好、适合大众消费、不开裂、不起泡、节约用料。

低碳环保型高性能外墙乳胶漆

原料配比

原　料	配比（质量份）				
	1 号	2 号	3 号	4 号	5 号
去离子水	14.3	10.3	22.9	25.3	17.4
pH 调节剂	0.2	0.1	0.1	0.3	0.2
分散剂	0.5	0.8	0.5	1	0.8
润湿剂	0.2	0.2	0.2	0.3	0.1
重质碳酸钙	26	25	22	15	20
煅烧高岭土	一	7	5	5	15

续表

原　　料	配比(质量份)				
	1 号	2 号	3 号	4 号	5 号
金红石型钛白粉	20	22	18	25	15
羟乙基纤维素	0.3	0.3	0.2	0.4	0.2
消泡剂	0.4	0.6	0.8	0.8	1
核壳聚合的紫外交联型丙烯酸乳液	35	30	25	20	26
无机硅酸盐及离子型表面活性剂共混物	2	3	4	5	3
缔合型增稠剂	0.6	0.2	0.8	1.6	1
防霉抗菌剂	0.5	0.5	0.5	0.3	0.3

◀ 制备方法 ▶

① 依次加入 9/10 的去离子水、分散剂、pH 调节剂、润湿剂与 3/7 的消泡剂，低速搅拌 5～10min 充分混匀。

② 在步骤①所得混合物中加入金红石型钛白粉、重质碳酸钙与羟乙基纤维素，并进行高速分散研磨，制成研磨细度小于等于 45μm 的均匀浆料。

③ 在中速搅拌条件下，在步骤②所得浆料中加入核壳聚合的紫外交联型丙烯酸乳液、无机硅酸盐及离子型表面活性剂共混物、缔合型增稠剂、剩余消泡剂、防霉抗菌剂，并搅拌均匀。

④ 在步骤③的组合物中补加去离子水，低速搅拌 10min，对混合物进行过滤处理，即为成品。

◀ 原料配伍 ▶

本品各组分质量份配比范围为：水 10～25、分散剂 0.5～1、填料 20～35、pH 调节剂 0.1～0.3、润湿剂 0.1～0.3、钛白粉 15～25、防藻抗菌剂 0.3～0.5、乳液 20～35、防冻剂 2～5、消泡剂 0.2～1、增稠剂 0.5～2。

所述水为去离子水。

所述分散剂为 100% 含量的钠盐类分散剂。

所述填料为重质碳酸钙及煅烧高岭土。

所述 pH 调节剂为 10% 含量的 KOH 水溶液。

所述润湿剂为 100% 含量的非离子型润湿剂。

所述钛白粉为氯化法制备的金红石型钛白粉，具有优异的耐候性、高遮盖力和易分散性能等优良性质。

乳胶涂料配方与制备（二）

所述抗藻防霉剂为异噻唑啉酮类化合物，例如，可以使用 BIT（1，2-苯并异噻唑啉-3-酮）及 CIT（5-氯-2-甲基-4-异噻唑啉-3-酮）混合物。

所述乳液为核壳聚合的紫外交联型丙烯酸乳液。

所述防冻剂为无机硅酸盐及离子型表面活性剂的混合物［质量比为（1：4）～（4：1）］，例如，可以使用硅酸锂水溶液以及 MULGOFENEL 表面活性剂。

所述消泡剂为有机硅类消泡剂，具有抑泡能力强、破泡速度快等特点，例如 BYK-022 消泡剂。

所述增稠剂为羟乙基纤维素及缔合型增稠剂，比如 NATROSOB 250HBR、ACRYSOL RM-12W 等增稠剂。

本品在防冻方面采用无毒且不挥发的无机硅酸盐水溶液以及离子型表面活性剂共混物来作为水性涂料的防冻剂，以代替涂料中所使用的挥发性有机化合物乙二醇、丙二醇等类型的防冻剂。

其防冻原理主要是：因为难挥发的可溶性非电解质（包括离子及分子态）的存在会导致水的蒸汽压出现下降，从而降低其冰点（即凝固点），所以本品主要是通过往水相中掺杂可溶性无机硅酸盐的方式，而使得水性涂料中水的冰点下降至零度以下；再加上离子型表面活性剂可以使得乳液粒子带电而产生静电斥力，从而阻碍乳液粒子在水相开始结冰时而发生互相融合并导致破乳现象的产生，这样也间接地降低了涂料的冰点，从而达到涂料耐冻性要求。而在成膜过程中这些无机硅酸盐还可以与涂料组分中所含的羟基以及空气中的二氧化碳反应而生成不溶于水的漆膜。

在乳液成膜方面，本品主要利用核壳以及紫外交联技术来解决乳液的低成膜温度以及高玻璃化转变温度问题，以解决需要额外添加成膜助剂的难题。

本品使用的核壳聚合的紫外交联型丙烯酸乳液，具有低成膜温度、高玻璃化转变温度以及优异的户外耐候性等特点。具体的成膜机理主要是：核壳聚合的紫外交联型丙烯酸乳液包含两种聚合物相，其中的软相做壳，硬相做核，成膜时，壳由于比较软而被挤压变形，造成互相缠绕而成膜，而核则因为较硬而继续保持原形，从而保证漆膜具有较好的漆膜硬度以及抗粘连等性能；并且该乳液在软相中还引入了可发生紫外交联反应的基团，从而使得该乳液在成膜过程中可以在户外紫外线的照射下发生交联反应，进一步强化了漆膜的各项性能。

至于 pH 调节剂、分散剂等助剂中挥发性有机化合物的控制，例如：pH 调节剂，通过采用不挥发的 KOH 水溶液代替 AMP-95、三乙醇胺等胺类物质来作为 pH 调节剂；分散剂，采用不含挥发性有机化合物的润色分散剂，如钠盐类分散剂，来作为涂料的分散稳定剂。

产品应用

本品主要用于外墙。

产品特性

本品通过使用新的防冻剂，以及无需添加成膜助剂就可以成膜的乳液，加上其他组分配合，组合而成的涂料无需添加任何挥发性有机化合物，对人体健康没有危害，同时能有效地解决碳排放问题。

多功能强化乳胶漆

原料配比

原　料	配比(质量份)		
	1 号	2 号	3 号
白乳胶	40	35	45
立德粉	20	25	25
碳酸钙	30	25	30
聚乙烯醇	4.5	4	5
黏粉	5	10	4
碳化硅	0.5	1	1

制备方法

首先将聚乙烯醇浸入同等量水中加热溶解成为 50％溶液，在连续的搅拌中将水和上述组分加入搅拌机内，碳酸钙粉、50％聚乙烯醇溶液、立德粉、黏粉、白乳胶、碳化硅粉按顺序依次加入搅拌机内，充分搅拌后，即可。

原料配伍

本品各组分质量份配比范围为：白乳胶 40～50、立德粉 20～40、碳酸钙 30～40、聚乙烯醇 4.5～10、黏粉 5～10、碳化硅 0.5～1。

◀ 产品应用 ▶

本品用于建筑物的涂刷。

◀ 产品特性 ▶

本品因采用了独特的配方，经充分调动搅拌后，各种物质相互混合提高了各自的功能，又与形成的钙化层一起起到散热、隔热、阻燃作用。

多功能乳胶漆

◀ 原料配比 ▶

原　料	配比（质量份）
聚醋酸乙烯乳液	5
苯丙乳液	5
乙烯-醋酸乙烯共聚乳液	5
醋酸乙烯-丙烯酸共聚乳液	5
氯乙烯-偏氯乙烯共聚乳液	5
钛白粉	15
体质颜料	5
分散剂	0.15
成膜助剂	0.5
防冻剂	0.5
防霉剂	0.1
水	20

◀ 制备方法 ▶

以上各项原料混合后，经高速分散、研磨，成为产品。

◀ 原料配伍 ▶

本品各组分质量份配比范围为：聚醋酸乙烯乳液 5、苯丙乳液 5、乙烯-醋酸乙烯共聚乳液 5、醋酸乙烯-丙烯酸共聚乳液 5、氯乙烯-偏氯乙烯共聚乳液 5、钛白粉 15、体质颜料 5、分散剂 0.15、成膜助剂 0.5、防冻剂 0.5、防霉剂 0.1、水 20。

◀ 产品应用 ▶

本漆除用以涂饰内外墙面、木材面、金属面、纸面、布面等之外，还可制成快干腻子、防锈底漆、建筑黏合剂。本品与水泥配合，可制成高强防水砂浆、混凝土。

产品特性

该系列产品均为无毒、无味、无污染、不燃、不爆、绝对安全。生产本系列产品，不需加热设备，无三废；本系列产品成本低廉。

防爆裂乳胶漆

原料配比

原　　料	配比（质量份）		
	1号	2号	3号
蒸馏水	55	75	85
钛白粉	6	10	13
白乳胶	35	45	55
滑石粉	8	12	18
淀粉	11	12	14
过硫酸钾	2	5	7
碳化硅	4	6	8
硼砂	6	8	10
超细碳酸钙	22	28	31
丙烯酸	4	6	7
十二烷基硫酸钠	3	4	7
醋酸乙烯	15	25	35
丁醚化二聚氰胺树脂	5	8	12
超细二氧化硅	6	8	12
膨胀珍珠岩	5	8	10
附着力促进剂	3	5	7

制备方法

将各组分混合均匀，经过研磨、过滤得到产品。

原料配伍

本品各组分质量份配比范围为：蒸馏水 55～85、钛白粉 6～13、白乳胶 35～55、滑石粉 8～18、淀粉 11～14、过硫酸钾 2～7、碳化硅 4～

8、硼砂 6～10、超细碳酸钙 22～31、丙烯酸 4～7、十二烷基硫酸钠 3～7、醋酸乙烯 15～35、丁醚化二聚氰胺树脂 5～12、超细二氧化硅 6～12、膨胀珍珠岩 5～10、附着力促进剂 3～7。

◀ 产品应用 ▶

本品主要用于外墙的涂装。

◀ 产品特性 ▶

① 本品有效提高了涂料的中、高剪切黏度，改善了涂料的分水倾向，利用防腐剂的杀菌性能，有效防止了涂料的腐败破乳。

② 本品环境污染小、施工方便且具有良好性能，抗氧化、耐磨性、防日晒性能优异。

防电磁辐射乳胶漆

◀ 原料配比 ▶

原　　料	配比（质量份）		
	1 号	2 号	3 号
硅酸钾水溶液	31.7	32.5	30.1
分散剂	0.5	0.5	0.5
消泡剂	0.3	0.3	0.3
膨润土	0.6	0.6	0.6
二氧化硅	5	6	7
钛白粉	8	6	10
丙烯酸乳液	15	12	18
防腐剂	0.2	0.2	0.2
增稠剂	0.5	0.4	0.3
氧化锌晶须	15	15	10
纳米金属镍粉	8	8	8
纳米碳化硅	15	20	15

◀ 制备方法 ▶

将硅酸钾水溶液投入反应釜，在 300～500r/min 转速下，投入分散剂、消泡剂、防腐剂分散均匀；在 65～85℃条件下保温 3～6h，得到模数级为 4.9～5.6 的黏稠水溶液；在 800～1500r/min 转速下，投入膨润土、二氧化硅、钛白粉，分散 15～45min，在 400～800r/min 转速下，投入丙烯酸乳液、增稠剂分散均匀，投入氧化锌晶须、纳米金属镍粉、纳米碳化硅，在 400～800r/min 下，分散 15～30min，用 80～120 目滤布过滤即得到成品。

原料配伍

本品各组分质量份配比范围为：硅酸钾水溶液 25～35、分散剂 0.2～0.5、消泡剂 0.2～0.4、膨润土 0.3～0.6、二氧化硅 3～8、钛白粉 6～10、丙烯酸乳液 12～18、防腐剂 0.1～0.3、增稠剂 0.2～0.5、氧化锌晶须 15～25、纳米金属镍粉 6.5～8、纳米碳化硅 15～25。

质量指标

检验项目	检验标准	检验结果
挥发性有机化合物（VOC）/（g/L）	≤200	20
游离甲醛/（mg/kg）	≤0.1	未检出
可溶性铅/（mg/kg）	≤90	＜1.0
可溶性镉/（mg/kg）	≤75	＜1.0
可溶性铬/（mg/kg）	≤60	＜1.0
可溶性汞/（mg/kg）	≤60	未检出
容器中状态	无硬块、搅拌呈均匀状态	符合
施工性	刷涂二道无障碍	符合
耐水性	96h 无异常	通过
耐候性	600h 无起泡、剥落、裂纹	符合
低温稳定性	不变质	符合
干燥时间（表干）/h	≤2	＜2
涂膜外观	正常	符合

产品应用

本品主要用于建筑物内外墙。

产品特性

① 选用水性防电磁辐射涂料体系，环保性好，产品不含钡盐等重金属，不含环氧树脂等油性溶剂材料，气味小，对人体和环境影响小。

② 采用氧化锌晶须、纳米金属镍粉、纳米碳化硅等防电磁辐射主材料，对电磁波杂波吸收率高，吸收频带宽。

③ 施工简单、方便，还可根据需要调成各种颜色。

高耐沾污性的乳胶漆

◀ 原料配比 ▶

表1　乳胶漆

原　料		配比（质量份）			
		1号	2号	3号	4号
成膜助剂	乙二醇	2.3	3	2.3	2.3
	分散剂	0.3	0.5	0.4	0.4
	润湿剂	0.3	0.4	0.4	0.4
	防霉剂	0.75	1	0.8	0.8
	防腐剂	0.15	0.3	0.3	0.3
	羟乙基纤维素	0.5	0.5	0.5	0.5
	氨中和剂	0.15	0.3	0.2	0.2
	消泡剂	0.3	0.3	0.3	0.3
	碱溶胀阴离子型增稠剂	0.3	0.5	0.3	0.3
	十二碳醇酯	2.5	3	2.5	2.5
	改性丙烯酸乳液	35	40	25	39
颜料	金红石型钛白粉	15	15	15	15
填料	重质碳酸钙（1250目）	8	5	9	7
	重质碳酸钙（700目）	20	15	25	18
水		14.45	15	18	13

表2　改性丙烯酸乳液

原　料	配比（质量份）
乳化剂	0.15～0.3
丙烯酸酯类单体	3～6
去离子水	15～20
引发剂	0.1～0.2
有机硅改性环氧树脂乳液	75～80

表3　有机硅改性环氧树脂乳液

原　料	配比（质量份）
有机硅氧烷单体	0.1～0.3
环氧树脂	3～8
助溶剂	0.5～1
催化剂	适量
乳化剂	3～5
丙烯酸酯类单体	35～45
去离子水	45～50

制备方法

（1）制备有机硅改性环氧树脂乳液　将有机硅氧烷单体、环氧树脂及助溶剂混匀，升温至 120～150℃，加入催化剂，在 120～150℃下反应 2～3h 后降温至 70～80℃，加入乳化剂、丙烯酸酯类单体和去离子水，制得有机硅改性环氧树脂乳液。

（2）制备改性丙烯酸乳液　将乳化剂、丙烯酸酯类单体和去离子水混匀，于 30～50℃乳化 0.5～1h 后升温至 70～80℃，加入引发剂，保温至乳液变蓝，此时同时加入步骤（1）制得的有机硅改性环氧树脂乳液和引发剂，然后升温至 80～90℃，反应 30～60min 后调节 pH 值至 7～8，得到改性丙烯酸乳液。

（3）制备高耐沾污性的乳胶漆　将各组分进行混合，以 1000～1500r/min 搅拌分散 60～90min，通过 100～200 目（孔径为 74～148μm）滤筛过滤，即得高耐沾污性的乳胶漆。

原料配伍

本品各组分质量份配比范围为：成膜助剂 7～10、改性丙烯酸乳液 25～40、颜料 14～16、填料 20～35、水 13～18。

所述改性丙烯酸乳液由以下组分组成：乳化剂 0.15～0.3、丙烯酸酯类单体 3～6、去离子水 15～20、引发剂 0.1～0.2、有机硅改性环氧树脂乳液 75～80。

所述的引发剂为可以引发丙烯酸进行自由基聚合反应的各类热分解引发剂，包括但不限于过硫酸钾、过硫酸铵等；本品优选过硫酸铵作为反应引发剂。

其中，有机硅改性环氧树脂乳液和引发剂同时加入，加入方式最好为滴加，滴加时间以 3～4h 为宜。

所述调节 pH 值的物质可以为各类易溶于水、容易挥发且低毒的弱碱性物质；本品优选氨水。

所述有机硅改性环氧树脂乳液由以下组分组成：有机硅氧烷单体 0.1～0.3、环氧树脂 3～8、助溶剂 0.5～1、催化剂适量、乳化剂 3～5、丙烯酸酯类单体 35～45、去离子水 45～50。

所述的环氧树脂为具有至少一个环氧基、平均相对分子量为 300～2000 的各类环氧树脂，包括但不限于双酚 A 型环氧树脂、双酚 F 型环氧树脂；本品优选平均相对分子量为 500～1000 的双酚 A 型环氧树脂。

所述的有机硅氧烷单体为具有至少一个 $\equiv$Si—O— 结构（即硅氧基）以及平均相对分子质量小于 500 的有机硅单体，如乙烯基三乙氧基硅烷和道康宁公司的 Z-6032、Z-6040、SF-8421、BY16-855D 等；本品优选乙烯基三乙氧基硅烷。

其中，有机硅单体与环氧树脂的质量比优选（2/100）～（5/100）；这是由于有机硅单体含量过低，无法有效降低最终产品的吸水性，有机硅单体含量过高，将丧失环氧树脂的特征官能团，不利于改性环氧树脂继续参与后段乳液聚合反应。

所述催化剂可为四乙基溴化铵、四甲基氯化铵和正丁基三苯基磷等，本品优选四乙基溴化铵作为催化剂，催化剂用量为环氧树脂质量的 500～2000mg/kg［即为（500/1000000）～（2000/1000000）］。

所述助溶剂为既可与水混溶，亦可溶解环氧树脂的低毒性有机溶剂，包括但不限于丙二醇甲醚、乙二醇甲醚和乙二醇丙醚。本品优选乙二醇单丙醚。

所述去离子水的加入方式最好为滴加，滴加时间为 2～3h，实际合成过程中需要注意尽量避免液面出现未能及时分散开来的大量积水。

所述丙烯酸酯类单体可为各类常规丙烯酸乳液聚合用单体，包括但不限于甲基丙烯酸甲酯（MMA）、丙烯酸丁酯（BA）、甲基丙烯酸（MAA）和甲基丙烯酸-2-羟基乙酯（HEMA）等；本品优选甲基丙烯酸甲酯（MMA）、丙烯酸丁酯（BA）、甲基丙烯酸（MAA）和甲基丙烯酸-2-羟基乙酯（HEMA）中的三种进行混合。

所述的有机硅改性环氧树脂乳液固含量的质量分数为 45%～50%。

所述的乳化剂可为非离子型乳化剂、阴离子型乳化剂或阳离子型乳化剂中的至少两种；乳化剂优选辛烷基酚聚氧乙烯醚（OP-10）、十二烷基苯磺酸钠（DBS）和烷基酚醚磺基琥珀酸酯钠盐（MS-1）的混合物。

所述成膜助剂、颜料和填料为常规丙烯酸乳胶漆适用的即可。

所述高耐沾污性的乳胶漆黏度范围为 2000～4000mPa·s/25℃，易于涂刷，且不流挂。

质量指标

检验项目	检验结果		
	1 号	2 号	3 号
耐污性/%	8	18	8

续表

检验项目	检验结果		
	1号	2号	3号
T_g/℃	30	28	35
吸水率/%	10	24	12
最低成膜温度/℃	0～5	0～5	0～5
铅笔硬度	H	HB	H
附着力/级	1	2	1
耐刷洗次数/次	＞1000	＞1000	＞1000

产品应用

本品主要用于建筑物内外墙的装饰。

产品特性

① 本品综合性能优异。

a. 本品漆膜成膜后体系内的环氧基及羟基可部分与功能性单体丙烯酸的羧基发生交联反应，使漆膜的玻璃化温度（T_g）可达 39℃，吸水率可达 6%，而目前市售乳胶漆 T_g 一般不高于 30℃，吸水率不低于 20%；可见本品在炎热的夏季，漆膜回黏的可能性依然非常小，从而污染物不易黏附在漆膜表面造成污染；同时，本品漆膜吸水性较差，也极大地降低了由于漆膜吸水而黏附在漆膜表面的灰尘（溶解于水或分散于水中的灰尘）的量；因此，本品的耐沾污性能好。

b. 本品在提高漆膜 T_g 情况下，依然可以在室温成膜，其最低成膜温度为 0～5℃，与常规乳胶漆相当。

c. 本品铅笔硬度达到 H，附着力达到 1 级；由于铅笔硬度表征的是漆膜的抗刮伤性能及耐磨性能，铅笔硬度越高，表示漆膜的抗刮伤性及耐磨性越好，附着力表征的是漆膜对基材的黏附性能，附着力分为 0～5 级，0 级最优，附着力越好表示漆膜越不容易脱落，而现有技术的乳胶漆的铅笔硬度通常在 HB～2B，附着力则多在 3～4 级，因此，本品除了具有高的耐沾污性能、抗刮伤性能、耐磨性能以及附着性能均较为优异。

d. 本品黏度为 3000mPa·s/25℃ 左右，其黏度为乳胶漆的合适黏度，易于涂刷，且不易流挂；可见本品综合性能优异。

② 本品的制备方法简单，在实际配制乳胶漆的过程中，有效降低了成膜助剂的添加量，同时不需再另外添加抗污剂，不仅降低了制造成

本，而且有利于环保。

高品质环保乳胶漆

原料配比

原　料	配比(质量分数)/%		
	1 号	2 号	3 号
BC-252	55	—	—
BC-01	—	43	20
CA-03	2	1.8	1
DA 分散剂	1.2	2	2
ATX-01 增稠剂	2.3	4	4
SPA-202 消泡剂	0.4	1.5	1.5
YN-215 防腐剂	0.06	0.08	0.08
钛白粉	13	5	5
立德粉	5	18	28
硫酸钡		10	15
滑石粉		2	5
氨水(40%)(pH 调节剂)	0.35	0.4	0.4
磷酸三丁酯(助消泡剂)	1.5	2.5	2.5
水	加至 100	加至 100	加至 100

制备方法

将各组分混合均匀，经研磨、过滤得到产品。上述 1 号～3 号所述的方法及配比可分别制成高光、半光、亚光乳胶漆。

原料配伍

本品各组分配比范围为：BC-252 为 0～55%、BC-01 为 0～43%、CA-03 为 0～2%、DA 分散剂 1.2%～2%、ATX-01 增稠剂 2%～4%、SPA-202 消泡剂 0.4%～1.5%、YN-215 防腐剂 0.06%～0.08%、钛白粉 5%～13%、立德粉 5%～28%、硫酸钡 0～15%、滑石粉 0～5%、氨水（40%）（pH 调节剂）0.3%～0.4%、磷酸三丁酯（助消泡剂）1.5%～2.5%水加至 100%。

所述的成膜剂为商品名为 CA-03 的高级醇、酯有机化合物，所述的增稠剂为商品名为 ATX-01 的甲基丙烯酸与丙烯酸乙酯共聚的交联型乳液树脂，所述的防腐剂为含有活性成分1,3,5-三羟乙基均三嗪、2-甲基-4-异噻唑啉-3-酮或5-氯-2-甲基-4-异噻唑啉-3-酮的YN-系列。

上述商品名为CA-03的高级醇、酯有机化合物的成膜剂用量为1%～4%；商品名为ATX-01的甲基丙烯酸与丙烯酸乙酯共聚的交联型乳液树脂增稠剂用量为2%～5.0%；含有活性成分1,3,5-三羟乙基均三嗪、2-甲基-4-异噻唑啉-3-酮或5-氯-2-甲基-4-异噻唑啉-3-酮的YN-系列防腐剂用量为0.05%～0.08%。

◀ 产品应用 ▶

本品用于建筑物。

◀ 产品特性 ▶

① 本品中采用了最新的商品名为CA-03的高级醇、酯有机化合物成膜剂，替代了商品名为CA-01的高级醇、酯有机化合物成膜剂，用量由CA-01的4%～8%降低为1%～4%，将CA-03应用于水性高分子乳胶漆，可以有效地降低成膜温度，提高乳胶漆的涂膜质量，提高涂膜流动性和光亮度，使涂料成膜质量更好，且因用量减少，故亦降低了成本。

② 本品中采用了商品名为ATX-01的甲基丙烯酸与丙烯酸乙酯共聚的交联型乳液树脂增稠剂，该ATX-01增稠剂是含有酸性基团的水溶性增稠剂，系统增稠后不出现粘连、拉丝现象。适用范围广，可用于苯丙、纯丙、醋丙等乳液制品的增稠，取代了聚乙烯醇、羟甲基纤维素等传统增稠剂（这类传统增稠剂需经过加热熬煮，比较麻烦，且效果不好），并且较AT-01增稠效果更佳（AT-01是丙烯酸酯、醋酸乙烯共聚而成的阴离子型乳液树脂），使用ATX-01可改善涂料的防沉降性能及储存性能。

③ 含有活性成分1,3,5-三羟乙基均三嗪、2-甲基-4-异噻唑啉-3-酮或5-氯-2-甲基-4-异噻唑啉-3-酮的YN-系列防腐剂主要包括YN-215，其活性成分1,3,5-三羟基乙基均三嗪对各种菌种最低抑菌浓度为200～400μL/L，在0.5%以下浓度使用无毒；YN-187、YN-135其活性成分为A：2-甲基-4-异噻唑啉-3-酮，B：5-氯-2-甲基-4-异噻唑啉-3-酮，本品采用了YN-系列无毒的防腐防霉剂，代替了传统的甲醛、五氯酚，使产品储存稳定性提高，在高温潮湿地区储存可防止霉变，是特别适合于高温潮湿地区的建筑物涂料。

高体积固含的环保乳胶漆

◀ 原料配比 ▶

原　料		配比（质量份）		
		1 号	2 号	3 号
A组分	水	33.0	27.0	22.0
	苯丙乳液 TL-615B	30	—	—
	苯丙乳液 DC-420	—	32	—
	苯丙乳液 BLJ-818	—	—	40
	分散剂 SN-5027	1.0	—	—
	分散剂 SN-5029	—	0.8	—
	分散剂 Dispersant 5040	—	—	1.0
	增稠剂 NATROSAL 250 HBR	0.3	0.1	0.2
	润湿剂 WET 996	0.3	—	—
	润湿剂 WET 997	—	0.5	—
	润湿剂 CF-10	—	—	0.2
	消泡剂 NX	0.3	—	—
	消泡剂 A-10	—	0.3	0.2
	丙二醇	1.2	1.0	1.0
	金红石型钛白粉 R-902	26.0	25.8	15.0
	滑石粉	—	10.0	—
	高岭土	5.0	—	—
	重质碳酸钙粉	—	—	18.0
	成膜助剂 TEAXNAL	1.5	1.6	1.8
	防腐杀菌剂 EPWKathonTM LXE	0.03	0.05	—
	pH 调节剂 AMP-95	0.17	0.15	0.16
B组分	消泡剂 NXZ	0.2	—	—
	消泡剂 CF-245	—	0.2	—
	消泡剂 DEFOAMER 154S	—	—	0.2
	增稠剂 THICKENER 629N	0.4	0.1	—
	增稠剂 THICKENER 629N	0.6	—	—
	增稠剂 THICKENER 625N	—	0.4	0.2
漆：水		100：50	100：54	100：60

制备方法

（1）A组分　按质量份称取水、苯丙乳液在300～600r/min的转速下，依次投入分散剂、增稠剂、润湿剂、消泡剂、丙二醇，分散5min；在600～1000r/min转速下，投入金红石型钛白粉、高岭土；在1000～1300r/min转速下，分散20～30min；取样检验细度≤50μm；在300～600r/min的转速下，依次投入成膜助剂、防腐杀菌剂，分散5min后，加入pH调节剂、消泡剂、增稠剂，分散5min；取样检验；合格后过滤包装。

（2）B组分　增稠剂单独包装。

原料配伍

本品各组分质量份配比范围为：苯丙乳液30.0～40.0、分散剂0.8～2、润湿剂0.2～1、消泡剂0.1～0.5、丙二醇1.0～10.0、颜填料30.0～40.0、成膜助剂1.5～2.0、防腐杀菌剂0.02～0.05、pH调节剂0.1～0.2、增稠剂0.2～2.0、水补足余量。

所述苯丙乳液为罗门哈斯的DC-420、保利佳的BLJ-818、日出的TL-615B中的一种或一种以上的混合物。

所述分散剂选自圣诺普科的SN-5027、SN-5029、Dispersant 5040、科莱恩KANALENE92中的至少一种。

所述润湿剂选自圣诺普科的WET 996、WET 997、陶氏化学的CF-10中的至少一种。

所述消泡剂选自圣诺普科的NXZ、科宁的A-10、布莱克本的CF-245中的至少一种。

所述颜填料为金红石型钛白粉、重质碳酸钙粉、高岭土、滑石粉中的一种或几种的混合物；金红石型钛白粉选自R-902、R-960、TRON-OXCR-826中的任意一种。

所述成膜助剂为伊士曼的TEAXNAL。

所述防腐杀菌剂选自索尔的MV、索尔的EPWKathonTM LXE、罗门哈斯的RocimaTM361中的至少一种。

所述pH调节剂选自浓度28%氨水、陶氏化学的AMP-95中的至少一种。

所述增稠剂选自亚跨龙的NATROSAL 250 HBR、圣诺普科的THICKENER 629N、圣诺普科的THICKENER 625N、罗门哈斯的

ASE-60 中的至少一种。

质量指标

检测	标准要求	1号	2号	3号
容器中状态	无硬块,搅拌后呈均匀状态	合格	合格	合格
施工性	刷涂二道无障碍	合格	合格	合格
低温稳定性(3次循环)	不变质	合格	合格	合格
涂膜外观	正常	正常	正常	正常
干燥时间(表干)/h	$\leqslant 2$	< 2	< 2	< 2
对比率(白色和浅色)	$\geqslant 0.90$	0.92	0.94	0.95
耐碱性(24h)	无异常	无异常	无异常	无异常
耐洗刷性/次	$\geqslant 300$	> 2000	> 2000	> 2000
挥发性有机物(VOC)/(g/L)	$\leqslant 120$	15.3	19.1	14.7

产品应用

本品主要用于各种墙面的涂装施工。使用方法：将 B 组分按漆：水＝100：（50～60）的比例，预溶于水中后，边搅边加入 A 组分中，直到混合均匀即可使用。

产品特性

① 低 VOC、APEO，确保产品符合环保要求。

② 高体积固含，可增加漆膜厚度，有效保护墙面。

③ 高兑稀比，漆：水＝100：（40～80），性价比高。

④ 低碳产品，符合国家节能减排政策。

⑤ 涂膜附着力强、耐水性、耐碱性能优。

高档次外墙乳胶漆

原料配比

原　　料	配比（质量份）		
	1号	2号	3号
水	20	20	20
分散剂	1	1	1
消泡剂	0.4	0.4	0.4
高岭土(1200目)	4	4	4
钛白粉	13	13	13

原　料	配比（质量份）		
	1 号	2 号	3 号
重质碳酸钙（900 目）	12	11	10
成膜助剂	0.2	0.2	0.2
丙二醇	2	2	2
OBPA 防霉剂	0.1	0.1	0.1
硅灰石（700 目）	9.5	9.5	9.5
纯丙乳液	37	37	37
增稠剂	0.1	0.1	0.1
润湿剂	0.2	0.2	0.2
色素	0.5	0.5	0.5

制备方法

① 将水送入立式砂磨机，开动搅拌器，将转速调为 2000r/min，保持常温，依次加入分散剂、消泡剂，搅拌均匀后，加入高岭土、钛白粉、重质碳酸钙再搅拌 50min。

② 将温度调为 30℃，将转速调为 1000r/min，依次加入成膜助剂、丙二醇、OBPA 防霉剂，并将转速降至 600r/min，搅拌 20min，要达到均匀无颗粒。

③ 将转速降至 400r/min，依次加入硅灰石、纯丙乳液、增稠剂、润湿剂、色素，搅拌 30min 即得到成品。

原料配伍

本品各组分质量份配比范围为：水 20、分散剂 1、消泡剂 0.4、高岭土（1200 目）4、钛白粉 13～15、重质碳酸钙（900 目）10～12、C-40 成膜助剂 0.2、丙二醇 2、OBPA 防霉剂 0.1、硅灰石（700 目）9.5、纯丙乳液 37、增稠剂 0.1、润湿剂 0.2、色素 0.5。

产品应用

本品主要用于建筑物外墙的保护，是一种高档次外墙乳胶漆。

产品特性

本品具有工艺简单、操作方便，生产出的外墙乳胶漆漆膜平整、丰满、光亮、耐久性强、干燥迅速、附着牢固、耐擦洗、遮盖力强、耐候性好、色彩稳定的优点。

本品是为高标准楼房保护外墙而专门制备的。

高分子全天候不沾乳胶漆涂料

原料配比

原　　料		在本产品中的作用	配比（质量份）
成膜物质	丙烯酸树脂	附着力	40
	天然橡胶	耐水、耐碱、增亮、光洁	1
	石蜡	耐水、耐碱、阻燃、不沾	3
	硬脂酸	耐水、耐碱、阻燃、不沾	3
溶剂	异丙醇	稀释、催干	1
涂料助剂	消泡剂（磷酸三丁酯）	消泡、不沾、乳化	4
	乳化剂（硅油）	油水包覆	1
	紫外线吸收剂	抗老化	1
	抗静电剂	抗静电、防沾污	0.5～1
	偶联剂（钛酸酯）	抗凝聚、无机和有机互联	0.5～1
	保湿剂（甘油）	调节干燥速度、防沾、保湿	1～1.5
	流平剂（丙烯酸）	流平作用	0.5～1
颜、填料	钛白粉	遮盖力	12
	轻质碳酸钙	填充、防沉	8
	有机硅空心微珠	填充、耐酸碱、增硬、隔声	5
	水性色浆	着色	0.5

制备方法

① 将油水两性丙烯酸树脂在搪玻璃锅中加热至 55℃，使树脂变薄。

② 将石蜡和硬脂酸分别在搪玻璃锅中加热至 80～90℃，使全部溶解。

③ 加热后的丙烯酸树脂在搅拌状态下慢慢加入天然橡胶，然后将溶解好的石蜡和硬脂酸依次慢慢加入，之后将磷酸三丁酯、硅油加入，搅拌 0.5h。

④ 将部分异丙醇加入，温度控制在 30～35℃，加入钛白粉、轻质碳酸钙、有机硅空心微珠、钛酸酯偶联剂、紫外线吸收剂和抗静电剂，砂磨 4～5h，至细度达到 20μm 以下。

⑤ 在高速打浆的状态下，加入水性色浆、甘油、丙烯酸及余下的异丙醇，搅拌、过滤，并测试黏度（40s 左右）即得成品。

原料配伍

本品各组分质量份配比范围为：成膜物质47，溶剂18，涂料助剂9.5，颜、填料25.5。

所述的成膜物质的质量组成比例为：油水两性丙烯酸树脂：天然橡胶：石蜡：硬脂酸＝40：1：3：3。

所述的涂料助剂含有消泡剂、乳化剂、紫外线吸收剂、抗静电剂、偶联剂、保湿剂和流平剂。

所述的涂料助剂的质量组成比例为：消泡剂：乳化剂：紫外线吸收剂：抗静电剂：偶联剂：保湿剂：流平剂＝4：1：1：(0.5～1)：(0.5～1)：(1～1.5)：(0.5～1)。

所述的消泡剂为磷酸三丁酯，乳化剂为硅油，偶联剂为钛酸酯偶联剂，保湿剂为甘油，流平剂为丙烯酸。

所述的颜、填料含有钛白粉、轻质碳酸钙、水性色浆和有机硅空心微珠。颜、填料的质量组成比例为：钛白粉：轻质碳酸钙：水性色浆：有机硅空心微珠＝12：8：0.5：5。

质量指标

检验项目名称	技术要求	检验结果
容器中状态	无硬块,搅拌后呈均匀状态	符合
施工性	刷涂二道无障碍	符合
耐水性	96h 无异常	符合
耐碱性	48h 无异常	符合
耐酸性	48h 无异常	符合
耐洗刷性/次	≥2000	通过 3000
耐人工老化性	600h 不起泡、不剥落、无裂纹	符合
粉化/级	≤1	0
变色/级	≤2	0
涂层耐温变性	5 次循环无异常	符合
粘贴纸试验	—	易完整剥离
滴水试验	—	呈珠状,无渗透现象

产品应用

本品主要用于室外水泥电线杆、铁质栏杆围墙、墙面砖等以及各种容易被酸、碱、油、水腐蚀的化工企业厂房、车间墙壁或设备、管道。

◀ 产品特性 ▶

　　本品可采用常规涂覆方法进行涂覆，遇水即干、浸水白干，对施工时间、施工前后的气候条件无特殊要求，且无需如现有水性、溶剂型涂料一样涂刷隔碱底涂一道，施工便捷。而且不干胶、化学胶水贴上后，能轻松地完整剥离，滴水成珠，不渗水。同时还能长期耐酸、耐碱、耐水。因而本品的制备方法科学合理，易于实施，是一种多重功能、环保、经济的优质涂料。

高分子乳胶防水涂料

◀ 原料配比 ▶

原　　料	配比（质量份）		
	1 号	2 号	3 号
聚丙烯酸酯乳液	43	40	35
聚乙烯-醋酸乙烯酯乳液	12	20	30
邻苯二甲酸二丁酯	3	3.5	4
分散剂	0.5	0.8	0.4
有机硅消泡剂	0.5	0.6	0.4
乙二醇	3	2.5	3.5
滑石粉	20	15	15
钛白粉	10	15	15
高岭土	10	5	15

◀ 制备方法 ▶

　　先将高分子乳液加入高速分散机分散均匀，然后将增塑剂、分散剂、消泡剂、成膜助剂加入，分散约 10min，再将补强填料加入，高速分散均匀，最后经胶体磨磨至粒径小于 20μm 即可。

◀ 原料配伍 ▶

　　本品各组分质量份配比范围为：高分子乳液 35～75、分散剂 0.2～1、增塑剂 2～5、消泡剂 0.2～1、成膜助剂 2～4、补强填料 30～50。

　　所述的高分子乳液为聚丙烯酸酯乳液和聚乙烯-醋酸乙烯酯乳液，因其分子结构含有大量极性基团，与基材极具亲和性，可提供良好的粘接性，且交联固化后具有良好的弹性及韧性。

所述分散剂为阴离子型水性分散剂，使用分散剂，可降低无机填料粒子间的相互吸附力，使其更宜于分散在高聚物乳液中。

所述增塑剂为邻苯二甲酸酯类，其目的在于增加涂膜的柔韧性，改善其低温性能。

所述消泡剂为有机硅类水性消泡剂，其目的在于有效地消除加工过程中产生的气泡，减少涂层表面缺陷。

所述成膜助剂为二元醇或醇酯类，其作用在于降低涂料的成膜温度，使其在较低温度下施工顺利，形成性能良好的涂层。

所述补强填料为钛白粉、高岭土、碳酸钙、滑石粉中的一种或几种，其目的在于增加强度，提高耐候性、耐老化性、耐撕裂性。

根据需要，也可加入无机颜料，使涂层具有装饰美观的作用。

质量指标

项　　目	技术指标
拉伸强度/MPa	≥1.5
断裂伸长率/%	≥300
低温柔性	−20℃，无裂纹
不透水性	0.3MPa，30min，不透水
固含量/%	≥65
干燥时间/h	表干≤4，实干≤8

产品应用

本品主要用于新旧屋面防水层，浴室墙面、地面防水，网球场地面制作，建筑物填缝等工程，是一种防水涂料。

① 用于作新建屋面防水层或屋面其他防水材料的罩面层，如卷材、涂料的保护罩面。

② 用于旧屋面的修补或翻新（不需拆除旧防水层）。

③ 用于外墙墙面、浴室墙面、地面防水。

④ 用于网球场地面制作等。

⑤ 用于密封门窗与建筑物之间的缝隙、建筑物伸缩缝等。

使用方法如下。

① 基层应平整、坚实，无起砂、浮尘、龟裂，渗漏处及裂纹部位先处理修补好，所有阴角处应做成圆弧。

② 将基层润湿，涂刷一遍底涂（将本涂料加30%水稀释）。

③ 待底涂干后，用刷子或刮板进行涂刮，重点部位应加铺一层无纺布或网格布，每层用量 0.8～1kg，各层涂布方向应互相垂直，两层间隔时间以上一层不粘脚为准，一般防水施工涂刷 2～3 遍，用量为 2～3kg/m²，成膜厚度 1～1.5mm。

◀ **产品特性** ▶

① 适应性强，能在干燥或潮湿的新旧屋面、地下室、卫生间等基面上直接冷施工。有良好弹性，可起到遮蔽裂纹或抑制裂纹产生的作用。

② 耐候性强，化学性能稳定，抗紫外线耐久性好，防水透气。

③ 安全环保，无毒无味，不燃烧，对环境及人员无任何危害。

④ 耐高低温，具有一定的反光、隔热、保温效果。

⑤ 耐酸碱，具有一定防腐性能。

⑥ 粘接强度高，与基面结合紧密，不易脱落。

高抗污高耐候水性外墙乳胶漆

◀ **原料配比** ▶

原　　料	配比（质量份）		
	1 号	2 号	3 号
亲水型自交联丙烯酸乳液	33	34	35
钛白粉	26	25	9
不透明聚合物	4	7	24
沉淀二氧化硅	2	1	0.8
凹凸棒土	2	1	1.2
滑石粉	6	8	9
金红石型纳米二氧化钛	1	0.5	0.6
消泡剂	0.5	0.4	0.45
分散剂	0.6	0.5	0.55
润湿剂	0.25	0.2	0.23
增稠剂	0.6	0.55	0.57
防腐剂	0.2	0.15	0.18
防霉剂	0.4	0.3	0.32
水及其他组分	23.45	21.4	21.1

制备方法

在分散缸中依次加入前阶段水、前阶段防腐剂、乙二醇或/和 2-氨基-2-甲基-1-丙醇、前阶段分散剂、润湿剂、前阶段增稠剂、前阶段消泡剂、pH调节剂，在中低转速下分散到增稠完全溶解无颗粒；再依次加入沉淀二氧化硅、凹凸棒土、金红石型纳米二氧化钛、滑石粉、不透明聚合物、钛白粉，用水冲洗缸壁，高速分散均匀，然后在中低分散转速下加入亲水型自交联丙烯酸乳液、后阶段防腐剂、后阶段消泡剂和防霉剂，提升分散转速至中速，依次加入后阶段增稠剂、聚醚聚氨酯缔合型流平剂和补足配方中的水，然后再中速分散均匀即可。

原料配伍

本品各组分质量份配比范围为：亲水型自交联丙烯酸乳液 33～36、钛白粉 23～26、不透明聚合物（以 30%质量固含的分散体）计 4～8、沉淀二氧化硅 0.5～2、凹凸棒土 0.5～2、滑石粉 6～10、金红石型纳米二氧化钛 0.5～1、助剂 2.05～2.55、水及其他组分 20.6～32。

所述的助剂由 0.4～0.5 份的消泡剂、0.5～0.6 份的分散剂、0.2～0.25 份的润湿剂、0.5～0.6 份的增稠剂、0.15～0.2 份的防腐剂和 0.3～0.4 份的防霉剂组成。

所述的消泡剂为聚硅氧烷或非聚硅氧烷类矿油混合物中的一种或两种以上的混合物；所述的分散剂为聚丙烯酸钠盐、胺盐或油酰基环氧烷烃嵌段共聚物中的一种或两种以上的混合物；所述的润湿剂为聚氧乙烯四氟碳醚、聚氧乙烯烷基醚等非离子型聚氧乙烯醚，以及烷基苯磺酸钠、烷基硫酸钠等阴离子型烷酸盐中的一种或两种以上的混合物；所述的增稠剂为羟乙基纤维素、聚丙烯酸酯和缔合型聚氨酯中的一种或两种以上的混合物；所述的防腐剂为异噻唑啉酮衍生物、苯并咪唑酯类、道维希尔-75 或 1,2-苯并异噻唑啉-3-酮（BIT）中的一种或两种以上的混合物；所述的防霉剂为噻苯咪唑、多菌灵、邻苯基苯酚、百菌清（即2,3,5,6-四氯间苯二腈）、异噻唑啉、脱氢醋酸或水杨酰苯胺中的一种或两种以上的混合物。

所述的其他组分包括乙二醇或/和 2-氨基-2-甲基-1-丙醇。

所述的不透明聚合物为陶氏化学的乐派酷（TM）优创 E。

产品应用

本品是一种高抗污高耐候外墙涂料。

◀ 产品特性 ▶

① 本品中亲水型自交联的纯丙烯酸乳液为黏结剂基料，添加具有屏蔽紫外线作用的功能型纳米材料、颜料填料，并添加不透明聚合物，以优化配方至最为理想的颜料体积浓度（PVC，pigment volume concentration）显著地提升了单组分丙烯酸外墙乳胶漆的耐候性和耐沾污性。

② 本品的耐人工老化指标为不低于 1200h，当老化测试时间达到 1200h，其粉化级为 1 级，变色级为 1 级。远远好于国标要求的耐人工老化优等品指标：600h，粉化 1≤级，变色≤2 级。

③ 本品的耐沾污性为 6.6%，远远好于国标要求的优等品耐沾污性≤15%的指标。

④ 钛白粉和不透明聚合物的协调作用，使得对比率达到 0.96，远远优于国标要求的优等品对比率≥0.93 的要求。

⑤ 产品符合环保标准《环境标志产品技术要求：水性涂料》和《建筑用外墙涂料中有害物质限量》的标准。所有的有害物质含量都远远低于标准要求，重金属 Pb、Cd、Hg 未检出；重金属铬为 1.4mg/kg，远远好于行标要求的≤60mg/kg；六价铬 1.1mg/kg，，远远好于国标要求的≤1000mg/kg。挥发性有机化合物（VOC）含量为 3.5g/L，远远好于国标和行标要求的 150g/L。

高稳定性乳胶漆

◀ 原料配比 ▶

原　　料	配比（质量份）
水	194
聚磷酸钠分散剂	5
润湿剂	2
防腐剂 ParmetoLA26	3
消泡剂	3
羟乙基纤维素增稠剂（4%水溶液）	60
聚氨酯增稠剂（HEUR）	2
碱溶胀型增稠剂（ASE）	12

续表

原　料	配比（质量份）
碱溶胀型增稠剂（HASE）	2
成膜助剂 Texanol	7
钛白粉	100
碳酸钙	370
乳液 Acronal29U	240

制备方法

将各组分混合均匀，经研磨、过滤得到产品。

原料配伍

本品各组分质量份配比范围为：水 170～230、聚磷酸钠分散剂 3～7、润湿剂 0～5、防腐剂 1～5、消泡剂 1～5、羟乙基纤维素增稠剂（4％水溶液）40～80、聚氨酯增稠剂（HEUR）1～3、碱溶胀型增稠剂（ASE）9～15、碱溶胀型增稠剂（HASE）1～3、成膜助剂 5～9、钛白粉 70～130、碳酸钙 340～400、乳液 210～270。

其中羟乙基纤维素增稠剂组分为有机增稠剂，由于氢键使其有很高的水合作用及其分子间的缠绕，当其加入乳胶漆中时能立即吸收大量的水分，使其体积大幅膨胀，同时高分子量的该类增稠剂互相缠绕，使乳胶漆的黏度增加。

聚氨酯增稠剂组分（HEUR）的作用机理是因为 HEUR 是一种疏水基团改性氧基聚氨酯水溶性聚合物，在乳胶水相中像表面活性剂一样形成胶束，即疏水端和乳胶粒子、表面活性剂等疏水结构吸附在一起，形成网格结构，达到增稠结果。

碱溶胀型增稠剂组分（ASE）是聚丙烯酸盐物质，在碱性体系里发生中和反应，树脂被溶解，羟基在静电排斥的作用下使聚合物的链伸展开，使黏度增大。

碱溶胀型增稠剂组分（HASE），是疏水改性的聚丙烯酸盐物质，在各组分的基础上增加了缔合功能，用聚合物疏水链和乳胶粒子、表面活性剂、颜料粒子等疏水部位合成三维网格结构，从而使乳胶漆的黏度增大。

产品应用

本品主要用于外墙装潢。

◀ 产品特性 ▶

① 可使乳胶漆的低、中、高剪切黏度适中，保证乳胶漆施工效果（含喷涂、滚涂等各种施工方式）和涂膜成膜效果。

② 提高乳胶漆生产质量，即乳胶漆的储存稳定性。避免乳胶漆在储藏中分水分层，易沉淀，进而提高其涂刷面积、漆膜成膜效果、漆膜附着力，延长保质期。

③ 本品的技术效果主要是由四个组分的增稠剂联合作用而体现的。

工程乳胶漆

◀ 原料配比 ▶

原　　料	配比(质量)
水	150
乙二醇	8
润湿剂 PE-100	0.2
分散剂 TF-5040	4
消泡剂 F-11	0.8
pH 调节剂 AMP-95	2
煅烧高岭土	50
金红石型钛白粉 818	150
重质碳酸钙 800 目	185
重质碳酸钙 1250 目	200
乳液 HBA-400A	260
成膜助剂	10.4
BD-500N 碱溶胀增稠剂	1.8
聚氨酯类 TF-625	1.6
防腐剂 LV	0.5

◀ 制备方法 ▶

将各种组分混合，经研磨、过滤即制备得到工程乳胶漆。

◀ 原料配伍 ▶

本品各组分质量份配比范围为：水 150～180、乙二醇 3～10、润湿剂 0.1~1、分散剂 1~5、消泡剂 0.5~2、pH 调节剂 AMP-95 为 2~5、煅烧高岭土 40~60、金红石型钛白粉 130~160、重质碳酸钙 800 目 170~200、重质碳酸钙 1250 目 170~200、乳液 250~300、成膜助剂 8~15、碱溶胀增稠剂 1.5~2、聚氨酯类增稠剂 1.5~2、防腐剂 0.4~1。

所述润湿剂的型号为 PE-100。

所述分散剂的型号为 TF-5040。

所述消泡剂的型号为 F-11。

所述金红石型钛白粉的型号为 818。

所述乳液的型号为 HBA-400A。

所述碱溶胀增稠剂的型号为 BD-500N。

所述聚氨酯类增稠剂的型号为 TF-625。

所述防腐剂的型号为 LV。

质量指标

检验项目	技术要求(优等品)	检验结果
在容器中的状态	无硬块,搅拌后呈均匀状态	通过
施工性	涂刷二道无障碍	通过
低温稳定性	不变质	通过
干燥时间(表干)/h	<2	1.0
涂膜外观	正常	通过
耐水性(96h)	无异常	无异常
耐碱性(48h)	无异常	无异常
耐洗刷性/次	>2000	20000 次,无异常
涂层耐温变性(5 次循环)	无异常	通过
耐污性(白色和浅色)/%	<15	12
耐人工气候老化性	老化时间/h	600
粉化/级	<1	0
变色/级	<2	0

产品应用

本品是一种工程乳胶漆。

产品特性

本品不仅符合乳胶漆的各项性能指标,并且耐候性优异。

光稳定乳胶漆

原料配比

表1　光稳定乳胶漆

原　料	配比（质量份）
EVA 乳液	40
紫外线吸收剂 UV531	0.1
明矾粉	2
三羟甲基丙烷	1
硅酸钠	2
聚乙酸乙烯酯	0.4
磷酸二氢铝	0.5
羧甲基纤维素钠	2
沉淀硫酸钡	30
成膜助剂	3
去离子水	35

表2　成膜助剂

原　料	配比（质量份）
醋丙乳液	30
聚乙二醇 1000	3
植物甾醇	2
羟丙基瓜尔胶	2
氨基酸螯合镁	1
聚乙烯吡咯烷酮	1
硼酸	0.2

制备方法

①　将上述聚乙二醇 1000 加热到 38～40℃，加入氨基酸螯合镁，搅拌至常温，加入硼酸，搅拌混合均匀；取上述醋丙乳液质量的 40%～50% 与羟丙基瓜尔胶混合，在 50～60℃下保温搅拌 10～15min，加入植物甾醇，搅拌至常温；将上述处理后的各原料与剩余各原料混合，200～300r/min 搅拌混合 20～30min，即得成膜助剂。

②　将上述硅酸钠、明矾粉混合，搅拌均匀后加入三羟甲基丙烷，在 50～69℃下保温搅拌 10～20min，加入磷酸二氢铝，300～400r/min 搅拌 10～20min。

③ 将羧甲基纤维素钠加入到去离子水中,加入成膜助剂,400～500r/min 搅拌分散 10～15min。

④ 将上述处理后的各原料与剩余各原料混合,1400～1600r/min 搅拌分散 30～40min,即得所述乳胶漆。

原料配伍

本品各组分质量份配比范围为:EVA 乳液 38～40、紫外线吸收剂 UV531 为 0.1～1、明矾粉 2～3、三羟甲基丙烷 1～2、硅酸钠 1～2、聚乙酸乙烯酯 0.4～1、磷酸二氢铝 0.5～1、羧甲基纤维素钠 1～2、沉淀硫酸钡 25～30、成膜助剂 3～5、去离子水 30～35。

所述的成膜助剂是由下述原料组成的:醋丙乳液 21～30、聚乙二醇 1000 为 3～5、植物甾醇 1～2、羟丙基瓜尔胶 2～3、氨基酸螯合镁 1～2、聚乙烯吡咯烷酮 1～2、硼酸 0.1～0.2。

质量指标

检验项目	检验结果
漆膜外观	平整、无硬块、手感好、光泽度好
耐洗刷性试验	5000 次通过,漆膜无破损
耐人工老化试验	2000h 不起泡、无剥落、无裂纹
耐水性	140h 漆膜无破损
耐碱性	120h 漆膜无破损

产品应用

本品主要用于外墙的涂装。

产品特性

本品具有很好的光稳定性,吸收紫外线性能好,漆膜表面光滑平整,对基材的黏结性强,耐老化性强,不易脱落,稳定性高。

硅丙水性外墙乳胶漆

原料配比

原　料	配比(质量份)		
	1号	2号	3号
软水	15	20	18

乳胶涂料配方与制备（二）

原　料	配比（质量份）		
	1 号	2 号	3 号
羧基改性淀粉	0.15	0.2	0.2
有机胺	0.2	0.2	0.2
乙二醇	1	1.2	1.2
钛白粉	20	23	23
聚丙烯酸硅脂	36	33	40
有机硅	3	4	4
煅烧高岭土	4	6	8
云母粉	8	9	10
重质碳酸钙	5	5	6
分散剂	0.8	1	1
防霉剂	0.6	0.8	0.8
消泡剂	0.1	0.1	0.1
防腐剂	0.1	0.1	0.1
羟乙基纤维素	0.15	0.2	0.2
十二碳醇酯	1.2	1.5	1.5

◀ **制备方法** ▶

　　将软水、羧基改性淀粉、有机胺、分散剂、消泡剂、防霉剂、十二碳醇酯、乙二醇、钛白粉、聚丙烯酸硅脂、有机硅、煅烧高岭土、云母粉、重质碳酸钙、羟乙基纤维素等原料按顺序加入混合罐并进行搅拌，待其分散均匀后即可出料。

◀ **原料配伍** ▶

　　本品各组分质量份配比范围为：软水 15~20、羧基改性淀粉 0.15~0.25、有机胺 0.2~0.3、乙二醇 1~1.5、钛白粉 20~25、聚丙烯酸硅脂 30~40、有机硅 3~5、煅烧高岭土 4~8、云母粉 8~10、重质碳酸钙 5~6、分散剂 0.8~1.2、防霉剂 0.6~1、消泡剂 0.1~0.2、防腐剂 0.1~0.2、羟乙基纤维素 0.15~0.25、十二碳醇酯 1.2~1.8。

　　上述的分散剂为羧酸盐，防霉剂为异噻唑啉酮，消泡剂为有机矿物油。有机胺为丁烷醇胺。

　　羟乙基纤维素可采用美国联碳生产的产品，其型号为 ER5.2MHEC；有机胺可采用美国陶氏公司生产的产品，型号为 AMP-95；有机硅可采用德国威凯公司生产的产品，型号为 WACKEPBS306；防霉剂可采用广东天辰生物科技有限公司生产的 NB203，其主要成分为噻唑及吲哚；

防腐剂可采用广东天辰生物科技有限公司生产的181，其主要成分为异噻唑啉酮；消泡剂可采用德国汉高生产的消泡剂154，主要成分为有机硅和矿物油。

产品应用

本品用于外墙的装饰。

产品特性

本品具有耐水、防水、耐碱、耐洗擦、耐污染、耐老化、不易变色、抗水泥墙体碳水氧化等性能。其与外墙腻子配套使用，可完全解决开裂的问题。由于本品中加入了超细粒径的聚丙烯酸硅脂，即硅丙乳胶，其具有高能键—Si—O—，且不含有未反应完全的单体和过氧化物，因此用其作基料，具有强耐老化性能，同时加入的超耐候、高抗粉化能力的金红石型钛白粉、煅烧高岭土及湿法云母粉，具有较强的吸收紫外线的作用，因此本品能强烈吸收紫外线而不会受紫外线的侵害，从而能延长本品的使用寿命；本品采用可挥发性有机胺作为润湿分散剂，同时采用了羧基改性淀粉作为辅助剂，有利于提高其耐水和耐洗擦性能，同时有良好的展色性能。

含氟乳胶漆

原料配比

原　　料	配比（质量份）		
	1 号	2 号	3 号
水	18	40	30
丙二醇	0.3	0.5	0.4
润湿剂	0.1	0.3	0.2
分散剂	0.3	0.5	0.4
消泡剂	0.2	0.3	0.25
高岭土	5	10	8
重质碳酸钙	13	5	10
钛白粉	10	20	2
消泡剂	0.1	0.3	0.2
成膜助剂	1.2	1.5	1.3
纯丙乳液	30	—	25

原　料	配比（质量份）		
	1 号	2 号	3 号
硅丙乳液	10	33	—
含氟聚合物乳液	3	15	10
增稠剂	0.2	0.7	0.5
防腐剂	0.6	1	1.2

制备方法

（1）打浆　按照质量份配比称取水、丙二醇并混合，在 $400\sim600r/min$ 转速下分散，加入润湿剂、分散剂、消泡剂，加入高岭土、重质碳酸钙和钛白粉，转速调至 $1200\sim1500r/min$，分散 $20\sim30min$。

（2）砂磨　将分散好的浆料进行砂磨，转速为 $800\sim1200r/min$，砂磨 $30\sim60min$；砂磨后用 $6\sim10$ 份水清洗浆料。

（3）制漆　在 $400\sim600r/min$ 转速下，搅拌砂磨好的浆料，加入消泡剂、成膜助剂，搅拌 $10\sim20min$ 后，加乳液，所述的乳液为硅丙乳液、纯丙乳液或二者的混合物，加入含氟聚合物乳液，调 pH 值至 $7\sim9$，加入增稠剂进行增稠，再加入防腐剂，搅拌 $10\sim20min$，制得含氟乳胶漆。

原料配伍

本品各组分质量份配比范围为：水 $18\sim40$、丙二醇 $0.3\sim0.5$、润湿剂 $0.1\sim0.3$、分散剂 $0.3\sim0.5$、消泡剂 $0.2\sim0.3$、高岭土 $5\sim10$、重质碳酸钙 $5\sim13$、钛白粉 $2\sim20$、消泡剂 $0.1\sim0.3$、成膜助剂 $1.2\sim1.5$、乳液 $20\sim40$、含氟聚合物乳液 $3\sim15$、增稠剂 $0.2\sim0.7$、防腐剂 $0.6\sim1.2$。

所述增稠剂为碱溶胀型增稠剂、缔合型增稠剂或纤维素增稠剂。

上述含氟乳胶漆的制备方法，在第（2）步或第（3）步中还可加入 $2\sim10$ 份颜料或色浆，制得相应颜色的含氟乳胶漆。

产品应用

本品主要用于建筑外墙的涂饰。

产品特性

本品采用加入含氟聚合物乳液的方式获得含氟乳胶漆，把含氟聚合物乳液直接应用到乳胶漆中，充分体现出 C—F 键的优异的自清洁性、耐候性、耐污性，制得的含氟乳胶漆环保、安全、性价比高。对含氟乳胶漆进行检测，耐洗刷 9000 次不变化，耐水 200h 不起泡、不掉粉，允许轻微失光和变色；耐酸 110h 不起泡、不掉粉，允许轻微失光和变色；耐碱 110h 不起泡，不掉粉，允许轻微失光和变色，耐老化试验 3000h 不起泡、不剥落、无裂纹。

含有凹凸棒土的乳胶漆

◀ 原料配比 ▶

原　　料	配比（质量份）
水	217.5
纤维素	2
分散剂 SN-5040	5
防霉剂	1
助剂 AMP-95	1.5
十二碳醇酯	18
PE-100	1
消泡剂 JR-321	1.5
丙二醇	18
重质碳酸钙 1000 目	86
滑石粉	55
钛白粉	180
凹凸棒土	4
助剂 BYK022	1.5
乳液 SD-818	400
增稠剂 RM-2020	5
增稠剂 AR-235	3

◀ 制备方法 ▶

　　将分散器置于高速分散设备下，按顺序依次投料，先将前 9 个组分依次投入分散容器内，在 690～710r/min 转速下分散 4～6min；再将转速提高至 2900～3100r/min，把组分 10～14 沿分散液旋涡处投入，粉料投完后保持转速不变，分散 0.5h；再将转速降至 950～1050r/min，依次加入组分 15～17 调节黏度，并保持转速不变，分散 25～30min，得到乳胶漆。

原料配伍

本品各组分质量份配比范围为：水 215～220、纤维素 1～3、分散剂 SN-5040 为 3～8、防霉剂 0.5～1.5、助剂 AMP-95 为 1～2、十二碳醇酯 15～20、PE-100 为 0.5～1.5、消泡剂 JR-321 为 1～2、丙二醇 15～20、重质碳酸钙 1000 目 80～90、滑石粉 50～60、钛白粉 175～185、凹凸棒土 3～5、助剂 BYK022 为 1～2、乳液 SD-818 为 390～410、增稠剂 RM-2020 为 3～8、增稠剂 AR-235 为 2～5。

产品应用

本品主要用作外墙涂料。

产品特性

① 本品具有触变性，增稠作用明显，防止颜料沉降，并可改善漆膜脱水收缩现象。

② 本品具有防流挂、抗飞溅、提高漆膜表面均匀性的优点。

③ 本品制备过程中，与纤维素增稠不同，具有一定的防菌性，抗霉变性。

④ 本品能改善颜料的着色力及涂层的遮盖力。

含纳米碳酸钙的水性乳胶外墙涂料

原料配比

原　　料		配比（质量份）							
		1 号	2 号	3 号	4 号	5 号	6 号	7 号	8 号
改性聚合物乳液	十二烷基硫酸钠（SDS）	0.25	—	—	0.42	0.28	0.35	0.25	0.25
	烷基酚聚氧乙烯醚（OP-10）	0.55	—	—	0.84	0.58	0.49	0.55	0.55
	MS-1	—	1.2	1.2	—	—	—	—	—
	去离子水（溶剂）	25	20	20	11.2	20	20	25	25
	甲基丙烯酸甲酯（一）	1.8	—	—	1.8	1.9	2	1.44	1.44
	苯乙烯（一）	—	3.68	1.8	—	—	—	—	—
	丙烯酸丁酯（一）	2.2	4.32	2.2	—	—	2.5	1.76	—
	丙烯酸辛酯（一）	—	—	—	2.3	—	—	—	—
	丙烯酸乙酯（一）	—	—	—	—	2.3	—	—	1.76
	去离子水（一）	13.8	20	18.3	25	15.67	17	13.8	13.8
	过硫酸铵（一）	0.02	—	0.06	0.063	0.0215	0.021	0.02	0.02

原　料		配比（质量份）							
		1 号	2 号	3 号	4 号	5 号	6 号	7 号	8 号
改性聚合物乳液	甲基丙烯酸甲酯（二）	16.2	—	—	17.1	17.45	16.9	16.56	16.56
	苯乙烯（二）	—	14.72	15.8					
	丙烯酸乙酯（二）	—	—	—		21.35			20.24
	丙烯酸丁酯（二）	19.8	17.28	20.2	—		20.6	20.24	
	丙烯酸辛酯（二）	—	—	—	20.8				
	甲基丙烯酸（二）	0.2	0.2	0.2	0.21	0.215	0.21	0.2	0.2
	去离子水（二）	20	18.3	20	20	20	20	20	20
	过硫酸铵（二）	0.02	0.06	0.06	0.063	0.0215	0.021	0.02	0.02
乳胶涂料	纳米碳酸钙	8	10	8.4	9.1	8.09	8.96	6	4
	其他颜料	20	22.5	20.6	25	17	18.8	28	29
	乳液	46	35	42	37.2	50	40	44	44
	助剂 A	0.43	0.56	0.5	0.5	0.46	0.51	0.4	0.5
	助剂 B	0.6	0.97	0.87	1.1	0.5	0.83	0.7	0.79
	助剂 C	0.97	1.0	1.03	1.2	0.94	0.9	0.886	0.743
	碳酸钙浆液水	24	30	26.6	25.9	23.01	30	20	12

制备方法

（1）A 改性聚合物乳液的制备

① 先用全部乳化剂（用去离子水总用量的 50％作溶剂）加入到搅拌反应器中。

② 将软单体和硬单体各自分为两部分使用，第一部分软单体的用量和第一部分硬单体的用量分别是软单体总用量和硬单体总用量的 8％～20％。

③ 反应器中加入第一部分软单体和第一部分硬单体。

④ 待反应体系达到引发温度时，加入引发剂总用量的一半（用去离子水总用量的 1/4 作溶剂），等体系反应至"发蓝"状态时，保持恒温在聚合温度下。

⑤ 再将甲基丙烯酸等分为二，分别混合在第二部分软单体和第二部分硬单体中，再和剩余的引发剂（用去离子水总用量的 1/4 作溶剂）一并滴入搅拌反应器中。

⑥ 再继续反应直至聚合反应结束，得到改性聚合物乳液。

（2）B 乳胶涂料的制备

乳胶涂料配方与制备（二）

① 原料用固含量为 23％～26％的纳米碳酸钙浆液，在容器中加入纳米碳酸钙浆液以 150r/min 搅拌，加入助剂 A 并以 700r/min 高速搅拌。

② 加入其他颜填料，继续以 700r/min 搅拌，用 800 目网过滤。

③ 在另一容器中加入改性聚合物乳液、助剂 B，以 150r/min 低速搅拌 5min；再将搅拌速度提高到 250r/min，加入过滤后的颜填料，降低搅拌速度到 150r/min。

④ 加入助剂 C，调节黏度，调节 pH 值在 8～9 之间，消泡，出料得到涂料。

原料配伍

本品各组分质量份配比范围如下。

涂料的组成：纳米碳酸钙 4～10、改性聚合物乳液 35～50、其他颜填料 17～29、助剂 A 0.40～0.56、助剂 B 0.5～1.1、助剂 C 0.74～1.2、碳酸钙浆液水 12～30。

改性聚合物乳液的配方：单体，由软单体和硬单体组成，软单体为丙烯酸乙酯、丙烯酸丁酯或丙烯酸辛酯，硬单体为甲基丙烯酸甲酯或苯乙烯。软单体：硬单体（质量比）=（54：46）～（56：44）。

乳化剂是单体总量的 2％～3％；引发剂为过硫酸铵，是单体总量的 0.1％～0.3％；第三组分甲基丙烯酸（MA⁻）是单体总量的 1％；去离子水是单体总量的 128％～147％；乳液固含量为 40％～44％。

所述的纳米碳酸钙的粒径最好在 50nm 以下。

所述的其他颜填料为钛白粉、高岭土、立德粉、滑石粉、重晶石中的至少一种。

所述的助剂 A 为分散剂或分散剂与润湿剂的混合物。

所述的助剂 B 为成膜助剂、多功能助剂、防霉剂、杀菌剂中的至少一种。

所述的助剂 C 为防冻剂、消泡剂、pH 调节剂、增稠剂中的至少一种。

本品中改性聚合物乳液的乳化剂为十二烷基硫酸钠（SDS）、烷基酚聚氧乙烯醚（OP-10）、辛基酚聚氧乙烯醚（10）磺基羧酸酯（MS-1）中的至少一种。

本品所使用的其他非纳米级的颜填料是通常使用的钛白粉、高岭土、滑石粉、重晶石、立德粉等。填料的使用能够降低生产成本，并且赋予涂料某些特殊要求的性能。

本品所用的助剂 A 是通用的分散剂、润湿剂。例如：分散剂，Henkel 公司的 TENL070（复杂胺衍生物）、英国 ICI 公司的 Atsurf3222（一种烷基化非离子表面活性剂）、BYK Chemie 公司的 Disperbyk161（含有亲颜料基团的高分子）、Disperbyk171（带有酸性亲颜料基团的嵌段共聚物乳液）、RHODOLINEDP-270（一种低分子量聚丙烯酸钠）等；润湿剂，烷基酚聚氧乙烯醚（OP-10）等。

本品所用的助剂 B 是通用的成膜助剂、多功能助剂、防霉剂、杀菌剂等。例如：成膜助剂 NEXTCOAT795（2,2,4-三甲基-1,3-戊二醇一单异丁酸酯），多功能调节剂 AMP-95（2-氨基-2-甲基-1-丙醇），是一种低分子量有机氨内酯类调节剂，具有分散颜填料的效果，同时能有效地减少涂料的气味，Rohmhaas 公司的 KathonLXE 和 Rozone2000、德国 Baye 公司的 PreventoIA4，具有防止涂料发霉的作用。

本品所用的助剂 C 是通用的防冻剂、消泡剂、pH 调节剂、增稠剂等。例如：防冻剂乙二醇或丙二醇，消泡剂 681F（一种矿物油消泡剂）、pH 调节剂可用调节剂 AMP-95，流变增稠剂 RHEOLATE 430。

产品应用

本品是一种水性乳胶外墙涂料

产品特性

本品是一种平均细度很小的涂料，能使涂层表面很平，光泽度高。从微观结构看，涂料的表面很平，凸起高于涂料表面的大颗粒极少，在遇到外摩擦时，所受的阻力大大减小，在宏观性能上表现在能提高涂层的耐擦洗、耐刮擦、耐磨、耐沾污等性能。涂层外观饱满，遮盖力好，实干时间短。颜填料的抗沉降性、涂料的触变性有明显改善。涂料配方中不用加任何流平剂，流平效果就很好。

环保乳胶漆

原料配比

原　　料	配比（质量份）
水	118
羟丙基甲基纤维素	2

续表

原　料	配比（质量份）
pH 调节剂	1
分散剂	3
消泡剂（一）	24
防腐剂	2
金红石型钛白粉	150
方解石（5μm）	123
方解石（15μm）	270
硅灰石粉	20
多聚丙烯酸乳液	292
成膜助剂	15
消泡剂（二）	2

制备方法

先将水加入到移动式反应釜中，然后加入羟丙基甲基纤维素，高速分散，加入 pH 调节剂分散，然后依次加入分散剂、消泡剂（一）、防腐剂分散，再加入金红石型钛白粉分散，以后减慢反应釜的速度，再依次加入方解石（5μm）、方解石（15μm）、硅灰石粉，分散后对浆液进行研磨，最后加入多聚丙烯酸乳液、成膜助剂、消泡剂（二），合成乳胶漆。

原料配伍

本品各组分质量份配比范围为：水 118、羟丙基甲基纤维 2、pH 调节剂 1、分散剂 3、消泡剂（一）24、防腐剂 2、金红石型钛白粉 150、方解石（5μm）123、方解石（15μm）270、硅灰石粉 20、多聚丙烯酸乳液 292、成膜助剂 15、消泡剂（二）2。

产品应用

本品用于建筑行业外墙的装饰。

产品特性

本品配方中的各种原材料均为水基材料，不含有油性物质，有利于环保；由于本品采用多聚丙烯酸乳液为成膜物质，漆膜附着力强，耐洗刷、耐酸碱、质地温柔、耐候性强、流平性能好，因此该产品属于一种环保乳胶漆。

环保型防冻乳胶漆

原料配比

原　　料	配比（质量份）			
	1 号	2 号	3 号	4 号
去离子水	22	25	25	23
分散剂 DP270	0.4	0.8	0.6	0.5
乙二醇	3	2	1	2
CTA-639W 润湿剂	0.1	0.1	0.2	0.2
MV 防腐剂	0.1	0.3	0.2	0.2
滑石粉 600 目	6	1	10	8
钛白粉	15	25	20	16
硅酸铝 1250 目	3	10	15	12
碳酸钙 800 目	20	1	5	10
硅灰石粉 800 目	10	15	1	5
KE025 丙烯酸乳液	40	60	25	50
十二碳醇酯助剂	1.25	2	3	2
HX5021 消泡剂	0.05	0.2	0.1	0.1
681F 消泡剂	0.05	0.2	0.1	0.1
PUR45 增稠剂	0.17	0.33	0.2	0.2
ASE60 增稠剂	0.33	0.67	0.4	0.6
AMP-95 中和剂	0.1	0.2	0.2	0.1

制备方法

① 在搅拌条件下，向定量水中依次加入 DP270 分散剂、乙二醇、MV 防腐剂、HX5021 消泡剂、CTA-639W 润湿剂，一半量的十二碳醇酯助剂，搅拌 0.5h 后，再加入钛白粉、1250 目硅酸铝、800 目碳酸钙、800 目硅灰石粉。

② 高速分散 45～60min。

③ 降低转速，依次加入另一半十二碳醇酯助剂、681F 消泡剂、AMP-95 中和剂、KE025 丙烯酸乳液，搅拌 10min。

④ 加入 PUR45 增稠剂和 ASE60 增稠剂，搅拌 20min，过滤出料即可。

所述步骤①转速为 350～450r/min，步骤②中高速分散转速为 900～1200r/min，步骤③、④中转速为 450r/min。

◀原料配伍▶

本品各组分质量份配比范围为：去离子水 22～25、DP270 分散剂 0.4～0.8、乙二醇 1～3、CTA-639W 润湿剂 0.1～0.2、防腐剂 0.1～0.3、600 目滑石粉 1～10、钛白粉 15～25、1250 目硅酸铝 3～15、800 目碳酸钙 1～20、800 目硅灰石粉 1～15、KE025 丙烯酸乳液 40～50、十二碳醇酯助剂 2～3、消泡剂 0.1～0.4、增稠剂 0.6～0.9、中和 0.1～0.2。优选为：去离子水 22～25、DP270 分散剂 0.4～0.6、乙二醇 1～3、CTA-639W 润湿剂 0.1～0.2、防腐剂 0.1～0.3、600 目滑石粉 6～10、钛白粉 15～20、1250 目硅酸铝 10～15、800 目碳酸钙 5～10、800 目硅灰石粉 5～10、KE025 丙烯酸乳液 40～50、十二碳醇酯助剂 2～3、消泡剂 0.1～0.4、增稠剂 0.6～0.9、中和剂 0.1～0.2。

◀产品应用▶

本品用于建筑墙面的涂装。

◀产品特性▶

① 低温可成膜，成膜后涂膜在常温下不回黏。

② 低温下可控制含水量，以防冻结。

③ 低温快干：用该丙烯酸乳液配制的乳胶漆可以在 −25～0℃下施工，成膜速度快，其性能指标与在常温下无异，克服了以往配制防冻乳胶漆加入大量乙二醇类助剂而造成的干燥速度太慢的缺点。

④ 绿色环保性强，在整个乳胶漆配制过程中不加入任何对人体有害的成分，特别是功能性物质和以往比降低了 VOC 含量。

⑤ 其成膜物质采用了纯丙烯酸树脂或苯丙烯酸树脂类乳液，大大提高了涂料的耐水、耐候、耐擦洗性能，以及耐老化性能等。

环保型干粉乳胶漆

◀原料配比▶

原　料	配比(质量份)			
	1 号	2 号	3 号	4 号
白水泥	21.4	16.7	30	28
纤维素醚	0.4	0.6	0.6	0.5
碳酸钙	72.3	70	45	46.8

原　料	配比(质量份)			
	1 号	2 号	3 号	4 号
灰钙	5	4	15	3
木薯变性淀粉	0.1	0.3	0.3	0.2
木质纤维素	0.3	0.5	—	—
聚丙烯纤维素	—	—	1.2	1
荧光增白剂	0.3	0.6	0.8	0.6
可再分散性乳胶粉	0.2	0.3	1	1.5
钛白粉	—	5	—	—
无机颜料	—	2	—	0.4
立德粉	—	—	6.1	18

制备方法

将各组分投入到搅拌机中，混合均匀后包装即可制得成品。

原料配伍

本品各组分质量份配比范围为：白水泥 10～45、纤维素醚 0.35～0.65、碳酸钙 40～75、灰钙 3～25、木薯变性淀粉 0.1～0.5、木质纤维素或聚丙烯纤维素 0.1～2、荧光增白剂 0.1～1、可再分散性乳胶粉 0～25、钛白粉 0～30、无机颜料 0～5。

上述配方中，白水泥主要起增加强度和耐擦洗的作用，最佳细度为 300～1000 目。

纤维素醚在保水、增稠、缓凝、引气等方面可以显著改善干粉乳胶漆的特性，具有良好的流变性，提高了干粉乳胶漆的施工性能，使干粉乳胶漆饱满、滑润。

碳酸钙是一种广泛使用的填充料，可以提高干粉乳胶漆的遮盖力，起到拉升作用，降低干粉乳胶漆的成本，较佳细度为 400～1200 目。

灰钙是由以 $CaCO_3$ 为主要成分的天然优质石灰石，经高温煅烧成为生石灰（CaO）后，再经精选，部分消化，然后再通过高速风选锤式粉碎机粉碎而成，其表观洁白细腻，是一种气硬性胶凝材料，可以增加强度，灰钙粉加入干粉乳胶漆中，随着涂装成膜，氢氧化钙会与空气中的 CO_2 反应生成碳酸钙晶体而产生强度，进而在涂膜中能够为干粉乳胶漆提供一定的黏结性，并赋予显著的耐水性。以灰钙粉为主要活性填料具有成本低、耐水性好等特点，其较佳细度为 400～800 目。

木薯变性淀粉是一种白色无味的粉末状固体，稳定性好，有很强的悬浮作用，耐酸、耐热、黏度高，可以改善干粉乳胶漆的流变性，增强附着性和挂壁感，木薯变性淀粉也可以用预糊化淀粉替代。

木质纤维素是天然木材经过研磨和化学处理得到的有机纤维素，可以改善干粉乳胶漆的性能，提高生产的稳定性和施工的和易性；其具有抗裂性、保湿性和触变特性，可有效防止龟裂，提高施工的精度和黏结强度，并减少结皮现象，又可防止潮气和雨水的渗透，能有效地防止滴挂、分散均匀、流平性好、不流挂、抗飞溅，使得涂抹施工操作方便，而且色泽更柔和，也可以用聚丙烯纤维素替代。

荧光增白剂既可以增白并具有对返黄的抑制作用，又能吸收一定的紫外线，使反射光数量增加起到加光的作用，从而使涂层表面亮度增加，色彩更清晰、鲜明。

可再分散性乳胶粉可以提高施工性能、改善流动性能、增加触变与抗垂性、改进内聚力、延长开放时间和增强保水性。

钛白粉是一种优良的白色粉末颜料，具有良好的光散射能力，因而白度好、着色力高、遮盖力强，同时具有较高的化学稳定性和较好的耐候性，也可以用立德粉替代。

无机颜料可增加干粉乳胶漆的装饰性，可根据装饰需求加入不同颜色的颜料，也可以不加，还可以用有机颜料替代。

产品应用

本品可广泛用于建筑物内外墙的装饰。

使用方法：使用时，先将环保型干粉乳胶漆加水，干粉乳胶漆与水混合的比例为（10∶3.3）～（10∶7），搅拌均匀后即可刮涂抛光或喷涂，从底到面一次成型，省去了传统乳胶漆使用时需要批刮腻子等烦琐的工序，施工工艺简便快捷。

产品特性

① 由于加入的木质纤维素具有抗裂性、保湿性和触变特性，使本品具备弥盖细微裂纹的作用，涂层不易开裂、不脱落、不起皮、不空鼓。

② 本品中加入了荧光增白剂和钛白粉，可使涂层表面亮度增加，白度更高，遮盖力强，易于着色，使色彩更清晰、鲜明，不易褪色，不易返黄，持久亮丽。

③ 本品中无传统乳胶漆中的各种化学助剂，没有任何挥发和刺激性的气味，环保无污染。

④ 本品为固态粉末状，制造成本只有传统乳胶漆的40％～70％，包装成本只有传统乳胶漆的20％～50％，且包装简易，方便存储和运输。

⑤ 涂层表面洁白细腻，既可以作瓷面，也可哑光。

⑥ 本品还具有高强度、耐擦洗、防霉等优点，是取代传统腻子和乳胶漆的新型环保墙面装饰材料，可广泛用于建筑物内外墙的装饰。

环保型高性能乳胶漆

原料配比

原 料	配比（质量份）		
	1 号	2 号	3 号
水	10.0	15	10
丙二醇	1.2	0.8	1.0
2-氨基-2-甲基-1-丙醇	0.1	0.2	0.2
阴离子聚羧酸	0.4	0.3	0.3
异丁酸异丁酯	2.0	2.5	—
2,2,4-三甲基-1,3-戊二醇单异丁酸酯	—	—	2.0
金红石型钛白粉	5	7	8
锐钛型钛白粉	30	25	25
600 目超细滑石粉	6	—	—
1000 目超细滑石粉	—	8	—
1200 目超细滑石粉	—	—	6
苯丙乳液	44.9	40.7	47.1
螯合型钛酸酯偶联剂	0.1	0.2	0.1
聚氨酯的丁二醇水溶液（有效成分25％）	0.2	0.1	0.2
2-甲基-4-异噻唑啉-3-酮（A），5-氯-2-甲基-4-异噻唑啉-3-酮（B）；A：B＝1：3 组成的抗菌防腐剂	0.1	0.2	0.1

制备方法

将水、醇类成膜助剂、2-氨基-2-甲基-1-丙醇、阴离子聚羧酸、异丁酸酯类成膜助剂、金红石型钛白粉、锐钛型钛白粉、超细滑石粉，在搅拌下按所排顺序依次加入物料，以1000～1400r/min 转速搅拌30～50min，然后将物料研磨至细度为50～70μm；调节转速至400～600r/min，再将苯丙乳液、螯合型钛酸酯偶联剂、聚氨酯流变改性剂、抗菌防腐剂按所排顺序依次投入磨好的物料中，继续搅拌 60min，得到成品。

原料配伍

本品各组分质量份配比范围为：水 10～15、醇类成膜物质 0.8～1.2、2-氨基-2-甲基-1-丙醇 0.1～0.2、阴离子聚羧酸 0.3～0.4、异丁酸酯类成膜助剂 2.0～2.5、金红石型钛白粉 5.0～8.0、锐钛型钛白粉 25～30、超细滑石粉 6.0～8.0、苯丙乳液 40～50、螯合型钛酸酯偶联剂 0.1～0.2、聚氨酯流变改性剂 0.1～0.2、抗菌防腐剂 0.1～0.2。

所述的醇类成膜助剂是丙二醇、丙三醇等。

所述的异丁酸酯类成膜助剂是异丁酸异丁酯或 2,2,4-三甲基-1,3-戊二醇单异丁酸酯。

所述的超细滑石粉的粒度为 600～1250 目。

所述的聚氨酯流变改性剂是聚氨酯缔合型增稠剂，即聚氨酯的丁二醇的水溶液（有效成分 25％）。

所述的抗菌防腐剂是异噻唑酮类化合物，活性成分为 2-甲基-4-异噻唑啉-3-酮（A）、5-氯-2-甲基-4-异噻唑啉-3-酮（B）；活性成分组成：A∶B＝1∶3。

产品应用

本品用于建筑物的涂刷。

产品特性

本品具有低 VOC、低毒、高机械性能的显著特点。总 VOC 含量为 22～18g/L，仅为美国现行标准的 20％；耐洗刷次数高于 15000 次，远远优于 GB/T 9756 的指标；涂膜的硬度、附着力、抗沾污性、遮盖力、耐候性、耐冻融性等多项物理性能指标均明显优于同类产品。本品由于配方简单，因而成本低，具有较高的性能价格比。

环保型外墙乳胶漆

原料配比

原　　料	配比（质量份）	
	1 号	2 号
水（澄清自来水）	20	22
稀释剂丙二醇（工业）	1.3	1.2

原　料	配比(质量份)	
	1 号	2 号
分散剂 P-998	0.7	1.0
多功能助剂 AMP-95	0.1	0.13
润湿剂 PE-100	1.0	0.8
增稠剂 2%HEC	5.0	—
增稠剂 4%HEC	—	5.0
消泡剂 220	0.2	0.1
钛白粉 R215(金红石型)	14	13
高岭土(白度 90,1250 目)	6	4.5
超细硅灰石(1000 目)	4.6	4.1
超细硅酸铝(AS881)	3	2.2
滑石粉(325 目)	14	16.2
防腐剂 981	0.1	0.07
苯丙乳液 296D-S	29.1	29.1
聚氨酯增稠剂 SN-636	0.3	0.2
增稠剂 2020	0.2	0.1
流平剂 2000	0.1	0.1
消泡剂 202	0.2	0.1
触变剂 AT	0.1	0.1

制备方法

　　本品的制备方法,分制浆和制漆两步;制浆时,称取水、稀释剂丙二醇、分散剂 P-998、多功能助剂 AMP-95、润湿剂 PE-100、增稠剂 HEC 的水溶液、消泡剂 220、钛白粉 R215、高岭土、超细硅灰石、超细硅酸铝、滑石粉和防腐剂 981,然后将水加入拉罐中,开动搅拌机搅拌,边搅拌边按顺序依次加入其他 6 个液体组分即稀释剂丙二醇、分散剂 P-998、多功能助剂 AMP-95、润湿剂 PE-100、增稠剂 HEC 的水溶液、消泡剂 220,然后按顺序分别加入 5 个粉料组分即钛白粉 R215、高岭土、超细硅灰石、超细硅酸铝、滑石粉,然后加入防腐剂 981,充分搅拌后,将所得浆料打到砂磨机中进行砂磨;制漆时,将上述经砂磨得到的浆料打入漆罐中,称出苯丙乳液 296D-S、聚氨酯增稠剂 SN-636、增稠剂 2020、流平剂 DSX 2000、消泡剂 202、触变剂 AT;开动制漆罐的搅拌机，边搅拌边依次缓慢加入苯丙乳液 296D-S、聚氨酯增稠剂 SN-636、增稠剂 2020、流平剂 2000、消泡剂 202、触变剂 AT，搅拌混合均匀即可。

◀ 原料配伍 ▶

本品各组分质量份配比范围为：水 18～22、稀释剂丙二醇 1.0～1.5、分散剂 P-998 为 0.5～1.0、多功能助剂 AMP-95 为 0.07～0.13、润湿剂 PE-100 为 0.8～1.2、增稠剂 HEC 的水溶液 3～7、消泡剂 220 为 0.1～0.3、钛白粉 R215 为 12～16.0、高岭土 4.5～6.5、超细硅灰石 4.1～5.1、超细硅酸铝 2.2～4.1、滑石粉 12.0～16.2、防腐剂 981 为 0.07～0.12、苯丙乳液 296D-S 27.1～29.8、聚氨酯增稠剂 SN-636 为 0.2～0.41、增稠剂 2020 为 0.1～0.3、流平剂 DSX2000 为 0.07～0.12、消泡剂 202 为 0.1～0.32、触变剂 AT 0.08～0.18。

◀ 产品应用 ▶

本品用于外墙墙面装饰。

◀ 产品特性 ▶

本品具有耐候性好、附着力强、防霉、抑菌、耐洗刷性强、持久水洗复新、耐久性优、使用时施工快捷、方便等特性，是一种用于混凝土或水泥砂浆外墙墙面装饰和保护的环保型外墙乳胶漆。

环保阻燃乳胶漆

◀ 原料配比 ▶

原　　料	配比（质量份）	
	1 号	2 号
水	30	32
丙二醇	1	1
杀菌剂	0.1	0.1
润湿剂	0.1	0.1
分散剂	0.5	0.5
消泡剂	0.3	0.4
金红石型钛白粉	15	14
纳米三聚磷酸铵	2	2.5

原　料	配比(质量份)	
	1号	2号
树脂粉	0.8	0.7
高岭土	9.7	5
硅灰石粉	9	10
成膜助剂十二碳醇酯	1	1.2
丙烯酸甲酯	30	32
碱溶胀增稠剂	0.3	0.25
聚氨酯增稠剂	0.2	0.25

制备方法

① 在低速搅拌下将水、润湿剂、分散剂、消泡剂加入到分散罐中分散均匀，加入颜料、阻燃剂、成炭剂、填料，提高转速到 1000r/min，分散 0.5h，研磨至细度 30μm。

② 依次加丙烯酸甲酯、丙二醇、成膜助剂和增稠剂，调整黏度(105±2)KU。

原料配伍

本品各组分质量份配比范围为：水 30～32、助溶剂 1～3、杀菌剂 0.1～0.3、润湿剂 0.05～0.2、分散剂 0.3～0.8、消泡剂 0.1～0.4、颜料 5～15、填料 5～15、增稠剂 0.1～0.8、成膜助剂 1～2、丙烯酸甲酯 20～35、纳米三聚磷酸铵 2～4、树脂粉 0.5～2。

所述的助剂为助溶剂、杀菌剂、润湿剂、分散剂、消泡剂、增稠剂、成膜助剂中的一种或两种以上的混合物；颜料为钛白粉、金红石型钛白粉、氧化铁黄、耐晒黄、群青、氧化铬绿、氧化铁红、氧化铁黑、炭黑中的一种或两种以上的混合物；填料为硫酸钡、高岭土粉、硅灰石粉、滑石粉、云母粉中的一种或两种以上的混合物，其中高岭土的用量不能超过配方总量的 10%；稀释剂为水、丙烯酸甲酯中的一种或两种以上的混合物。丙烯酸甲酯安全无毒、是稀释剂，调整产品达到一定黏度，便于施工。所述的助溶剂可以是乙二醇、丙二醇等。所述的增稠剂是聚氨酯类增稠剂和碱溶胀类增稠剂，用量为聚氨酯增稠剂∶碱溶胀增稠剂＝(1～3)∶1。两种增稠剂合用考虑二者相容性好，增稠效果显著，同时考虑隔热、隔氧、阻止火焰燃烧及热传导。上述填料、颜料、助剂和稀释剂的罗列不限于此，乳胶漆领域常规的都可以选用。

本品采用磷系阻燃剂和咪唑类成炭剂复配的阻燃体系，不含卤素等对人体有害的物质，且添加量极低的情况下能够达到阻燃效率高，有效阻止火焰蔓延，不产生二次污染，大大降低火灾危险性的效果。同时该环保阻燃乳胶漆具有优良的遮盖力、附着力、耐擦洗性、耐沾污性、耐候性及高装饰性能，是一种新型的环保阻燃乳胶漆。

◀ **产品应用** ▶

本品主要用于外墙的涂装。

◀ **产品特性** ▶

本品既有普通乳胶漆的物理性能、施工性，又具有阻燃性。由于使用的乳液成膜具有一定的阻燃性，因此，添加少量的阻燃剂就能达到阻燃的理想效果。聚磷酸铵和成炭剂树脂粉为阻燃体系，涂层燃烧时形成泡沫炭层，具有隔热、隔氧、阻止火焰燃烧及热传导作用，大大降低了火灾危险性。

厚膜平涂弹性乳胶漆

◀ **原料配比** ▶

	原　料	配比（质量分数）/%
制浆阶段	水	8
	丙二醇	3～5
	分散剂 Hydropalat 34	0.8～1.3
	分散剂 Hydropalat 5040	0.2
	消泡剂 Defoamer 334	0.2
	防腐剂 Dehygant LFM	0.15
	金红石型钛白粉 R-215	10
	重质碳酸钙 800 目	20
	双飞粉 425 目	14
调漆阶段	弹性乳液 SC-138	38～40
	成膜助剂 C-40	1
	消泡剂 FoamStar A-10	0.2
	润湿剂 StarFactant® 20	0.02

续表

原　料		配比（质量分数）/％
调漆阶段	pH 调节剂 C-950	0.15～0.2
	增稠剂 DSX 系列	0.12～0.15
	流变改性剂 Thicklevelling HAS 625	0.05
	水	加至 100

制备方法

将制浆阶段中的各组分按设定的比例混合，以 1500～4500r/min 的转速进行高速分散、砂磨，达到标准细度，然后加入调漆阶段各组分，混合均匀，研磨过滤得到产品。

原料配伍

本品各组分配比范围如下。

制浆组分及其配比（％）为：水 8～10、丙二醇 3～5、分散剂 0.9～1.7、消泡剂 A 0.1～0.5、防腐剂 0.05～0.2、金红石钛白 5～15、重质碳酸钙 10～30、双飞粉 10～20。

调漆组分及其配比（％）为：弹性乳液 38～40、成膜助剂 0.5～1.5、消泡剂 B 0.1～0.5、润湿剂 0.01～0.05、pH 调节剂 0.15～0.2、增稠剂 0.12～0.15、流变改性剂 0.02～0.08、余量为水加至 100。

增稠剂为缔合型增稠剂；防腐剂为广谱杀菌防腐剂；分散剂为 Hydropalat 34、Hydropalat 5040 之一或其组合。

其中，制浆组分及型号：消泡剂 A 为 Defoamer 334、防腐剂为 Dehygant LFM、金红石型钛白粉为 R-215；重质碳酸钙为 800 目；双飞粉为 425 目。

将制浆阶段中的各组分按设定的比例混合，以 1500～4500r/min 的转速进行高速分散、砂磨，达到标准细度。

调浆组分及型号：弹性乳液为 SC-138、成膜助剂为 C-40、消泡剂 B 为 FoamStar A-10、润湿剂为 StarFactant® 20、pH 调节剂为 C-950。

分散剂 Hydropalat 34 是一种可与缔合型增稠剂产生疏水缔合作用的新型三元共聚物分散剂，用于内、外墙乳胶漆，具有优异的抗水性、展色性，能改善无机颜填料颗粒的表面性能，并且可与缔合型增稠剂缔合，使得乳胶颗粒、颜填料粒子、表面活性物质形成均匀的体系。

润湿剂 StarFactant® 20 是非离子表面活性剂，成分为聚醚改性聚硅氧烷或琥珀磺酸盐，一种新型低泡润湿剂，独特的高枝化多疏水基结构聚合物，表现出良好的润湿行为，而不形成稳定的泡，是一种具有消泡功能的润湿剂，从而降低了气泡的产生，减少了漆膜的弊病。

本品采用不同阶段添加不同种类的消泡剂来达到良好的消泡效果。Defoamer 334 是一种高效液态消泡剂，具有长效消泡性，它在分散、研磨过程中抑泡、破泡效果突出，尤其适用于滚涂施工的较高黏度的乳胶漆中，添加在制浆阶段中；FoamStar A-10 系采用了特殊分子结构的消泡物质 FoamStar 与特殊矿物油合成的新型矿物油基化合物，对破细泡有明显效果，在调漆阶段添加。

本品中防腐剂为 Dehygant LFM，是一种性能卓越的广谱杀菌防腐剂，用于乳胶漆罐内防腐，广谱、长效地杀灭多种细菌、真菌和酵母菌，用量低。

本品所用原料中，弹性乳液 SC-138 由巴斯夫公司提供；分散剂 Hydropalat 34 与 Hydropalat 5040、润湿剂 StarFactant® 20、防腐剂 Dehygant LFM、消泡剂 Defoamer 334 与 FoamStar A-10、增稠剂 DSX 系列、成膜助剂 C-40、pH 调节剂 C-950 和流变改性剂 Thicklevelling HAS 625 均由深圳海川化工科技有限公司提供。

产品应用

本品是用纯缔合型增稠剂增稠的厚膜平涂弹性乳胶漆。主要用于外墙。施工方法可采用刷涂、滚涂、普通喷涂或无气喷涂，最好采用不兑水或者少兑水施工，一次获得较厚的涂膜，减少涂刷次数，保证涂层能够良好地附着。

产品特性

① 本品要求不兑水施工，保证了一次成膜的厚度，减少了施工的次数，节省了施工时间，降低了成本。

② 本品采用纯缔合型增稠剂增稠，所形成的涂膜微观分布均匀致密，涂料的拉伸强度高。

③ 涂料的流动流平性能好，所以给各种不同施工方式（如喷涂、刷涂、滚涂等）引起的飞溅、流痕、起皱、缩孔、针孔等问题带来了一定的改善效果。

④ 本品严格控制了配方体系中各种成分的搭配、助剂种类的筛选和用量，使得涂料的外观和储存性能稳定，减少了光用缔合型增稠剂带

来的储存不稳定的问题。

黄绿色外墙乳胶漆

原料配比

原　料		配比（质量份）
基础漆	水	10.0
	丙二醇	2.0
	Hydropalat 100	1.2
	PE-100	0.2
	Defoamer 334	0.15
	金红石型钛白粉 R-706	22.0
	重晶石粉 1000 目	12.0
	绢云母粉 800 目	5.0
	Filmer C40	1.8
	FoamStar A10	0.15
	纯丙 2800	42.0
	SN-636	0.2
	氨水 28％	0.1
	DSX-2000	0.20
产品	基础漆	1000
	PG7	0.18
	PY138	2.23
	PY153	1.04

制备方法

将上述原材料准备好后，在水中加入助溶剂、分散剂、消泡剂，低速搅拌均匀后缓慢加入颜填料，然后高速分散颜填料，再通过砂磨直到细度小于 $30\mu m$，过滤。过滤完成后，在低速搅拌条件下，在上述分散浆中依次加入润湿剂、消泡剂、成膜助剂、乳液，然后加入增稠剂调整黏度为 90～100KU，加入 pH 调节剂调节 pH 值为 8.5～9.0，慢速消泡完成乳胶基础漆的制备。

本技术中，调色色浆由深圳海川公司的色浆 PG7、PY138 和 PY153 组成，它们按比例分别注入调色机中，经调试后，与上述乳胶基础漆一起注入色漆专用混匀机中，使之在短时间内混合均匀，一般是 200～280s，最好是 200～250s。

◀ 原料配伍 ▶

本品各组分质量份配比范围为：水 8～12、助溶剂 2～4、分散剂 0.5～1.2、润湿剂 0.15～0.25、颜料 0～25、填料 0～30、成膜助剂 1.5～2.4、乳液 35～60、增稠剂 0.20～1.0、pH 调节剂 0.1～0.2。

乳胶漆用色浆在建筑涂料中起装饰作用，要求有优异的分散稳定性、耐光性、耐候性及与涂料的配合性等。本品所选用的调色色浆中，PY153 是一种高性能的外墙耐候性良好的色浆，色浆的颜料含量为 40%，PY153 为喹啉黄，是常用的外墙高耐候性色浆，颜色鲜艳，具有明亮的绿色相的柠黄色；PG7 是常见的绿色颜料，酞菁绿颜料具有优异的外墙耐光耐候性能，将其用在上述乳胶基础漆中，每千克基础漆添加 PG7 为 0.15～0.20g，PY138 为 2.20～2.25g，PY153 为 1.02～1.06g。

作为乳胶基础漆中的必要组分，乳液按乳胶漆使用的不同墙面可分为：内墙乳胶漆用乳液和外墙乳胶漆用乳液。其中，外墙乳胶漆用乳液普遍选用丙烯酸酯共聚物，其平均分子量范围为（15～20）万，平均粒径为 0.1～0.2μm，最低成膜温度为 10～22℃，玻璃化温度为 25～35℃，阴离子型，pH 值为 8.5～10.0。

根据所使用的墙面不同，钛白粉在乳胶基础漆中的选择也有不同。通常，外墙涂料选用金红石型，其中，TiO_2 含量＞95%，金红石型含量＞98%，吸油量＜20g/100g，消色力雷诺兹数 1800，ASTM D476 Ⅱ、Ⅲ型和 ISO 591 R2 型。

如果所配置的乳胶漆是中等遮盖力的（对比率 0.75～0.85），则选用调整较深色用的涂料钛白粉，通常添加量为 120～150g/L（涂料）；若是低遮盖力的（对比率 0.05～0.25），则选用调整饱和深色用的涂料钛白粉，其添加量可以为 0g/L（涂料）；若是高遮盖力的（对比率 0.9～0.96），则选用调浅色用钛白粉，通常添加量为 240～300g/L（涂料）。

根据本品所述的彩色乳胶漆生产技术，乳胶基础漆中选用的填料可以是重晶石粉或云母粉，其中重晶石粉的耐酸性和保光保色性比较好，云母粉的晶体结构为片状，可以提高涂层耐紫外线性能，提高涂层耐候性。

分散剂为具有疏水改性功能的聚羧酸盐分散剂，它对无机和有机颜料具有吸附作用，展色性强，抗水性强，平均分子量为100～5000。

润湿剂为1～2种不同亲水亲油平衡值的非离子润湿剂的组合，调整涂料体系的HLB为12～13，可以最大限度地调整涂料的润湿性能及展色性，使具有不同亲水或者疏水性能的色浆均达到良好的相容效果。

为消除涂料生产和涂装过程中产生的气泡，在制备乳胶基础漆时，在其中添加适量的消泡剂，采用的消泡剂可以为脂肪烃复合消泡剂，消泡活性物质为聚乙烯蜡、金属皂、疏水无机硅和有机聚硅氧烷、聚乙二醇和丙二醇醚类等。

根据乳胶漆的用途，可选择在乳胶基础漆中添加防腐剂，以确保乳胶漆的使用性能。防腐剂可选用三嗪类含氮杂环化合物、4,4-二甲基唑烷及其三甲基同系物等。

pH调节剂可以选用2-氨基-2-甲基-1-丙醇、二甲氨基乙醇、二乙基乙醇胺、氨水异丙醇胺等。

增稠剂可选用水合型增稠剂，如疏水改性聚丙烯酸碱溶胀型、羟乙基纤维素醚、聚氨酯型等。

成膜助剂选用十二碳醇酯。

产品应用

本品用于建筑外墙的装饰。

产品特性

本品可以在较短的时间内再现国标颜色1514，还能最大限度地保证颜色的准确性，选用与所需颜色的调色色浆相关的乳胶基础漆，通过调色机、色漆混匀机混合均匀后，使制备的彩色乳胶漆与建筑涂料标准色卡相比，两者之间的色差在允许范围内，所示颜色的耐候性也得到了一定的保证。

黄色外墙乳胶漆

原料配比

	原　　料	配比（质量份）
基础漆	水	10.0
	丙二醇	2.5
	Hydropalat 100	0.8

乳胶涂料配方与制备（二）

	原　　料	配比(质量份)
基础漆	Defoamer 334	0.15
	金红石型钛白粉 R-595	15.0
	重晶石粉 1000 目	15.0
	绢云母粉 800 目	5.0
	Filmer C40	1.2
	FoamStar A10	0.15
	纯丙 2800	35.0
	SN-636	0.2
	氨水 28%	0.1
	DSX-2000	0.2
产品	基础漆	1000
	PBK7	0.08
	PY138	4.3
	PY153	1.51

制备方法

将上述原材料准备好后，在水中加入助溶剂、分散剂、消泡剂，低速搅拌均匀后缓慢加入颜填料，然后高速分散颜填料，再通过砂磨直到细度小于 $30\mu m$，过滤。过滤完成后，在低速搅拌条件下，在上述分散浆中依次加入润湿剂、消泡剂、成膜助剂、乳液，然后加入增稠剂调整黏度为 90～100KU，加入 pH 调节剂调节 pH 值为 8.5～9.0，慢速消泡完成乳胶基础漆的制备。

本技术中，调色色浆由深圳海川公司的色浆 PBK7、PY138 和PY153 组成，它们按比例使用 1/48Y 的单位分别注入调色机中，经调试后，与上述乳胶基础漆一起注入色漆专用混匀机中，使之在短时间内混合均匀，一般是 200～280s，最好是 200～250s。

原料配伍

本品各组分质量份配比范围为：水 8～12、助溶剂 2～4、分散剂0.5～1.2、润湿剂 0.15～0.25、颜料 0～25、填料 0～30、成膜助剂1.5～2.4、乳液 35～60、增稠剂 0.20～1.0、pH 调节剂 0.1～0.2。

乳胶漆用色浆在建筑涂料中起装饰作用，要求有优异的分散稳定性、耐光性、耐候性及与涂料的配合性等。本品所选用的调色包浆由深圳海川公司的色浆 PBK7、PY138 和 PY153 组成。其中，PY153 是一种高性能的外墙耐候性良好的色浆，色浆的颜料含量为 40％；PY138 为喹啉黄，是常用的外墙高耐候性色浆，颜色鲜艳，具有明亮的绿色相的柠黄色；PBK7 是常见的绿色颜料，酞菁绿颜料具有优异的外墙耐光耐候性能，将其用在上述乳胶基础漆中，每千克基础漆添加 PBK7 为 0.06～0.09g，PY138 为 4.25～4.35g，PY153 为 1.5～1.57g。

作为乳胶基础漆中的必要组分，乳液按乳胶漆使用的不同墙面可分为：内墙乳胶漆用乳液和外墙乳胶漆用乳液。其中，外墙乳胶漆用乳液普遍选用丙烯酸酯共聚物，其平均分子量范围为（15～20）万，平均粒径为 0.1～0.2μm，最低成膜温度为 10～22℃，玻璃化温度为 25～35℃，阴离子型，pH 值为 8.5～10.0。

根据所使用的墙面不同，钛白粉在乳胶基础漆中的选择也有不同。通常，外墙涂料选用金红石型，其中，TiO_2 含量＞95％，金红石型含量＞98％，吸油量＜20g/100g，消色力雷诺兹数 1800，ASTM D476 Ⅱ、Ⅲ型和 ISO 591 R2 型。

如果所配置的乳胶漆是中等遮盖力的（对比率 0.75～0.85），则选用调整较深色用的涂料钛白粉，通常添加量为 120～150g/L（涂料）；若是低遮盖力的（对比率 0.05～0.25），则选用调整饱和深色用的涂料钛白粉，其添加量可以为 0g/L（涂料）；若是高遮盖力的（对比率 0.9～0.96），则选用调浅色用钛白粉，通常添加量为 240～300g/L（涂料）。

根据本品所述的彩色乳胶漆生产技术，乳胶基础漆中选用的填料可以是重晶石粉或云母粉，其中重晶石粉的耐酸性和保光保色性比较好，云母粉的晶体结构为片状，可以提高涂层耐紫外线性能，提高涂层耐候性。

分散剂为具有疏水改性功能的聚羧酸盐分散剂，它对无机和有机颜料具有吸附作用，展色性强，抗水性强，平均分子量为 100～5000。

润湿剂为 1～2 种不同亲水亲油平衡值的非离子润湿剂的组合，调整涂料体系的 HLB 为 12～13，可以最大限度地调整涂料的润湿性能及展色性，使具有不同亲水或者疏水性能的色浆均达到良好的相容效果。

为消除涂料生产和涂装过程中产生的气泡，在制备乳胶基础漆时，在其中添加适量的消泡剂，采用的消泡剂可以为脂肪烃复合消泡剂，消泡活性物质为聚乙烯蜡、金属皂、疏水无机硅和有机聚硅氧烷、聚乙二醇和丙二醇醚类等。

乳胶涂料配方与制备（二）

　　根据乳胶漆的用途，可选择在乳胶基础漆中添加防腐剂，以确保乳胶漆的使用性能。防腐剂可选用三嗪类含氮杂环化合物、4,4-二甲基唑烷及其三甲基同系物等。

　　pH 调节剂可以选用 2-氨基-2-甲基-1-丙醇、二甲氨基乙醇、二乙基乙醇胺、氨水异丙醇胺等。

　　增稠剂可选用水合型增稠剂，如疏水改性聚丙烯酸碱溶胀型、羟乙基纤维素醚、聚氨酯型等。

　　成膜助剂选用十二碳醇酯。

◤产品应用◢

　　本品用于建筑外墙的装饰。

◤产品特性◢

　　本品可以在较短的时间内再现国标颜色 0013，还能最大限度地保证颜色的准确性，选用与所需颜色的调色色浆相关的乳胶基础漆，通过调色机、色漆混匀机混合均匀后，使制备的彩色乳胶漆与建筑涂料标准色卡相比，两者之间的色差在允许范围内，所示颜色的耐候性也得到了一定的保证。

建筑外墙复合隔热薄层乳胶涂料

◤原料配比◢

原　　料	配比（质量份）							
	1 号	2 号	3 号	4 号	5 号	6 号	7 号	8 号
水	25	25	20	20	18	15	15	15
轻质碳酸钙	1	1	1	1	1	1	—	1
重质碳酸钙	1	1	1	1	1	1	—	—
润湿剂	0.22	0.22	0.22	0.22	0.22	0.22	0.22	0.22
防霉剂	0.1	0.1	0.1	0.1	0.1	0.1	0.1	0.1
增稠剂	1	1	1	1	1	1	1	1
乙二醇	2	2	2	2	2	2	2	2
滑石粉	14.23	6.23	3.23	6.23	0.23	4.23	0.23	0.23
乳液	35	35	35	35	35	35	35	35
分散剂	0.5	0.5	0.5	0.5	0.5	0.5	0.5	0.5

原 料	配比(质量份)							
	1 号	2 号	3 号	4 号	5 号	6 号	7 号	8 号
成膜助剂	1.65	1.65	1.65	1.65	1.65	1.65	1.65	1.65
流平剂	0.3	0.3	0.3	0.3	0.3	0.3	0.3	0.3
硬硅钙石型硅酸钙	3	6	9	6	9	3	9	3
金红石型钛白粉	10	10	10	20	20	20	30	30
空心玻璃微珠	5	10	15	5	10	15	5	10
消泡剂	适量	适量	适量	适量	适量	适量	适量	适量

制备方法

将各组分混合均匀，经研磨过滤得到产品。

原料配伍

本品各组分质量份配比范围为：硬硅钙石型硅酸钙 1~15、钛白粉 1~30、空心玻璃微珠 1~40、水 10~40、乳液 30~45、轻质碳酸钙 1~2.2、重质碳酸钙 1~5.6、滑石粉 2.2~32.2、润滑剂 0.22、防霉剂 0.1、增稠剂 1、乙二醇 2、分散剂 0.5、成膜助剂 1.65、流平剂 0.3、消泡剂适量。

所述的涂料成膜物质为苯丙乳液或改性苯丙乳液。

分散剂为 SD-101；消泡剂为 SD-202；增稠剂为 SD-301；防霉剂为 SD-100；流平剂为 KX-2020；成膜助剂为 SD-505。

质量指标

按建筑行业标准 JG/T 235《建筑反射隔热涂料》检测涂层的隔热性能结果达到标准要求（见下表）。

检测项目	标准要求	检查结果
太阳光反射比(白色)	≥0.90	0.85
半球反射率	≥0.80	0.87
隔热温差/℃	≥10	13

按 GB/T 9755《合成树脂乳液外墙涂料》，GB/T 9286《色漆和清漆漆膜的划格试验》标准合格品进行检测，结果均达到标准合格品要求（见下表）。

检测项目		标准要求	检查结果
施工性		刷涂二道无障碍	刷涂二道无障碍
对比率（白色和浅色）		$\geqslant 0.87$	0.90
耐水性		96h 无异常	96h 无异常
耐碱性		48h 无异常	48h 无异常
耐洗刷性/次		$\geqslant 500$	500 次涂抹无异常
耐沾污性（白色和浅色）/%		$\leqslant 20$	13
涂层耐温变性（5 次循环）		无异常	无异常
耐人工气候老化性	外观	250h 不起泡,不剥落,无裂纹	250h 不起泡,不剥落,无裂纹
	粉化/级	$\leqslant 1$	0
	变色/级	$\leqslant 2$	1
附着力（划格法）/级			1

产品应用

本品是一种建筑外墙隔热涂料。使用本涂料，刷涂后的涂层厚度为
0.5～1mm。

产品特性

本品采用金红石型钛白粉、空心玻璃微珠和硬硅钙石为填料制备的
复合隔热涂层中，空心玻璃微珠、钛白粉和硬硅钙石发挥协同作用，涂
层的隔热性能优于单一采用或任意二者复合添加所制备的隔热涂料；涂
料中空心玻璃微珠和硬硅钙石对隔热性能的影响显著。

本品是一种将阻隔、反射和辐射三种隔热机理综合在一起的建筑外
墙复合隔热薄层乳胶涂料，兼具辐射型、反射型和阻隔型隔热涂料的优
点。本品能够有效降低建筑外墙外表面和室内的温度，具有良好的隔热
作用，能降低建筑物能耗；且涂层厚度大大减小，施工方便，节约原
料，降低成本。

具有较强抗裂性能的外墙弹性乳胶漆

原料配比

原　　料	配比（质量份）
水	167
丙二醇	8

原　　料	配比（质量份）
润湿剂 X405	0.2
分散剂 731A	2
消泡剂 W-098	1
pH 调节剂 AMP-95	1.8
沉淀硫酸钡	100
煅烧高岭土	40
金红石型钛白粉	180
重质碳酸钙 1250 目	270
乳液 5086	240
成膜助剂单酯	9.6
聚氨酯类 RM-8W	3
聚氨酯类 RM-2020NPR	1
防腐剂 HY-606	1

制备方法

将上述各种组分混合，经过研磨、过滤即制备得到具有较强抗裂性能的外墙弹性乳胶漆。

原料配伍

本品各组分质量份配比范围为：水 120～200、丙二醇 3～15、润湿剂 0.1～2、分散剂 1～5、消泡剂 0.5～2、pH 调节剂 1.5～2、沉淀硫酸钡 80～110、煅烧高岭土 30～45、金红石型钛白粉 150～200、重质碳酸钙 1250 目 265～300、乳液 5086 为 220～250、成膜助剂单酯 5～10、聚氨酯类 1～5、防腐剂 1。

所述润湿剂的型号为 X405。

所述分散剂的型号是 731A。

所述消泡剂的型号是 W-098。

所述 pH 调节剂的型号是 AMP-95。

所述聚氨酯类包括聚氨酯类 RM-8W 和聚氨酯类 RM-2020NPR。

所述聚氨酯类 RM-8W 和所述聚氨酯类 RM-2020NPR 的质量比为 3∶1。

所述防腐剂的型号是 HY-606。

质量指标

检验项目	技术要求（优等品）	检验结果
在容器中的状态	无硬块,搅拌后呈均匀状态	通过
施工性	涂刷二道无障碍	通过
低温稳定性	不变质	通过
干燥时间（表干）/h	<2	1.0
涂膜外观	正常	通过
柔韧性	直径 100mm 不开裂	直径 50mm 不开裂
动态抗开裂性	>0.08mm,<0.3mm	<0.2mm
耐水性(96h)	无异常	无异常
耐碱性(48h)	无异常	无异常
耐洗刷性/次	>2000	20000 次,无异常
涂层耐温变性(5 次循环)	无异常	通过
耐污性（白色和浅色）/%	<15	8
耐人工气候老化性	老化时间/h	600
粉化/级	<1	0
变色/级	<2	1

产品应用

本品是一种具有较强抗裂性能的外墙弹性乳胶漆。

产品特性

本品作为建筑物墙体的装饰层,不仅符合乳胶漆的各项性能指标,而且具有良好的弹性和较好的抗裂性能。

抗裂耐沾污外墙乳胶漆

原料配比

表 1　助剂

原　料	配比（质量份）		
	1 号	2 号	3 号
羧酸铵盐溶液	0.5	0.6	0.5
非离子表面活性剂溶液	0.1	0.2	0.2
聚硅氧烷溶液	0.6	1	0.8

续表

原　　料	配比(质量份)		
	1 号	2 号	3 号
异噻唑啉酮类化合物溶剂	0.1	0.2	0.1
丙二醇	1.5	2	1.7
成膜助剂	1.5	2	1.7

表 2　抗裂耐沾污外墙乳胶漆

原　　料	配比(质量份)		
	1 号	2 号	3 号
助剂	4.3	6	5
滑石粉	2	3	2.5
$BaSO_4$	5	3	4
钛白粉	20	15	16
纳米级 SiO_2	3	3	4
去离子水	10	15	13
弹性丙烯酸乳液	48	45	46
空心玻璃微珠	5	5	6
增稠剂	1	1	1
流平剂	2.7	4	2.5

制备方法

（1）浆料的制备　将助剂、滑石粉、$BaSO_4$、钛白粉和纳米级 SiO_2 放入去离子水中，在高速搅拌机中以 $800\sim1000r/min$ 的转速搅拌 $20\sim40min$，之后将混合料研磨至 $\leqslant50\mu m$ 细度，制成浆料备用。

（2）乳胶漆的制备　将步骤（1）制备的浆料、弹性丙烯酸乳液、空心玻璃微珠、增稠剂和流平剂倒入搅拌机中慢速搅拌，转速 $60\sim120r/min$，配色，过滤后，计量包装。

原料配伍

本品各组分质量份配比范围为：助剂 $4.3\sim6$、滑石粉 $2\sim3$、$BaSO_4$ $3\sim5$、钛白粉 $15\sim20$、纳米级 SiO_2 $3\sim4$、去离子水 $10\sim15$、弹性丙烯酸乳液 $45\sim48$、空心玻璃微珠 $5\sim6$、增稠剂 $1\sim2$、流平剂 $2\sim4$。

所述助剂由以下组分组成：羧酸铵盐溶液 $0.5\sim0.6$、非离子表面活性剂溶液 $0.1\sim0.2$、聚硅氧烷溶液 $0.6\sim1$、异噻唑啉酮类化合物溶

乳胶涂料配方与制备（二）

剂 0.1～0.2、丙二醇 1.5～2、成膜助剂 1.5～2。

所述钛白粉最好为金红石型钛白粉。

质量指标

检验项目	检验标准	检验结果
耐碱性（48h）	无异常	240h 无异常
耐水性（96h）	无异常	240h 无异常
耐洗刷性/次	≥1000	5000
耐人工老化/h	1000	2000
拉伸强度/MPa	≥1.0	2.9
断裂强度/%	≥300	418
黏结强度/MPa	≥0.2	0.95
耐冻融循环性（25 次）	无异常	无异常
耐沾污性（5 次）/%	≤30	9
光热反射率/%		87

产品应用

本品主要作为外墙涂料。

产品特性

弹性建筑外墙乳胶漆因其具有优异的防水性，以及遮盖基层微细裂缝的能力而得到广泛应用，但是以往的弹性乳胶漆的涂膜容易返黏，极易黏附污染物而影响装饰效果。虽然通过在涂料中添加适量的疏水剂可以得到良好的憎水性涂膜，但是因其表面呈条油性，一些条油性污物很容易黏附在其表面，且又不易被雨水冲洗掉，形成严重的雨痕。实践证明亲水性涂膜比亲油性涂膜的耐沾污性更佳，是名副其实的自清洁涂膜。为了解决因非反应亲水助剂向涂膜表面迁移而使其吸水泛白膨胀等弊病，本品选用无皂化，表面自交联工艺合成的乳液为基料，通过纳米材料对其进行改性，控制 PVC 及颜填料的优选而制备的乳胶漆，实现了涂膜弹性、强度、致密性、防水性、耐沾污性、透气性等诸多性能的统一，同时又附加给涂膜较高的光反射率和隔热性能，给被涂覆物的节能降耗提供了积极贡献。因此，本品具有广泛的应用领域和广阔的市场前景。

① 弹性涂膜的耐沾污性：采用自交联、无皂化的弹性丙烯酸乳液为成膜物质。其具有独立核-壳结构，采用无皂化工艺，消除了因清水

性表面活性剂的存在，而引发涂膜的吸水、返白、膨胀之后患，由于应用了自交联技术，使涂膜表面形成网状结构，提高了涂膜的致密性、强度和硬度。采用亲水化技术，使涂膜呈亲水性和憎油性，亲油性污染物很难附着，即使附着也黏附不牢，同时亲水性涂膜的表面的亲水基因具有低带电性，与带电的浮游污染颗粒之间的静电引力小，使其难以附着在涂层表面，另外，雨水对亲水性表面有润湿作用，水的接触面积小，污染物很容易被雨水冲洗掉，成为自清自洁层。

② 提高弹性涂膜的太阳热反射隔热功能。

a. 金红石型钛白粉的折光系数达 2.8，反射系数≥80%，因此其成为首选颜料。

b. 选用既有镜面效应，又有保温隔热性的空心玻璃微珠作为功能性填料（500 目），其热导率为 0.07W/(M·K)，光漫射率为 80%～88%，密度为 0.3～0.45g/cm^3。

c. 适量添加红外线辐射材料滑石粉、云母粉、硫酸钡等，其对 8～13μm 波段的吸收率较大，与 TiO_2 搭配使用可形成较理想的辐射降温涂层。

d. 利用纳米 SiO_2 的三维链状结构，比表面积大，表面触能高，在涂料体系中易形成活性吸附中心，在涂膜表面形成键合力，形成网状结构，大大提高了涂膜的致密性、韧性、平滑度、硬度、耐擦洗性、耐沾污性和耐老化性。

零 VOC 超级环保乳胶漆

原料配比

原　　料	配比(质量份)
水	15
分散剂聚丙烯酸铵盐(商品名为 A40)	0.5
增稠剂羟乙基纤维素类(商品名为 250HBR)	0.5
消泡剂矿物油改性聚硅氧烷(商品名为 CF-107)	0.3
颜填料钛白粉	30
成膜物质核壳结构的纯丙聚合物	53
其他助剂(商品名为 EPW B110)	0.7

制备方法

① 将分散剂、增稠剂、消泡剂在水中混匀，加入颜填料。

② 高速分散至细度合格，在低速下加入精选的成膜物质及其他助剂。

③ 检验合格后，过滤包装。

原料配伍

本品各组分质量份配比范围为：水 5～20、分散剂 0.2～0.5、增稠剂 0.2～1、消泡剂 0.1～0.4、颜填料 20～35、成膜物质 30～55、其他助剂 0.5～1.5。

产品应用

本品适合于内外墙装修，可涂于水泥、砂浆、灰泥、水泥石棉板、三合土等表面。

产品特性

本品高温不回黏、硬度、附着力、耐沾污性比普通乳胶漆好，其 VOC 量接近于零；且低温可成膜（5℃），性能良好、无毒、无害，真正符合环保特性要求。

纳米硅溶胶改性外墙乳胶漆

原料配比

原　料	配比（质量份）
水（一）	220
润湿剂 X-405	1
调节剂 AMP-95	1.5
分散剂 SN-5040	5
消泡剂 NXZ	1.5
成膜助剂 Texanol	15
丙二醇	15
TiO$_2$	150
重质碳酸钙	150
滑石粉	30
增稠剂 PE-66	5

原　料	配比（质量份）
水（二）	25
苯丙乳液 296D-S	320
消泡剂 NXZ	1
纳米硅溶胶	50
增稠剂 PE-667	5
水（三）	10

制备方法

（1）分散打磨　将水、粉料如重质碳酸钙、滑石粉、钛白粉和前期助剂如分散剂、润湿剂、杀菌剂、消泡剂投入分散机，以 $1500\sim300r/min$ 的转速分散 $10\sim15min$，再用 $4000r/min$ 转速的砂磨机研磨过滤。

（2）后处理　将乳液、纳米硅溶胶、后期水和助剂如成膜剂、增稠剂投入分散浆，调节 pH 值和黏度，制得乳胶漆。

原料配伍

本品各组分质量份配比范围为：水 $100\sim300$、乳液 $200\sim350$、纳米硅溶胶 $30\sim60$、重质碳酸钙 $50\sim150$、滑石粉 $10\sim30$、丙二醇 $5\sim15$、钛白粉 $50\sim250$、润湿剂 $0.5\sim2$、消泡剂 $1\sim3$、分散剂 $1\sim5$、增稠剂 $10\sim20$、成膜助剂 $5\sim20$。

所述的乳液为苯丙乳液、纯丙乳液、硅丙乳液之一或复配。

所述的增稠剂为碱缔合型增稠剂。

所述的分散剂为聚羧酸钠盐型分散剂。

所述的成膜助剂为丙二醇单油酸盐。

所述的硅溶胶为碱性硅溶胶，其粒径为 $5\sim100nm$。

质量指标

项　目	指　标
容器中状态	无硬块、搅拌后成均匀状态
施工性	粉刷二道无障碍
干燥时间（表干）	$\leqslant1h$
涂膜外观	正常
对比率（白色）	$\geqslant0.95$
耐水性	96h 无异常

续表

项 目	指 标
耐酸雨(pH＝3 的硫酸溶液)	48h 无异常
耐人工气候老化性(白色)	400h 无异常
涂层耐温变性(五次循环)	无异常

产品应用

本品是一种具有良好附着力和耐候性的纳米硅溶胶改性外墙乳胶漆。

产品特性

① 本品是一种绿色环保、稳定、耐污的水性乳胶漆。同时具有很强的附着力，与墙体结合稳定，不易产生漆面起皮、爆裂等现象，大大增强了乳胶漆的耐候性能。

② 本品通过分散、砂磨、过滤等简单工艺完成，所制得的外墙乳胶漆无污染、极低 VOC 排放，具有极好的储存稳定性、耐冲刷性、耐沾污性。

③ 本品制作工艺分两步进行，工艺步骤简化，制备的乳胶漆其在容器中状态、施工性、干燥时间、涂膜外观、对比率、耐水性等均达到标准并高于一般外墙乳胶漆，尤其是耐人工气候老化性性能优异，与普通外墙乳胶漆相比具有明显优势。

纳米复合自洁外墙乳胶漆

原料配比

原 料	配比(质量份)								
	1 号	2 号	3 号	4 号	5 号	6 号	7 号	8 号	9 号
水	18	18	18	20	20	20	20	20	20
纯丙乳液	49	49	49	47	47	47	42	42	42
纳米二氧化钛	7	7	7	7	7	7	6	10	12
纳米二氧化硅	5	5	5	7	7	7	6.5	8	10
颜料	22	22	22	20	20	20	24	18	16
填料	10	10	10	10	10	10	15	12	10
增稠剂	0.4	0.4	0.4	0.4	0.4	0.4	0.5	0.5	0.5

原　料	配比（质量份）								
	1 号	2 号	3 号	4 号	5 号	6 号	7 号	8 号	9 号
分散剂（高分子合成聚羧酸钠盐）	0.1	—	0.4	—	—	—	—	—	—
分散剂（疏水性纳米界面分散剂）	—	0.2	—	0.5	—	—	—	—	—
分散剂（高分子合成聚羧酸钠盐与疏水性纳米界面分散剂的混合物）	—	—	—	—	0.5	0.5	0.5	0.5	0.5
成膜助剂	0.8	0.8	0.8	0.8	0.8	0.8	1	1	1
消泡剂	0.4	0.4	0.4	0.4	0.4	0.4	0.6	0.6	0.6
防冻剂	1	1	1	1	1	1	1.5	1.5	1.5
防腐杀菌剂	0.4	0.4	0.4	0.4	0.4	0.4	0.5	0.5	0.5
调节剂	0.3	0.3	0.3	0.3	0.3	0.3	0.6	0.6	0.6

制备方法

（1）制浆工序　先将水、适量调节剂、适量消泡剂、流平剂、防霉杀菌剂、颜料、填料、成膜助剂、防冻剂在拉缸内搅拌分散 10～20min 后，再放入砂磨机内砂磨不少于 30min，即可。

（2）涂料制造工序　将制浆工序制备好的料浆与纯丙乳液、适量调节剂、适量消泡剂、增稠剂、分散剂，搅拌分散 10～20min，再加入纳米二氧化钛及纳米二氧化硅，即可。

原料配伍

本品各组分质量份配比范围为：水、分散剂、纳米二氧化钛、纳米二氧化硅、乳液、颜料、填料、成膜助剂、防霉杀菌剂。

所述的分散剂为纳米分散剂，分散剂的加入量为纳米自洁外墙乳胶漆总质量的 0.1%～0.5%。

所述的纳米分散剂为高分子合成聚羧酸钠盐、疏水性纳米界面分散剂中的一种或两种的混合物。

所述的高分子合成聚羧酸钠盐、疏水性纳米界面分散剂混合物的质量比为 1：（3～50）。

所述的外墙乳胶漆中纳米材料的总质量与颜料质量之比为 1：（0.5～1）。

所述的颜料的粒径为微米级。

在所述的纳米材料中，纳米二氧化钛、纳米二氧化硅的质量比为 $1:(0.7\sim1.5)$。

所述的防霉杀菌剂为纳米防霉杀菌剂。

为了使外墙乳胶漆适应不同用户的要求，还可在漆中添加消泡剂、增稠剂、调节剂、流平剂、防冻剂。

◀ 质量指标 ▶

指标名称	指　　标
团聚性	符合要求
对比率	0.94
耐水性	≥120
耐碱性	≥72
耐洗刷性	≥5000
耐冻融性	不变质
吸水率	≤10
耐沾污性	≤5

◀ 产品应用 ▶

本品是一种纳米复合自洁外墙乳胶漆。

◀ 产品特性 ▶

通过选用纳米分散剂，使纳米自洁外墙乳胶漆不易发生团聚，降低了涂膜的表面张力，减小了接触角，增强了涂膜疏水性，从而使其具有自洁性。纳米二氧化钛及纳米二氧化硅同时使用，使产品具有特殊的光学性能，加强了涂膜对紫外线的吸收能力，使产品的耐候性得以提高。

纳米负离子抗菌环保乳胶漆

◀ 原料配比 ▶

原　　料	配比（质量份）				
	1号	2号	3号	4号	5号
去离子水	10	40	20	16.19	19.91
pH 调节剂 AMP-95	0.1	—	—	—	—
pH 调节剂 NaOH	—	0.5	—	—	0.4

原　料	配比（质量份）				
	1 号	2 号	3 号	4 号	5 号
pH 调节剂 氨水	—	—	0.15	0.3	—
铵盐分散剂	1.0	0.2	0.5	0.4	0.6
润湿剂	—	—	0.05	0.06	0.04
醇类成膜助剂	3.0	1.0	1.5	2	2.5
消泡剂	0.6	0.1	0.5	0.3	0.4
碳酸钙	—	20	—	10	15
灰钙粉	—	—	22.6	—	—
硅灰粉	—	—	—	10	—
滑石	—	5	—	—	—
膨润土	—	5	—	—	—
钛白粉	20	—	—	10	15
立德粉	20	—	—	—	10
高岭土	10	17.9	—	—	—
聚氨酯	—	10	—	20	10
硅酸铝	—	—	—	10	—
增稠剂	1.5	—	1	0.5	1.3
丙烯酸酯	26.5	—	30	—	20
环氧	—	—	10	—	—
硅溶胶	—	—	10	15	—
无机纳米疏水改性剂	4.0	0.1	2	3	2.5
纳米负离子助剂	2.0	0.1	1	1.5	1.3
聚氨酯流变改性剂	1.0	—	0.5	0.6	0.8
羟乙基纤维素	0.3	—	0.2	0.15	0.25

制备方法

在小于 500r/min 的低速搅拌下，先将分散剂、湿润剂、pH 调节剂、部分消泡剂按配方要求加入到配比量的去离子水中，充分分散均匀，然后加入填料、颜料及功能材料，以大于 1200r/min 高速分散 50min 以上，检测细度≤50μm，然后在 400～800r/min 的中速搅拌下加入水性系乳液、成膜助剂、剩余消泡剂、剩余 pH 调节剂后搅拌 15～20min，加入增稠剂、流变改性剂调节黏度至 87～110KU，再搅拌 10～15min 后出料。

◤ 原料配伍 ◢

　　本品各组分质量份配比范围为：去离子水 10.0～40.0、pH 值调节剂 0.1～0.5、铵盐分散剂 0.2～1.0、润湿剂 0～0.1、醇类成膜助剂 1～3.0、消泡剂 0.1～0.6、填料 0～30.0、颜料 0～50.0、增稠剂 0～1.5、水性系乳液 10.0～50.0、无机纳米疏水改性剂 0.1～4.0、纳米负离子助剂 0.1～2.0、聚氨酯流变改性剂 0～1.0、羟乙基纤维素 0～0.3。

　　所述的水性系乳液为丙烯酸酯、聚氨酯、环氧、硅溶胶等中的一种或其组合；颜料为钛白粉、立德粉、高岭土、硅酸铝中的一种或两种以上的组合；填料为碳酸钙、滑石粉、硅灰粉、灰钙粉、膨润土中的一种或两种以上的组合。

◤ 产品应用 ◢

　　本品用于涂刷墙面。

◤ 产品特性 ◢

　　本品在保持传统性能的基础上，增加了疏水基团，使漆膜疏水，具有荷叶面效果，通过纳米负离子助剂能生成负氢氧根离子和发射远红外线，不但能治理装修等原因造成的甲醛、苯、氨等化学污染，还能够在墙面和空气中抗菌、抑菌，防范疾病传播，消除吸烟、烹饪及宠物等造成的各种异味，保持空气清新。

纳米复合环保型乳胶漆

◤ 原料配比 ◢

原　料	配比（质量份）		
	1 号	2 号	3 号
水	20	4	2
EPW 型杀微生物剂	2	0.5	0.5
Texanol 型成膜助剂	2.3	—	—
DOWNANOL pph 型成膜助剂	—	2.5	—
成膜助剂丙二醇丙醚	—	—	1
TD-01 型润湿分散剂	1.2	—	—
Tamol 731 型润湿分散剂	—	—	0.5
PD 型润湿分散剂	—	1	—

原　料	配比（质量份）		
	1 号	2 号	3 号
Bevaloid 6250 型消泡剂	1	—	—
FoamaSter AP 型消泡剂	—	—	0.2
Ke1208 型消泡剂	—	0.3	—
防沉剂气相二氧化硅	0.4	—	—
防沉剂高岭土	—	1	—
防沉剂改性膨润土	—	—	0.1
丙二醇防冻剂	0.8	1	—
乙二醇防冻剂	—	—	1
Nanow 1010 型纳米氧化钛浓缩浆	5	—	—
Nanow 2000 型纳米氧化锌浓缩浆	—	30	—
Nanow 3000 型纳米氧化铁浓缩浆	—	—	50
纳米氧化硅浓缩浆	—	—	1
疏水剂 HY-4029 型	—	—	9
疏水剂 Dow Corning® Z-6403 硅烷	—	3	—
Actyflon-S100 型氟硅表面活性剂	2	—	—
石蜡乳化剂	—	2	—
负离子粉电气石粉	2	4	7
钛白粉	10	9	5
锌钡白	5.3	—	2
轻质碳酸钙	2	—	—
重质碳酸钙	3	—	1
碳酸钙	—	5	—
氧化锌	—	10	—
丙烯酸酯乳液	—	25	—
醋酸乙烯-丙烯酸酯共聚乳液	—	—	17
氨水	—	0.2	0.5
硅灰石粉	5	—	—
硅丙乳液	35	—	—
Collacral P 型增稠剂	2	—	—
SN-Thickener 603 增稠剂	—	1	—
PUR80 增稠剂	—	—	0.2
ACRYSOL RM-4 型流平剂	1	0.5	2

制备方法

① 先将水放入高速分散机的容器中，在 $100\sim400r/min$ 下依次加入杀微生物剂、纳米浓缩浆、疏水剂、负离子粉、消泡剂、润湿分散剂、成膜助剂、防沉剂、防冻剂，混合均匀后，将颜料和填料加入高速分散机的旋涡中；加完料后，提高叶轮转速，使其转速为 $1200\sim1800r/min$，当细度达到 $20\sim60\mu m$ 后，即分散完毕。

② 分散完毕后，调整高速分散机的转速，使其在 $100\sim400r/min$ 下逐渐加入乳液、pH 调节剂，调整乳胶漆 pH 值在 $8\sim9$ 范围内，用增稠剂和流平剂调整乳胶漆的黏度至 $70\sim120KU$，过筛后制成清洁纳米复合环保型乳胶漆。

原料配伍

本品各组分质量份配比范围为：润湿分散剂 $0.5\sim5$、纳米浓缩浆 $0.5\sim50$、疏水剂 $0.5\sim10$、负离子粉 $0.5\sim10$、成膜助剂 $0.5\sim8$、防沉剂 $0.1\sim2$、防冻剂 $0.8\sim10$、消泡剂 $0.1\sim3$、颜料 $4\sim30$、填料 $0\sim30$、乳液 $15\sim45$、增稠剂 $0.1\sim4$、流平剂 $0.1\sim3$、pH 调节剂 $0\sim3$、杀微生物剂 $0\sim4$、水 $0.5\sim45$。

所述纳米浓缩浆是纳米氧化钛浓缩浆、纳米氧化锌浓缩浆、纳米氧化铁浓缩浆、纳米氧化硅浓缩浆中的一种或多种混配。

所述疏水剂是氟表面活性剂、氟硅表面活性剂、有机硅表面活性剂、石蜡乳化剂中的一种或多种混配。

所述负离子粉是电气石粉、桂林石粉、奇冰石粉、神州奇石粉之一。

润湿分散剂、成膜助剂、防沉剂、防冻剂、消泡剂、颜料、填料、增稠剂、流平剂、pH 调节剂、杀微生物剂为乳胶漆生产中常用的助剂。

所述乳液可以为丁苯（丁二烯-苯乙烯）乳液、聚醋酸乙烯乳液、醋顺（醋酸乙烯-顺丁烯二酸酐）乳液、丙烯酸酯乳液、乙丙（醋酸乙烯-丙烯酸酯）共聚乳液、苯丙（苯乙烯-丙烯酸酯）共聚乳液、醋酸乙烯-叔碳酸酯共聚乳液、醋氯丙（醋酸乙烯-氯乙烯-丙烯酸醋）共聚乳液、硅丙乳液之一或多种混配。

产品应用

本品用于建筑装潢。

产品特性

本品提高了涂层的自清洁性、疏水性、耐擦洗性、耐沾污性、耐候性，能有效地净化空气。

纳米复合路桥乳胶漆

原料配比

原　　料	配比（质量份）	
	1号	2号
纯净水	35	35
聚丙烯酸钠	0.5	0.5
六偏磷酸钠	0.2	0.2
羟乙基纤维素	0.2	0.2
钛白粉	5	10
硅酸铝	1	1
二氧化硅	0.03	0.05
滑石粉	10	10
膨润土	0.3	0.3
乙二醇	1.5	1.5
十二碳醇酯	1	1
异噻唑酮类化合物	0.1	0.1
有机硅改性丙烯酸	45	45
增稠剂	0.3	0.4

制备方法

① 取水加入不锈钢搅拌桶内，启动搅拌机以 1200r/min 的速度搅拌。

② 在搅拌状态下加入聚丙烯酸钠，作为分散剂。

③ 将分散剂与水搅拌均匀以后，顺序加入纳米级的钛白粉和纳米级的硅酸铝，其加入量按照上述配比确定。

④ 然后在搅拌状态下依次加入六偏磷酸钠、羟乙基纤维素、钛白粉、硅酸铝、滑石粉、膨润土，高速搅拌剪切 30～40min，转速为 1200r/min。

⑤ 使搅拌机保持在 600r/min 的转速状态，将乙二醇、十二碳醇酯、异噻唑酮类化合物、有机硅改性丙烯酸加入搅拌桶内，搅拌 30～40min。

⑥ 用氨水调节其 pH 值，使其达到 8～9。

⑦ 最后，将增稠剂及流平剂加入搅拌桶内搅拌 10min 左右。

⑧ 停止搅拌，静置 2h 待气泡消失以后，用 100 目尼龙滤网过滤，制备过程结束。

原料配伍

本品各组分质量份配比范围为：纯净水 35、聚丙烯酸钠 0.5、六偏磷酸钠 0.2、羟乙基纤维素 0.2、钛白粉 5～10、硅酸铝 1、二氧化硅 0.03～0.05、滑石粉 10、膨润土 0.3、乙二醇 1.5、十二碳醇酯 1、异噻唑酮类化合物 0.1、有机硅改性丙烯酸 45、增稠剂 0.3～0.4。

产品应用

本品用于复合路桥。

产品特性

本品具有遮盖力强，附着力好，耐水刷洗，漆膜色泽亮丽持久，抗污染性作用持久等优点。

纳米复合乳胶漆

原料配比

表 1 纳米复合乳胶漆

原　　料	配比(质量份)		
	1 号	2 号	3 号
水	17.5	5	2
杀微生物剂 Nopcocide N-96	0.5	—	—
杀微生物剂 BIT	—	1.5	—
杀微生物剂 TPN	—	—	2
十二碳醇酯成膜助剂	3	—	—
Texanol 成膜助剂	—	1	—
Loxasnol 842 DP/3 成膜助剂	—	—	2
润湿分散剂 Demol EP	0.5	—	—

原　料	配比（质量份）		
	1 号	2 号	3 号
润湿分散剂 DP-512	—	1	—
润湿分散剂 TD-01	—	—	1
消泡剂 BYK-011	2	—	—
消泡剂 SN-154	—	0.5	—
消泡剂 BYK-074	—	—	1
防沉剂 SER-ADBEZ 75	1	2	0.5
乙二醇防冻剂	8	4	—
丙二醇防冻剂	—	—	0.8
纳米浆	10	30	50
钛白粉	20	5	—
氧化铁红	—	5	—
氧化锌	—	—	5
锌钡白	—	5.3	—
轻质碳酸钙	—	2	—
重质碳酸钙	10	—	—
滑石粉	5	—	—
硅灰石粉	—	5	—
丙烯酯乳液	20	—	—
聚醋酸乙烯乳液	—	—	32.7
硅丙乳液	—	30	—
氨水（pH 调节剂）	1	0.5	—
增稠剂 SO-Thick 30	1	—	—
增稠剂 Modicol VD-S	—	0.2	—
增稠剂 NATROSOL HH	—	—	2
流平剂 ACRYSOL RM-4	0.5	2	1

表 2　纳米浆组成

原　料	配比（质量份）		
	1 号	2 号	3 号
纳米硅基氧化物	3	1	70
纳米氧化钛	2	1	2
纳米氧化锆	5	80	5

续表

原　　料	配比(质量份)		
	1号	2号	3号
水	85	15	15
SN-Dispersant 5034	5	—	—
Disperbyk181	—	3	—
BEVALOID 211	—	—	8

制备方法

① 先将水放入高速搅拌机的容器中，在低速（100～400r/min）下依次加入杀微生物剂、成膜助剂、润湿分散剂、消泡剂、沉淀剂、防冻剂、纳米浆，混合均匀后，将颜料和填料慢慢加入高速分散机的旋涡中；加完料后，提高叶轮转速，使其转速为1200～1800r/min，当细度合格（20～60μm）后，即分散完毕。

② 分散完毕后，调整高速分散机的转速，使其在100～400r/min逐渐加入乳液、pH调节剂，调整乳胶漆的pH值在8～9范围内，用增稠剂和流平剂调整乳胶漆的黏度至70～120KU，过筛后制成纳米复合乳胶漆。

原料配伍

本品各组分质量份配比范围为：杀微生物剂0～20、成膜助剂1～40、润湿分散剂0.3～1、消泡剂0.5～3、防冻剂0.8～15、防沉剂0.5～2、纳米浆2～70、颜料5～30、填料0～30、乳液10～45、增稠剂0.2～2、流平剂0.2～2、pH调节剂0～2、水2～35。

所述纳米浆由0.2～80nm硅基氧化物1～70、0.2～80nm氧化钛1～2、纳米氧化锆0.2～80、水15～90、润湿分散剂0.5～10组成。较好的纳米浆含量为5%～60%。

所述的润湿分散剂为天然高分子类、合成高分子类、多价羧酸类、嵌段高分子共聚物类、特殊乙烯类聚合物之一或多种混配。

产品应用

本品用于建筑物的涂刷。

产品特性

本品提高了涂层的耐水性、耐碱性、耐擦洗性、耐沾污性、耐候性，有效地防止了混凝土的碳化，在提高装饰效果的同时，保护了建筑物墙体。

纳米复合外墙乳胶漆（1）

原料配比

原　　料	配比（质量份）		
	1 号	2 号	3 号
纳米二氧化硅	86	87	88
纳米氧化锌	9	8	7
纳米双疏剂	3	2	1
纳米增强剂	1	1	3
纳米抗老化剂	1	2	1

制备方法

涂料各成分经初级搅拌、砂磨、调和、过滤、筛选，制得产品。

原料配伍

本品各组分质量份配比范围为：纳米二氧化硅 86～88、纳米氧化锌 7～9、纳米双疏剂 1～3、纳米增强剂 1～3、纳米抗老化剂 1～3。

质量指标

检验项目		检验结果
耐洗刷性		≥1000 次
耐碱性		24h 无异常
耐水性		96h 无异常
耐人工气候老化性：400h 不起泡、不剥落、无裂纹	粉化	≤1 级
	变色	≤2 级
耐沾污性/%		≤15
表干干燥时间		≤2h

产品应用

本品主要作为外墙涂料。

产品特性

本品的制造工艺中，浆料利用率高、成本低、工艺简单且保护环境。采用本品涂布墙体后，墙体具有耐候性和耐水性功能；墙体表面会形成纳米尺寸效应，形成一层稳定的纳米级双疏层膜，具有疏水疏油的自洁功能。

纳米复合外墙乳胶漆（2）

原料配比

原　　料	配比(质量份)	
	1号	2号
纯净水	70	65
聚丙烯酸钠	1	1.25
六偏磷酸钠	0.6	0.7
羟乙基纤维素	0.4	0.4
钛白粉	35	40
硅酸铝	2	2
二氧化硅	0.06	1
滑石粉	20	15
膨润土	0.5	0.5
乙二醇	3	3
十二碳醇酯	2	2
异噻唑酮类化合物	0.2	0.2
有机硅改性丙烯酸	15	50
丙烯酸聚合物	55	20
流平剂	0.3	0.4
增稠剂	0.3	0.4

制备方法

① 取水加入不锈钢搅拌桶内，启动搅拌机以 1200r/min 的速度搅拌。

② 在搅拌状态下加入聚丙烯酸钠，作为分散剂。

③ 将分散剂与水搅拌均匀以后，顺序加入纳米级的钛白粉和纳米级的二氧化硅，其加入量按照上述的配比确定。

④ 然后在搅拌状态下依次加入六偏磷酸钠、羟乙基纤维素、钛白粉、硅酸铝、滑石粉、膨润土，高速搅拌剪切 30～40min，转速为1200r/min。

⑤ 使搅拌机保持在 600r/min 的转速状态，将乙二醇、十二碳醇酯、异噻唑酮类化合物、有机硅改性丙烯酸加入搅拌桶内，搅拌 30～40min。

⑥ 用氨水调节其 pH 值，使其达到 8～9。

⑦ 最后，将增稠剂及流平剂加入搅拌桶内搅拌 10min 左右。

⑧ 停止搅拌，静置 2h 待气泡消失以后，用 100 目尼龙滤网过滤，制备过程结束。

原料配伍

本品各组分质量份配比范围为：纯净水 65～70、聚丙烯酸钠 1～1.25、六偏磷酸钠 0.6～0.7、羟乙基纤维素 0.4、钛白粉 35～40、硅酸铝 2、二氧化硅 0.06～0.1、滑石粉 15～20、膨润土 0.5、乙二醇 3、十二碳醇酯 2、异噻唑酮类化合物 0.2、有机硅改性丙烯酸 15～50、丙烯酸聚合物 20～55、流平剂 0.3～0.4、增稠剂 0.3～0.4。

产品应用

本品用于建筑物外墙。

产品特性

本品具有遮盖力强，附着力好，耐水刷洗，漆膜色泽亮丽持久，抗污染性作用持久等优点。

纳米复合自洁外墙乳胶漆

原料配比

原 料	配比（质量份）		
	1 号	2 号	3 号
水	18	20	20
纯丙乳液	49	47	42
纳米二氧化钛	7	7	6
纳米二氧化硅	5	7	6.5
颜料	22	20	24
填料	10	10	15
增稠剂	0.4	0.4	0.5
分散剂	0.1	0.5	0.3
成膜助剂	0.8	0.8	1

续表

原　　料	配比（质量份）		
	1 号	2 号	3 号
消泡剂	0.4	0.4	0.6
防冻剂	1	1	1.5
防腐杀菌剂	0.4	0.4	0.5
调节剂	0.3	0.3	0.6

◀ 制备方法 ▶

（1）制浆工序　先将水、适量调节剂、适量消泡剂、流平剂、防霉杀菌剂、颜料、填料、成膜助剂、防冻剂在拉缸内搅拌分散 10～20min 后，再放入砂磨机内砂磨不少于 30min，即可。

（2）涂料制造工序　将制浆工序制备好的料浆与纯丙乳液、适量调节剂、适量消泡剂、增稠剂、分散剂，搅拌分散 10～20min，再加入纳米二氧化钛及纳米二氧化硅即可。

◀ 原料配伍 ▶

本品各组分质量份配比范围为：水 18～20、纯丙乳液 42～49、纳米二氧化钛 6～7、纳米二氧化硅 5～7、颜料 20～24、填料 10～15、增稠剂 0.4～0.5、分散剂 0.1～0.5、成膜助剂 0.8～1、消泡剂 0.4～0.6、防冻剂 1～1.5、防腐杀菌剂 0.4～0.5、调节剂 0.3～0.6。

所述分散剂为纳米分散剂，纳米分散剂为高分子合成聚羧酸钠盐、疏水性纳米界面分散剂中的一种或两种的混合物。所述的高分子合成聚羧酸钠盐与疏水性纳米界面分散剂混合物的质量比为 1∶（3～5）。

所述颜料的粒径为微米级。

所述防腐杀菌剂为纳米防腐杀菌剂。

对纳米级颜填料的分散，分散剂的选择是关键，通过选用高分子合成聚羧酸钠盐及疏水性纳米界面分散剂，提高漆膜的疏水性，使纳米颜填料不易发生团聚，当水与漆膜表面接触时，其界面产生一层稳定的气体薄膜，将水与漆膜隔开，从而赋予外墙乳胶漆与水如同荷叶上的水珠效应，提高了漆膜的耐水性、耐沾污性、及耐候性，而当两种分散剂的比例在一定范围之内时，其耐水、耐沾污的效果更加突出。

同时，外墙乳胶漆的性能随着纳米填料的用量的增加而提高，但纳米级颜填料与微米级颜填料的用量比不能太大，比例过高反而会导致外墙乳胶漆的分散效果差，黏度高，对比率差。

纳米二氧化钛具有较高的光催化氧化能力，其禁带宽为 $E_g=3.2eV$，相当于波长为 387nm 光的能量，这正好处于紫外区，在紫外线集中的价带上，电子被激发到导带，从而在价带上产生空隙，经过空气中的氧气活化，产生活性氧及氢氧自由基，上述两种自由基具有很高的反应活性，当污染物吸附在其表面上时，就容易发生氧化还原反应，从而达到消除污染、自洁的目的。

普通二氧化钛具有一定的吸收紫外线的能力，而纳米二氧化钛由于粒径小，活性更高，吸收紫外线的能力更强，根据 Rayhcigh 光散射理论，纳米二氧化钛可以透过可见光及散射波长更短的紫外线，因此，纳米二氧化钛既能吸收紫外线又能散射紫外线，其屏蔽紫外线的能力也很强。

纳米二氧化硅具有蓝移现象，即光吸收带向短波方向移动，结合分光光度仪测试表明，纳米二氧化硅具有极强的紫外线吸收、红外线反射的特性，其中对紫外线波长为 $320\sim400nm$ 的反射率达 85%，对中、短波反射率达 80%，因此，将纳米二氧化钛及纳米二氧化硅用于外墙乳胶漆中，可以提高涂料的耐候性。

质量指标

检验项目	检验结果
团聚性	符合要求
对比率	$0.94\sim0.98$
耐水性	$\geqslant120$
耐碱性	$\geqslant72$
耐洗刷性	$\geqslant5000$
耐冻融性	不变质
吸水率	$\leqslant10$
耐沾污性	$\leqslant5$

产品应用

本品主要作为外墙涂料。

产品特性

本品通过选用纳米分散剂，使纳米自洁外墙乳胶漆不易发生团聚，降低了涂膜的表面张力，降低了接触角，增强了涂膜疏水性，从而使其具有自洁性。纳米二氧化钛及纳米二氧化硅的同时使用，使产品具有特殊的光学性能，加强了涂膜对紫外线的吸收能力，使产品的耐候性得以提高。

纳米高品质环保乳胶漆

原料配比

原　　料	配比（质量份）
水	20
钛白粉	10
超细碳酸钙	5
苯丙乳液	30
纳米单体浆体料	5
分散剂	5
成膜助剂	5
流平剂	5
改性剂	5
耐老化剂	5
消泡剂	5

制备方法

在水中加入钛白粉搅拌，加碳酸钙，再加入苯丙乳液、纳米单体浆体料反应15min后，加入分散剂、成膜助剂、流平剂、改性剂、耐老化剂、消泡剂后研磨到一定细度，过滤，调色即可灌装。

原料配伍

本品各组分质量份配比范围为：水20、钛白粉10、超细碳酸钙5、苯丙乳液30、纳米单体浆体料5、分散剂5、成膜助剂5、流平剂5、改性剂5、耐老化剂5、消泡剂5。

产品应用

本品用于涂刷墙面。

产品特性

本技术的优点是耐候性优良、遮盖力强、流平性好、耐水洗刷、易清洁、无毒无味、符合环保要求，耐碱、附着力好，不起皮、不开裂、不粉化，制造工艺简单，投资少。

纳米内外墙乳胶漆

原料配比

原　　料	配比（质量份）	
	1 号	2 号
硅丙乳液	30～35	20～30
纳米高分子粉体	—	5～10
纳米 TiO_2	10～15	10～18
纳米碳酸钙	10～12	10～15
分散剂	0.4～1.2	—
复合分散剂	—	0.3～0.6
纳米颜料	0.5～1.2	0.5～1.5
成膜助剂	0.5～1.5	0.5～2.5
香料	1.5～1.8	—
防霉剂	适量	适量
防腐剂	适量	适量
增稠剂	适量	—
复合增稠剂	—	1.2～1.8
pH 调节剂	适量	适量
水性纳米色浆	适量	适量
消泡剂	适量	适量
去离子水	50～30	30～40

制备方法

① 将分散剂、纳米 TiO_2、纳米碳酸钙及少量水第一次复合。

② 纳米颜料及部分填料、成膜助剂等先溶于去离子水中搅拌，经高速分散二次复配，将上述两种复配物在超高速三辊机中研磨至超细度合乎要求后过滤，即得漆浆。

③ 用 pH 调节剂将漆浆调至弱碱性，与硅丙乳液和上述各种助剂在高速分散机中混合三次复配均匀过滤，即得涂料产品。

④ 加入不同纳米颜色的色浆，可获得不同色彩的涂料。

原料配伍

本品各组分质量份配比范围如下（1 号和 2 号分别为内墙涂料及外墙涂料）。

内墙涂料配比：硅丙乳液 30～35、纳米 TiO_2 10～15、纳米碳酸钙 10～12、分散剂 0.4～1.2、纳米颜料 0.5～1.2、成膜助剂 0.5～1.5、香料 1.5～1.8、防霉剂适量、防腐剂适量、增稠剂适量、pH 调节剂适量、水性纳米色浆适量、消泡剂适量、去离子水 30～50。

外墙涂料配比：硅丙乳液 20～30、纳米高分子粉体 5～10、纳米 TiO_2 10～18、纳米碳酸钙 10～15、复合分散剂 0.3～0.6、纳米颜料 0.5～1.2、成膜助剂 0.5～2.5、防霉剂适量、防腐剂适量、复合增稠剂 1.2～1.8、pH 调节剂适量、水性纳米色浆适量、消泡剂适量、去离子水 30～40。

◁产品应用▷

内墙乳胶漆适用于居室墙面和顶棚表面的装修，尤其适用于宾馆、饭店、影剧院、医院、学校等公共场所，并能满足对卫生条件要求较高的食品、医药等行业要求，对抑制病菌的传播、保护人们身体健康有重要作用；外墙乳胶漆适用于文物保护单位、国家重点科研单位及国家机关、国防单位、大专院校、国际交流学术团体、展览中心等，应用于外交礼节公共接待的饭店、酒店比较适宜。

◁产品特性▷

本品耐酸、耐碱、耐高温，耐久性好，涂膜不产生静电、不易吸附灰尘、耐污染性好。内墙涂料同时具备传统乳胶涂料的优雅装饰效果和极佳的物理性能，无毒无味，对人体无任何副作用，是新一代环保产品。外墙涂料漆膜坚韧、色泽柔美，可防晒、防雨淋，附着力强、长期防剥落。上述内外墙基料均无毒，因此产品无毒无味、无火灾危害，符合环保要求，发展前途十分广阔。

纳米水性天然真石乳胶漆

◁原料配比▷

原　　料	配比(质量份)	
	1 号	2 号
粒径为 10～40μm 的 SiO_2	6	8
粒径为 10～40μm 的 TiO_2	7	10
粒径为 20～50μm 的白色天然石粉	340	200

原　　料	配比（质量份）	
	1 号	2 号
粒径为 $20\sim50\mu m$ 的彩色（本例为黄色）天然石粉	—	150
改性丙烯酸乳液	320	410
去离子水	300	200
分散剂	4	7
润湿剂	3	5
成膜助剂	3.8	4.2
防腐剂	0.4	0.5
流变性改进剂	1.2	1.1

制备方法

先将上述组分中的水、粒度为纳米级的 SiO_2、分散剂、湿润剂和粒度为纳米级的 TiO_2 依次加入分散罐中，在 $200\sim300r/min$ 的转速下分散 $10\sim20min$，再加入粒径为 $20\sim50\mu m$ 的天然白色石粉和天然彩色石粉，在 $1000\sim1200r/min$ 的转速下分散 $30\sim40min$，并适量加入 pH 调节剂，将 pH 值调节至 $9\sim10$。在 pH 值合格并砂磨 $1\sim2$ 遍且检查细度合格后，再加入改性丙烯酸乳液、成膜助剂、防腐剂和流变性改进剂，加完上述物料后低速搅拌 $5\sim10min$，即可包装入库。

原料配伍

本品各组分质量份配比范围为：粒径为 $10\sim40\mu m$ 的 SiO_2 $4\sim15$、粒径为 $10\sim40\mu m$ 的 TiO_2 $6\sim20$、粒径为 $20\sim50\mu m$ 的白色或彩色天然石粉 $320\sim380$、改性丙烯酸乳液 $250\sim550$、去离子水 $100\sim300$、分散剂 $1\sim9$、润湿剂 $1\sim5$、成膜助剂 $2\sim5.5$、防腐剂 $0.1\sim0.5$、流变性改进剂 $1\sim1.5$。

所述的改性丙烯酸乳液是一种用于配制乳胶漆的市售产品，其产品名称即为改性丙烯酸乳液；所述分散剂为市售的乳胶漆用分散剂；所述润湿剂为市售的乳胶漆用润湿剂；所述成膜助剂为市售的乳胶漆用成膜助剂；所述防腐剂为市售的乳胶漆用防腐剂；所述流变性改进剂为市售的乳胶漆用流变性改进剂；所述乳胶漆组分中的水可以采用去离子水或蒸馏水等洁净水，但尤以去离子水为佳。

◀ 产品应用 ▶

本品用于内外墙。

◀ 产品特性 ▶

本品使用时便于施工，其漆膜有硬度高、黏结力强、疏水、自洁、恒久不变色、使用寿命长的优点，另外，制作原料中的天然石粉为纯天然物质，不含 VOC，材料易于得到，成本低，属于真正的环保型材料。

纳米阻燃乳胶漆

◀ 原料配比 ▶

原　　料	配比（质量份）	
	1 号	2 号
水	20	18
防腐剂	0.2	0.17
分散剂	0.6	0.8
消泡剂	0.5	0.6
纳米二氧化钛	20	18
纳米碳酸钙	12	6
纳米氢氧化铝	8	8
纳米硼酸锌	6	10
纳米三聚磷酸铝	6	7
纳米乳液 SD-688	20.7	25.43
乙二醇	1	1
成膜助剂	2	2
增稠剂	2	3

◀ 制备方法 ▶

① 将水、防腐剂、润湿分散剂和消泡剂混合，搅拌，再加入纳米二氧化钛、纳米碳酸钙、高抑烟型纳米阻燃剂、纳米硼酸锌阻燃剂和纳米三聚磷酸铝阻燃剂，研磨至 $50\mu m$。

② 依次加入纳米乳液、乙二醇、成膜助剂和增稠剂，调整黏度至 $(100\pm2)KU$，即可。

◀ 原料配伍 ▶

本品各组分质量份配比范围为：水 15～25、防腐剂 0.1～0.3、分散剂 0.5～1、消泡剂 0.4～0.8、纳米二氧化钛 10～25、纳米碳酸钙 6～12、高抑烟型纳米阻燃剂 5～15、纳米硼酸锌阻燃剂 5～10、纳米三聚磷酸铝阻燃剂 5～10、纳米乳液 20～30、乙二醇 1～2、成膜助剂 1～3、增稠剂 1～5。

所述的防腐剂为 5-氯-2-甲基-4-异噻唑啉-3-酮或 2-甲基-4-异噻唑啉-3-酮中的一种或一种或一种以上。

所述分散剂为具有亲水聚醚链段的丙烯酸类聚合物和多电子疏水成分构成的化合物。

所述消泡剂为有机硅类消泡剂。

纳米二氧化钛的粒径为 10～30nm。

纳米碳酸钙的粒径为 20～30nm。

所述高抑烟型纳米阻燃剂为粒径 20～50nm 的纳米氢氧化铝。

所述纳米硼酸锌阻燃剂的粒径为 25～45nm。

所述纳米三聚磷酸铝阻燃剂的粒径为 20～40nm。

所述纳米乳液为纳米纯丙乳液。

所述成膜助剂为 2,2,4-三甲基-1,3-戊二醇单异丁酸酯。

所述增稠剂为碱溶胀丙烯酸类增稠剂。

本品的阻燃原理是吸收燃烧时产生的热量，起冷却、减慢燃烧速率的作用。高抑烟型纳米阻燃剂是一种经过特殊处理的纳米级的氢氧化铝，分子中所含化学缔合水的比例较高，这种缔合水在普通温度下保持稳定，但超过 200℃时开始分解，释放出水蒸气。而且每分解 1 克分子氢氧化铝，要吸收 36kcal 热量。纳米硼酸钡遇热能形成玻璃态无机膨胀涂层，能阻碍挥发性可燃物的逸出，高抑烟型纳米阻燃剂氢氧化铝与纳米硼酸钡、纳米三聚磷酸铝复合，阻燃效果更强。

质量指标

检验项目	检验结果	
	1 号	2 号
耐洗刷性/次	≥3000 次	≥3000 次
对比率	95%	93%
耐人工气候老化性	通过 800h	通过 900h
耐水性	≥96h	≥96h
耐燃时间	12min	14min
火焰传播比值	45	30

续表

检验项目	检验结果	
	1 号	2 号
质量损失	11g	10g
炭化体积	38cm^3	50cm^3

◀ 产品应用 ▶

本品主要用于墙面和木材的涂装。

本品的使用方法可以是刷涂、滚涂和喷涂，施工时可根据具体的情况加入适量的水来调节黏度。

◀ 产品特性 ▶

本品可以涂装在墙面和木材上，漆膜具有阻燃性好、遮盖力好、附着力良好，耐洗擦性优异、装饰性和保护性良好的优点，可以减缓甚至阻止火势的蔓延，保护人们避免被烧伤，或者将经济损失降至最低。

耐候型乳胶漆

◀ 原料配比 ▶

原　料	配比（质量份）		
	1 号	2 号	3 号
丙烯酸	30	35	40
膨润土	2	3	4
钛白粉	1	1	2
硅溶胶	2	2	3
铝溶胶	3	2	2
乙酸乙酯	4	7	6
环氧树脂	5	7	10
甲基丙烯酸酯	5	7	10
乙烯基硅氧烷	4	3	2
自交联型醋丙乳液	4	6	8
纤维素	6	4	2
磷酸三丁酯	3	2	1
氨丁三醇	2	4	6
苯丙乳液	3	3	4
成膜助剂	3	1	2

原 料	配比（质量份）		
	1 号	2 号	3 号
云母粉	2	2	3
硅灰石粉	3	3	2
硅烷偶联剂	1	1	2
高岭土	2	3	4
重质碳酸钙	2	1	1
滑石粉	3	5	7
明矾	3	2	1
增稠剂	3	2	2
消泡剂	3	2	2
氢氧化钠	1	1	2
表面活性剂	2	1	2
润湿分散剂	3	2	2
杀菌剂	1	1	1
水	80	70	50

◀ 制备方法 ▶

① 将水、丙烯酸、硅溶胶、铝溶胶、乙酸乙酯、环氧树脂、甲基丙烯酸酯、乙烯基硅氧烷、纤维素、磷酸三丁酯、氨丁三醇、成膜助剂、硅烷偶联剂、增稠剂、消泡剂、表面活性剂、润湿分散剂在 1200～1800r/min 转速下混合均匀。

② 在步骤①所得混合物中加入云母粉、硅灰石粉、膨润土、钛白粉、高岭土、重质碳酸钙、滑石粉、明矾，在 500～1000r/min 转速下混合均匀。

③ 加入氢氧化钠、杀菌剂、自交联型醋丙乳液、苯丙乳液，在 300～500r/min 转速下混合均匀。

◀ 原料配伍 ▶

本品各组分质量份配比范围为：丙烯酸 30～40、硅溶胶 2～3、铝溶胶 2～3、乙酸乙酯 4～7、环氧树脂 5～10、甲基丙烯酸酯 5～10、乙烯基硅氧烷 2～4、自交联型醋丙乳液 4～8、纤维素 2～6、磷酸三丁酯 1～3、氨丁三醇 2～6、苯丙乳液 3～4、成膜助剂 1～3、云母粉 2～3、硅灰石粉 2～3、膨润土 2～4、钛白粉 1～2、硅烷偶联剂 1～2、高岭土 2～4、重质碳酸钙 1～2、滑石粉 3～7、明矾 1～3、增稠剂 2～3、消泡剂 2～3、氢氧化钠 1～2、表面活性剂 1～2、润湿分散剂 2～3、杀菌剂

1、水 50～80。

所述的杀菌剂优选异噻唑衍生物。

所述的润湿分散剂优选自聚丙烯酸铵。

所述的成膜助剂优选醇类；更优选地，为苯甲醇、乙二醇、乙醇、聚乙二醇、聚乙烯醇、季戊四醇中的一种或几种的混合物。

所述的表面活性剂优选阴离子表面活性剂。

所述的钛白粉优选金红石型钛白粉。

所述的钛白粉优选粒径是 50～500μm。

所述的增稠剂优选明佳科技的聚氨酯缔合型增稠剂 PU337。

所述的消泡剂优选明佳科技的消泡剂 AMP-19。

所述的环氧树脂优选双酚 F 型环氧树脂。

质量指标

检验项目	检验结果		
	1 号	2 号	3 号
耐水性(96h)	无异常	无异常	无异常
耐碱性(48h)	无异常	无异常	无异常
耐洗刷性/次，≥	80000	90000	80000
耐人工气候老化性(1500h)，变色/级	0	0	1

产品应用

本品主要用于外墙的涂装。

产品特性

膨润土、钛白粉、硅溶胶、铝溶胶相互协同增效，可以增加涂料对于基材的附着力；杀菌剂的作用可以防止涂料在存储过程中或者涂膜后长霉；硅溶胶中的 Si—O 可以使漆膜具有很强的耐水性和附着力，而且可以使漆膜具有很强的防水、防尘性能，提供其耐候性能。

耐酸乳胶漆

原料配比

原料	配比(质量份)		
	1 号	2 号	3 号
分散剂	0.5	2	1.35

原　　料	配比(质量份)		
	1 号	2 号	3 号
丙二醇	2.5	1	1.38
消泡剂	1	0.05	0.85
钛白粉	15	8	8.5
石英粉(SiO_2)	28.5	44	20
乳液	21	15	27
成膜助剂	2.5	0.5	0.88
增稠剂	2	0.5	0.19
水	27	28.95	39.85

制备方法

① 利用配料罐，在200r/min的转速搅拌状态下，依次适量加入所述原料中的分散剂、丙二醇、消泡剂和水进行调和。

② 之后提速至400～500r/min，持续搅拌20min左右，至助剂分散均匀。

③ 在400r/min的转速搅拌状态下，依次按量缓慢适量加入所述原料中的石英粉、钛白粉。

④ 之后提速至1000～1200r/min，持续搅拌30～40min；然后泵入砂磨机内进行研磨至所需细度，即得到涂料用白浆。

⑤ 在调漆罐中，以400r/min的搅拌速度，依次适量加入所述原料中的乳液、成膜助剂、增稠剂；并且，每加入一种原料后均需搅拌5～10min，最后持续搅拌10～30min，即得到涂料用基料。

⑥ 在装有基料的调漆罐中，以400r/min的搅拌速度，缓慢加入已研磨好的白浆，继续搅拌15min左右至完全均匀状态。

⑦ 经过滤后装罐即为成品。

原料配伍

本品各组分质量份配比范围为：分散剂0.5～2、丙二醇1～2.5、消泡剂0.05～1、钛白粉8～15、石英粉（SiO_2）20～44、乳液15～27、成膜助剂0.5～2.5、增稠剂0.5～2、水27～39.85。

产品应用

本品主要作为内墙或外墙用的墙面涂料。

◀产品特性▶

① 耐酸。石英粉（即硅微粉）具有化学惰性，与通常的酸碱不反应。而之前的墙面漆因以碳酸钙等为填料，遇酸能起化学反应。

② 低碳节能。以石英粉为填料生产墙面漆时，可大幅降低乳胶及助剂用量，不但能节约石油化工资源，还极大地降低了挥发性有机化合物（即 VOC）的含量。同时，因硅微粉对紫外线的反射和热阻特性，相对来说，能够减少热吸收和辐射，从而起到隔热保温作用。

③ 提高耐候性。因石英粉（即硅微粉）不但具有对抗紫外线的光学性能，它还具有吸附色素离子、降低色素衰减的作用，使本品比传统涂料的抗光照和紫外辐射能力大幅提高；同时其网状交联结构与高的表面硬度，能有效降低漆膜变色、起泡、裂纹、剥落等问题，比传统涂料寿命提高三倍以上。

④ 提高耐沾污性与自洁能力。一是石英粉（即硅微粉）的加入，使得产品的玻璃态转化温度 T_g 得以提高，而玻璃态转化温度 T_g 越高，耐沾污性越好。彻底解决了夏天受热后涂层变软发黏，或涂层受雨水浸泡后软化，而粘尘的现象。二是石英粉（即硅微粉）的多微孔结构，在漆膜表面形成纳米尺度范围内几何形状互补的（如凹与凸的相间）界面结构，使其表面呈现双亲性或双疏性，从而有效改善雨水对建筑涂料层漆膜表面的润湿以及漆膜表面的附着性，提高漆膜的耐污性和自洁能力，保证漆膜长久洁净如新。

⑤ 提高附着力。石英粉（即硅微粉）分散于涂料乳液中，因为大的比表面积与大比表面能，而表现出对墙体的强附着力作用，可长期浸泡在水中无任何变化，耐刷洗性可由传统涂料几千次提高到上万次，甚至数十万次以上。

耐酸雨弹性外墙乳胶漆

◀原料配比▶

原　　料	配比（质量份）			
	1 号	2 号	3 号	4 号
水	17	18	20	21
分散剂	0.7	0.7	0.6	0.6

续表

原　料	配比（质量份）			
	1 号	2 号	3 号	4 号
润湿剂	0.1	0.1	0.1	0.1
消泡剂	0.7	0.7	0.8	0.8
丙二醇	1	1	1.5	1.7
金红石型钛白粉	20	20	—	—
填料	18	18	20	20
防腐剂	0.2	0.2	0.2	0.2
防霉剂	0.6	0.6	0.6	0.6
pH 调节剂	0.1	0.1	0.1	0.1
成膜助剂	1	—	1.2	
弹性乳液	40	40	54	54
增稠剂	0.6	0.6	0.9	0.9

制备方法

取水，在 300～600r/min 的转速下，依次投入分散剂、1/4 的增稠剂、润湿剂、丙二醇、2/3 的消泡剂，分散 5min；在 600～1000r/min 转速下，投入金红石型钛白粉、填料；在 1000～1300r/min 转速下，分散 20～30min，质检取样检验细度≤60μm；在 300～600r/min 的转速下，依次加入成膜助剂、防腐剂、防霉剂，分散 5min 后，再投入弹性乳液、pH 调节剂、剩余消泡剂、剩余增稠剂，分散 5min，取样检验，合格后过滤包装。

原料配伍

本品各组分质量份配比范围为：水 10～35、分散剂 0.3～1.5、润湿剂 0.1～0.4、消泡剂 0.1～0.8、丙二醇 1～4、金红石型钛白粉 0～25、填料 10～25、防腐剂 0.1～0.3、防霉剂 0.1～1、pH 调节剂 0.05～0.2、成膜助剂 0～2、弹性乳液 35～55、增稠剂 0.1～2。

本品的技术原理：由于某些颜填料（碳酸钙、硅酸铝等）容易受到自然界中酸雨的作用而起化学反应，采用此类颜填料制成的乳胶漆，漆膜受到长时间的酸雨腐蚀，漆膜容易出现颜色变化、附着力降低、起泡、剥落等弊病；而采用一些与酸雨中可能存在的低浓度盐酸、硫酸、硝酸、亚硫酸等酸性物质在常温不发生化学反应的惰性填料则可避免上述弊病。又由于建筑物外墙会随着环境温度的变化而膨胀和收缩，容易

乳胶涂料配方与制备（二）

开裂，酸雨容易进入到裂缝中，容易和基材的物质发生化学反应，造成了漆膜附着力降低、起泡、剥落等弊病，通过添加了弹性乳液，大大降低了建筑物外墙基材的开裂，使基材免受酸雨的腐蚀。通过以上两个原理，本品采用了添加弱酸性或中性的金红石钛白粉和填料的方法，搭配弹性乳液配制而成。

质量指标

检验项目		检验标准	检验结果
容器中状态		无硬块、搅拌后呈均匀状态	符合标准要求
施工性		施工无障碍	施工无障碍
干燥时间/h(表干)		≤2	<2
涂膜外观		正常	正常
对比率(白色和浅色)		≥0.90	0.95
低温稳定性		不变质	不变质
耐碱性		48h 无异常	48h 无异常
耐水性		96h 无异常	96h 无异常
耐洗刷性/次		≥2000	>2000
耐人工气候老化性		400h 不起泡、不剥落、无裂纹	400h 不起泡、不剥落、无裂纹
粉化/级		≤1	1
变色/级		≤2	1
耐沾污性/%(白色或浅色)		≤30	20
涂层耐温变性(5 次循环)		无异常	无异常
拉伸强度/MPa,标准状态下		≥1.0	1.1
断裂伸长率/%	标准状态下	≥200	≥560
	-10℃	≥40	≥78
	热处理	≥100	≥230

产品应用

本品主要用于混凝土建筑物外墙的装饰和保护。

产品特性

本品通用性好，适合于不同气候下的地区混凝土建筑物外墙的装饰和保护；具有优良的户外耐候性、抗酸雨腐蚀性、保光、不易粉化；优异的防水性能、耐沾污性能、良好的低温弹性；防止和覆盖由于混凝土建筑物外墙底材层引起的小裂缝，保证了建筑物外墙表面不受酸雨的腐蚀和侵害。

耐洗擦高性能外墙乳胶漆

原料配比

原　　料	配比(质量份)			
	1 号	2 号	3 号	4 号
水	12	15	10	20
防腐剂	0.2	0.2	0.1	0.3
分散剂	0.8	0.5	0.6	1
消泡剂	0.5	0.5	0.4	0.8
金红石型钛白粉	28	25	20	30
1500 目碳酸钙	6	8	6	12
2500 目硫酸钡	7	8	6	12
纳米抗划伤剂	4	2.5	2	5
聚四氟乙烯蜡	2	3	1	2.5
氟碳乳液	34	30.8	25	40
乙二醇	1	1.5	1.8	2
成膜助剂	2.5	2	1	3
增稠剂	1	1	1.5	2
流平剂	1	2	1.2	1.5

制备方法

① 把所述的水、防腐剂、湿润分散剂、消泡剂加入容器中搅拌均匀，再加入所述的金红石型钛白粉、碳酸钙、硫酸钡、纳米抗划伤剂、聚四氟乙烯蜡，研磨至细度 $50\mu m$。

② 依次加入所述的氟碳乳液、乙二醇、成膜助剂、增稠剂、流平剂调整黏度至（100±2)KU。

原料配伍

本品各组分质量份配比范围为：水 10～20、防腐剂 0.1～0.3、润湿分散剂 0.5～1、消泡剂 0.4～0.8、金红石型钛白粉 20～30、碳酸钙 6～12、硫酸钡 6～12、纳米抗划伤剂 2～5、聚四氟乙烯蜡 1～3、氟碳乳液 25～40、乙二醇 1～2、成膜助剂 1～3、增稠剂 1～2、流平剂

1～2。

所述的防腐剂是 5-氯-2-甲基-4-异噻唑啉-3-酮和 2-甲基-4-异噻唑啉-3-酮的混合物。

所述的湿润分散剂是指包含有亲水聚醚链段的丙烯酸类聚合物和多电子疏水成分的湿润分散剂。

所述的消泡剂为有机硅类消泡剂。

所述的碳酸钙为 1500 目碳酸钙。

所述的硫酸钡为 2500 目硫酸钡。

所述的成膜助剂为 2,2,4-三甲基-1,3-戊二醇单异丁酸酯。

所述的纳米抗划伤剂是指一种经过硅改性的纳米三氧化二铝。

所述的增稠剂是指聚氨酯类增稠剂。

所述的流平剂是指聚氨酯类流平剂。

◀ 产品应用 ▶

本品主要用于建筑外墙的涂装。

◀ 产品特性 ▶

本品利用纳米抗划伤剂、聚四氟乙烯蜡和氟碳乳液的协同作用，可显著提高产品的性能，提高产品的耐老化性和耐洗擦性。具有优异的遮盖力、附着力、耐候性和耐洗擦性，耐洗擦次数达到 10 万次以上，漆膜亮丽持久。

耐沾污性优异的外墙弹性乳胶漆

◀ 原料配比 ▶

原　料	配比（质量）
水	150
丙二醇	8
润湿剂 X405	0.2
分散剂 731A	2
消泡剂 W-098	1
pH 调节剂 AMP-95	1.8
重质碳酸钙 800 目	120
煅烧高岭土	60

续表

原　　料	配比(质量)
金红石型钛白粉	140
重质碳酸钙 1250 目	260
乳液 HBA-400A	260
成膜助剂	10.4
聚氨酯类 RM-8W	3
聚氨酯类 RM-2020NPR	1
防腐剂 HY-606	1

制备方法

将上述各种组分混合，即制备得到耐沾污性优异的外墙弹性乳胶漆。

原料配伍

本品各组分质量份配比范围为：水 140～160、丙二醇 2～10、润湿剂 0.2～1、分散剂 2～10、消泡剂 1～4、pH 调节剂 1.8～2、重质碳酸钙 800 目 100～130、煅烧高岭土 20～60、金红石型钛白粉 100～150、重质碳酸钙 1250 目 250～280、乳液 250～300、成膜助剂 8～12、增稠剂 2～10、防腐剂 1～3。

所述润湿剂的型号为 X405。

所述分散剂的型号为 731A。

所述消泡剂的型号为 W-098。

所述 pH 调节剂的型号为 AMP-95。

所述乳液的型号为 HBA-400A。

所述增稠剂包括聚氨酯类 RM-8W 和聚氨酯类 RM-2020NPR，并且所述聚氨酯类 RM-8W 和所述聚氨酯类 RM-2020NPR 的质量比为 3∶1。

所述防腐剂的型号为 HY-606。

质量指标

涂膜外观	正常	通过
干燥时间(表干)/h	<2	通过
对比率(白色和浅色)，≥	0.90	通过
低温稳定性	不变质	通过
耐碱性	48h 无异常	通过

续表

涂膜外观		正常	通过
耐水性		96h 无异常	通过
耐洗刷性,≥		2000h	通过
耐人工气候老化性 （白色和浅色）		400h 不起泡 不剥落、无裂纹	通过
粉化/级,≤		1	通过
变色/级,≤		2	通过
其他色		商定	通过
涂层耐温变性(5 次循环)		无异常	通过
耐沾污性 5 次(白色和浅色)/%		1	5
拉伸强度/MPa	标准状态下	＞1	通过
断裂伸长率/%	标准状态下	＞200	通过

产品应用

本品是一种强耐沾污的外墙弹性乳胶漆。

产品特性

本品作为建筑物墙体的装饰保护层，不仅符合外墙弹性乳胶漆的各项性能指标，而且具有优异的耐沾污性。

喷涂专用乳胶漆

原料配比

原　　料	配比(质量份)
水	295
钠盐分散剂	5.4
润湿剂	1
高分子消泡剂	3.5
锐钛型二氧化钛	175
煅烧高岭土	100
轻质碳酸钙	75
重质碳酸钙	100
滑石粉	50
羟乙基纤维素	3
多功能助剂	1

原　　料	配比（质量份）
苯丙乳液	150
成膜助剂	8.6
丙二醇	15
防腐剂	1.5
防霉剂	3
流平剂	10
增稠剂	3

制备方法

① 将66%的水加入到100～200r/min的分散机中，然后再加入钠盐分散剂、润湿剂和4/7的高分子消泡剂后保持转速搅拌4～6min，得A料。

② 在A料中加入锐钛型二氧化钛后将分散机调至500r/min，再加入煅烧高岭土、轻质碳酸钙、重质碳酸钙和滑石粉后保持转速分散10～15min，得B料。

③ 将B料进行砂磨至细度为20～35μm，得C料。

④ 将分散剂转速至300r/min，在C料中加入33%的水、羟乙基纤维素和多功能助剂后保持转速搅拌5～10min，得D料。

⑤ 在D料中加入苯丙乳液、成膜助剂、丙二醇、3/7高分子消泡剂、防腐剂、防霉剂和流平剂后搅拌5～10min，再加入增稠剂和1%的水后搅拌5～10min，得成品。

原料配伍

本品各组分质量份配比范围为：水280～310、钠盐分散剂5～6、润湿剂0.5～1.5、高分子消泡剂2.5～4.5、锐钛型二氧化钛160～190、煅烧高岭土90～110、轻质碳酸钙70～80、重质碳酸钙90～110、滑石粉45～55、羟乙基纤维素2.5～3.5、多功能助剂1.5～2.5、苯丙乳液140～160、成膜助剂7.5～9.5、丙二醇14～16、防腐剂1～2、防霉剂2～4、流平剂9～11、增稠剂2～4。

所述的重质碳酸钙是1200目重质碳酸钙。

所述的滑石粉是1000目滑石粉。

所述的多功能助剂是有机胺多功能助剂。

乳胶涂料配方与制备（二）

本品主要用于墙面的涂饰。

〔产品特性〕

本品通过合理配比组分，使各组分能相互匹配，使得具有以下优点：黏度低，施工方便，可直接进行喷涂，使施工人员不易接触，卫生环保；附着力强，不易脱落；具有良好的流平性，手感较好，使用效果比较理想；施工性好，能提高施工效率。本品的生产方法简单，使用设备少，生产成本低，质量好。本品采用环保原料，并进行充分地混合，使得各组分分散均匀，完全没有有害健康的气味存在，确保使用安全。本品不仅黏度低、附着力强，可进行喷涂，方便施工，提高施工效率；而且流平性好，使用效果较好。

青色外墙乳胶漆

〔原料配比〕

原　　料		配比（质量份）
基础漆	水	10.0
	丙二醇	2.0
	Hydropalat 100	1.2
	PE-100	0.2
	Defoamer 334	0.15
	金红石型钛白粉 R-706	22.0
	重晶石粉 1000 目	12.0
	绢云母粉 800 目	5.0
	Filmer C40	1.8
	FoamStar A10	0.15
	纯丙 2800	42.0
	SN-636	0.2
	氨水 28%	0.1
	DSX-2000	0.20
产品	基础漆	1000
	PG7	0.53
	PBK7	0.08
	PB15:3	1.47

制备方法

将上述原材料准备好后，在水中加入助溶剂、分散剂、消泡剂，低速搅拌均匀后缓慢加入颜填料，然后高速分散颜填料，再通过砂磨直到细度小于 30μm，过滤。过滤完成后，在低速搅拌条件下，在上述分散浆中依次加入润湿剂、消泡剂、成膜助剂、乳液，然后加入增稠剂调整黏度为 90～100KU，加入 pH 调节剂调节 pH 值为 8.5～9.0，慢速消泡完成乳胶基础漆的制备。

本技术中，调色色浆由深圳海川公司的色浆 PG7、PBK7 和 PB15：3组成，它们按比例使用 1/48Y 的单位分别注入调色机中，经调试后，与上述乳胶基础漆一起注入色漆专用混匀机中，使之在短时间内混合均匀，一般是 200～280s，最好是 200～250s。

原料配伍

本品各组分质量份配比范围为：水 8～12、助溶剂 2～4、分散剂0.5～1.2、润湿剂 0.15～0.25、颜料 0～25、填料 0～30、成膜助剂1.5～2.4、乳液 35～60、增稠剂 0.20～1.0、pH 调节剂 0.1～0.2。

乳胶漆用色浆在建筑涂料中起装饰作用，要求有优异的分散稳定性、耐光性、耐候性及与涂料的配合性等。本品所选用的调色色浆中，PBK7 是炭黑色浆，在配方中的主要作用是改变颜色的灰度，PB15：3为酞菁蓝，颜色鲜艳纯正，颜料含量为 50%；PG7 是常见的绿色颜料，酞菁绿颜料具有优异的外墙耐光耐候性能，将其用在上述乳胶基础漆中，每千克基础漆添加 PG7 为 0.5～0.55g，PBK7 为 0.07～0.09g，PB15：3 为 1.45～1.52g。

作为乳胶基础漆中的必要组分，乳液按乳胶漆使用的不同墙面可分为：内墙乳胶漆用乳液和外墙乳胶漆用乳液。其中，外墙乳胶漆用乳液普遍是丙烯酸酯共聚物，其平均分子量范围为（15～20）万，平均粒径为 0.1～0.2μm，最低成膜温度为 10～22℃，玻璃化温度为 25～35℃，阴离子型，pH 值为 8.5～10.0。

根据所使用的墙面不同，钛白粉在乳胶基础漆中的选择也有不同，通常，外墙涂料选用金红石型。其中，TiO_2 含量＞95%，金红石型含量＞98%，吸油量＜20g/100g，消色力雷诺兹数 1800，ASTM D476Ⅱ、Ⅲ型和 ISO 591 R2 型。

如果所配置的乳胶漆是中等遮盖力的（对比率 0.75～0.85），则选用调整较深色用的涂料钛白粉，通常添加量为 120～150g/L（涂料）；若是低遮盖力的（对比率 0.05～0.25），则选用调整饱和深色用的涂料钛白粉，其添加量可以为 0g/L（涂料）；若是高遮盖力的（对比率 0.9～0.96），则选用调浅色用钛白粉，通常添加量为 240～300g/L（涂料）。

根据本品所述的彩色乳胶漆生产技术，乳胶基础漆中选用的填料可以是重晶石粉或云母粉，其中重晶石粉的耐酸性和保光保色性比较好，云母粉的晶体为片状结构，可以提高涂层的耐紫外线性能，提高涂层的耐候性。

分散剂为具有疏水改性功能的聚羧酸盐分散剂，同时其对无机和有机颜料具有吸附作用，展色性强，抗水性强，平均分子量为 100～5000。

润湿剂为 1～2 种不同亲水亲油平衡值的非离子润湿剂的组合，调整涂料体系的 HLB 为 12～13，可以最大限度地调整涂料的润湿性能及展色性，使具有不同亲水或者疏水性能的色浆均达到良好的相容效果。

为消除涂料生产和涂装过程中产生的气泡，在制备乳胶基础漆时，在其中添加适量的消泡剂，采用的消泡剂可以为脂肪烃复合消泡剂，消泡活性物质为聚乙烯蜡、金属皂、疏水无机硅和有机聚硅氧烷、聚乙二醇和丙二醇醚类等。

根据乳胶漆的用途，可选择在乳胶基础漆中添加防腐剂，以确保乳胶漆的使用性能。防腐剂可选用三嗪类含氮杂环化合物、4,4-二甲基唑烷及其三甲基同系物等。

pH 调节剂可以选用 2-氨基-2-甲基-1-丙醇、二甲氨基乙醇、二乙基乙醇胺、氨水异丙醇胺等。

增稠剂可选用水合型增稠剂，如疏水改性聚丙烯酸碱溶胀型、羟乙基纤维素醚、聚氨酯型等。

成膜助剂选用十二碳醇酯。

◀产品应用▶

本品用于建筑外墙的装饰。

◀产品特性▶

本品可以在较短的时间内再现国标颜色 0565，还能最大限度地保证颜色的准确性，选用与所需颜色的调色色浆相关的乳胶基础漆，通过调色机、色漆混匀机混合均匀后，使制备的彩色乳胶漆与建筑涂料标准色卡相比，两者之间的色差在允许范围内，所示颜色的耐候性也得到了一定的保证。

改性乳胶漆（1）

原料配比

表1　改性玻璃纤维素粉

原　料	配比（质量份）
乙烯基三(叔丁基过氧化)硅烷	0.3
全氯环戊烷	0.4
氯化二甲苯	0.2
氯桥酸酐	0.2
玻璃纤维素粉	1

表2　乳胶漆

原　料	配比（质量份）	
	1号	2号
钛白粉	33	35
碳酸钙	45	42
重过磷酸钙	43	43
滑石粉	47	45
改性玻璃纤维素粉	30	28
苯丙乳液	75	76
异丙醇	2.5	3
聚丙烯酸盐	5	5
乙二醇	2	3
纤维素	4	4
水	72	75

制备方法

①　将水、分散剂、改性玻璃纤维素粉在超声波条件下分散25～30min，然后加入钛白粉碳酸钙、重过磷酸钙、滑石粉和消泡剂搅拌混合40～50min。

② 将分散均匀的颜填料浆研磨 40～50min。

③ 将研磨后的浆料进行搅拌，并在其中加入消泡剂、成膜助剂，然后加入乳液，混合均匀后加入增稠剂，最后用氨水调节 pH＝8.0～8.5，搅拌混匀。

原料配伍

本品各组分质量份配比范围为：钛白粉 33～35、碳酸钙 42～45、重过磷酸钙 42～45、滑石粉 45～48、改性玻璃纤维素粉 28～30、乳液 75～76、消泡剂 2～3、分散剂 5～6、成膜助剂 2～3、增稠剂 3～4、水 70～75。

所述改性玻璃纤维素粉的制备方法：将乙烯基三（叔丁基过氧化）硅烷、全氯环戊烷、氯化二甲苯、氯桥酸酐分散于 $C_1～C_4$ 的一元醇中，用酸将 pH 值调至 5.0，搅拌 2～3min 后，加入玻璃纤维素粉，混合均匀，过滤，在 100～105℃下烘干，经研磨，350～400 目过筛，即得改性玻璃纤维素粉。

所述乙烯基三（叔丁基过氧化）硅烷、全氯环戊烷、氯化二甲苯、氯桥酸酐与玻璃纤维素粉的质量比为：（0.2～0.3）:（0.3～0.5）:（0.2～0.3）:（0.1～0.3）:1。

所述乳液选自下述物质中的一种或几种：苯丙乳液、硅丙乳液、醋丙乳液、醋叔乳液。

所述消泡剂选自下述物质中的一种或几种：异丙醇、丁醇、磷酸三丁酯、聚乙二醇磷酸酯。

所述分散剂为聚丙烯酸盐分散剂或聚磷酸盐分散剂。

所述成膜助剂选自下述物质中的一种或几种：乙二醇、丙二醇、己二醇、甲基苄醇、十二碳醇酯、一缩乙二醇、丙二醇乙醚、乙二醇丁醚、丙二醇丁醚、乙二醇醚类及醋酸酯、松节油、双戊烯松油。

所述增稠剂选自下述物质中的一种或几种：膨润土、高岭土、硅藻土、纤维素。

产品应用

本品主要用于外墙的涂装。

产品特性

玻璃纤维素粉表面用偶联剂改性后，外墙乳胶漆的耐水性、耐碱性和耐洗刷性都有不同程度的提高；尤其耐洗刷性为普通涂料的 2.5 倍。

本品具有一定的工业及应用价值。

改性乳胶漆（2）

原料配比

原 料	配比（质量份）
TL-615 改性苯丙乳液	300
TFE-2 润湿剂	1.2
纳米 SiO_x（SP1-0210 型）	6
纳米 TiO_2（SJ3 型）	2
十二碳醇酯	20
乙二醇	10
氧化钛 R-902	200
增稠剂	3
分散剂	4.5
调节助剂及其他助剂	适量

制备方法

用市场销售的颗粒尺度为 20nm 左右的纳米氧化硅和纳米氧化钛材料混合后，将该混合的纳米无机材料与 10％的 KH560 水溶液按照 1∶2 的比例浸泡 30min 后，将温度升高到 90℃以上去除溶剂水，获得 KH560 包覆的纳米材料混合物，再将它与钛白粉和颜料混合，在球磨机中进行高能球磨，获得由 KH560 包覆的纳米复合材料，再包覆在钛白粉及颜料上得到粉体材料，将该粉体材料按常规粉体材料的用法制备乳胶漆。

原料配伍

本品各组分质量份配比范围为：TL-615 改性苯丙乳液 290～310、TFE-2 润湿剂 1～2、纳米 SiO_x（SP1-0210 型）5～7、纳米 TiO_2（SJ3 型）1～2、十二碳醇酯 18～20、乙二醇 8～12、氧化钛 R-902 为 280～300、增稠剂 2～4、分散剂 4～5、调节助剂及其他助剂适量。

产品应用

本品用于建筑物外墙。

与现有技术相比，本乳胶漆耐老化性能提高了 50％以上，黏结强度提高了 20％以上，色彩保持耐久性提高了 1～2 倍。

改性乳胶漆（3）

原　料	配比（质量份）		
	1 号	2 号	3 号
苯丙乳液	10	—	—
醋丙乳液	—	15	—
纯丙乳液	—	—	20
钛白粉	5	7	10
乙二醇	5	12	15
高岭土	3	6	7
氧化锌	2	3	5
木糖醇酯	3	—	—
山梨醇单棕榈酸酯	—	4	—
月桂酸	—	—	8
消泡粉	1	3	5
丙二醇丁醚	0.5	—	2
丙二醇甲醚醋酸酯	—	1.5	—
高强纤维素	—	—	2
水性膨润土增稠剂	0.5	—	—
聚氨酯增稠剂	—	1	—
柠檬酸钾	1	2	3
木质素	5	6	10
过硫酸钠	1	4	5
去离子水	10	30	50

将各组分混合均匀，经过研磨、过滤得到产品。

本品各组分质量份配比范围为：合成树胶乳液 10～20、钛白粉 5～

10、乙二醇5~15、高岭土3~7、氧化锌2~5、表面活性剂3~8、消泡粉1~5、成膜助剂0.5~2、增稠剂0.5~2、柠檬酸钾1~3、木质素5~10、过硫酸钠1~5、去离子水10~50。

所述合成树胶乳液为苯丙乳液、醋丙乳液、纯丙乳液、硅丙乳液或环氧树脂。

所述表面活性剂为木糖醇酯、山梨醇单棕榈酸酯或月桂酸。

所述成膜助剂为丙二醇丁醚或丙二醇甲醚醋酸酯。

所述增稠剂为水性膨润土增稠剂、聚氨酯增稠剂或高强纤维素。

产品应用

本品主要用于建筑墙面的涂装。

产品特性

本品健康环保，使用方便，运输和储存方便，环保无毒，附着力强，提高了涂料的存储周期，也提高了涂料的综合性能，适合各种场所使用。

高耐候性乳胶外墙漆

原料配比

原　料	配比(质量份)		
	1号	2号	3号
自来水	12.3	22.2	16
SUPER BP-1润湿分散剂	0.5	0.5	0.5
金红石型钛白粉(0.20μm)	25	21	19
纳米 TiO_2(60~80nm)	2.5	4	3
高岭土(1250目)	—	5	6
滑石粉(1000目)	—	4	5
德国BYK公司的BYK-022消泡剂	0.3	—	5
BYK-024消泡剂	—	0.4	0.4
羟乙基纤维素增稠剂	0.3	0.2	—
羟丙基纤维素增稠剂	—	—	0.3
缔合型聚氨酯增稠剂 COATEX 125P	0.5	0.8	0.4
pH调节剂 AMP-95	0.3	0.2	0.4

续表

原　　料	配比（质量份）		
	1 号	2 号	3 号
杀菌剂 Kathon LXE	0.4	0.6	0.7
防霉剂 Rozone 2000	0.2	0.3	0.3
防冻剂丙二醇	1	3.8	2.4
助结剂 TEXANOL	1.7	2	1.2
有机硅改性丙烯酸乳液	55	—	39.4
纯丙烯酸乳液	—	35	—

制备方法

① 将分散剂加入水中，调节溶液 pH 值至 7.5～9.5；加入分散剂的量为水量的 0.6％～1.0％，溶液的 pH 值为 7.5～8.0。

② 加入纳米级颜填料并搅拌，制成含 1.0％～9.0％纳米级颜填料的溶液。

③ 加入涂料的其余组分，经分散、搅拌、混合、研磨、调色等配制出产品。

原料配伍

本品各组分配比范围为：颜填料 25％～35％、纳米粒子 2.5％～4％、助剂 A 1.6％～1.9％、助剂 B 0.6％～1.0％、聚合物乳液 35％～55％、助剂 C 3％～6％、水加至 100％。

颜填料是钛白粉、滑石粉、高岭土、重质碳酸钙、轻质碳酸钙等，颜料金红石型钛白粉具有良好的耐候性能，其最佳用量为 19％～25％。填料的使用不仅会降低成本，而且会赋予填料一些特殊的性能，如高岭土的片状结构使得涂料具有一定的触变性，从而提高涂料的储存稳定性，其中滑石粉具有防止涂料流挂及在涂膜中吸收伸缩应力、减少裂缝和孔隙的功能等，但填料的用量不宜过大，以保证体系的颜料体积浓度在 25％～35％之间为最佳。

纳米粒子对紫外线有良好的屏蔽性能和反射性能，纳米粒子的尺寸一般在 1～100nm 之间，处在原子簇和宏观物体交界的过渡区域，纳米体系既非典型的微观体系，亦非典型的宏观体系，而是一种典型的介观体系；纳米粒子另一特性是容易团聚，不亲有机相，若不对其进行预处理，纳米粒子就不可能均匀地分散在基料树脂之间，达不到减弱紫外线照射的目的；纳米粒子的用量很关键，如加量不足，则达不到预期的效果；但加量过多，不仅是一种浪费，反而会增加副作用，使涂料产品质量下降，其最佳用量为 3%～4%。

助剂 A 是通用的消泡剂、分散剂、增稠剂、流平剂等，例如德国 BYK 公司的消泡剂 BYK-022、BYK-024 和分散剂 BYK-154、法国 COATEX 公司的增稠剂 COATEX 125P 和流平剂 COAPUR 3025 等，其作用是使颜填料有效分散并形成一个稳定的、无气泡和无流平不良等缺陷的涂料体系。本品优选的分散剂是一种聚吡咯烷酮类超分散剂，如广州南工化工有限公司研制的超分散剂 SUPER PB-1 和 PB-2，其不仅能有效分散常用颜填料，还能有效地分散和稳定纳米粒子，其最佳用量为颜填料总量（包括纳米粒子）的 0.2%～0.3%（以干固体分计），用量过大会影响涂膜的耐水性能。

助剂 B 是通用的防霉剂、杀菌剂等，例如 Rohm and Haas 公司的 Kathon LXE 和 Rozone 2000、德国 Henkel 公司的四氯间苯二甲腈类防霉杀菌剂 NopcocideN-96、德国 Baye 公司的二甲基苯基硫酰胺类防霉杀菌剂 Preventol A4 等，其作用是防止涂料储存过程中的腐化变质及涂装后涂膜长霉。

聚合物乳液是丙烯酸、水性聚氨酯、丙烯酸有机硅、氟树脂等，其作用是形成符合要求的涂膜。

助剂 C 是防冻剂、助结剂、pH 调节剂等，例如乙二醇和丙二醇防冻剂、美国 EASTMAN 公司的醇醚类 TEXANOL 助结剂、氨水和美国 ANGUS 公司的一种低分子量有机氨内酯类 pH 调节剂 AMP-95，其作用分别是增加涂料的冻融稳定性、帮助成膜及调节涂料的 pH 值以增加涂料体系的稳定性。

产品应用

本品是一种高耐候性的乳胶外墙涂料。

产品特性

（1）将纳米粒子引入到涂料配方中，并借助于分散剂和其他助剂及适当的生产工艺，使得纳米粒子能够充分地分散成初级粒子并稳定地存在于涂料体系中；涂料不含芳香烃成分，符合环保要求。

（2）纳米颜料、填料先经预处理后再加入到有机树脂（丙烯酸、水性聚氨酯、丙烯酸有机硅、氟树脂等）和助剂中，经分散、搅拌、混合、研磨等工艺配制出性能独特的外墙涂料；涂料触变性、储存稳定性好；涂层防水、防霉，具有极佳的附着力；低温可成膜，一年四季任何气候条件下均可施工；涂层抗污染且具有自洁、呼吸功能，涂层可防止混凝土墙面炭化；涂层耐酸雨、耐风化、色彩持久；涂层耐久性达 13年以上。

耐沾污乳胶外墙漆

原料配比

原　料	配比（质量份）		
	1 号	2 号	3 号
去离子水	40	30	60
2%的羟乙基纤维素水溶液	18	15	21
10%的六偏磷酸钠水溶液	6	8	10
1%的肥皂水溶液	6	3	9
1,2-丙二醇	6（体积）	3（体积）	4（体积）
乙二醇	3（体积）	5（体积）	10（体积）
钛白粉	26.7	15	27
碳酸钙	18.6	18	21
滑石粉	14.7	9	15
气相法白炭黑	5	7	18
磷酸三丁酯	0.4（体积）	0.2（体积）	0.6（体积）
苯丙乳液	54	56	60

制备方法

① 将水和羟乙基纤维素水溶液置于反应釜中，在转速为 150～500r/min 的搅拌条件下加入六偏磷酸钠水溶液，搅拌 2～8min 后，加入肥皂水溶液，在转速为 700r/min 的搅拌条件下加入 1,2-丙二醇、乙二醇，搅拌 6～12min，得到混合液。

② 将钛白粉、碳酸钙、滑石粉、白炭黑混合均匀制得混合物。

③ 在步骤①得到的混合液中缓慢加入上述混合物，在转速为 1300～2500r/min 的条件下搅拌 15～30min，进行高速分散。

④ 当步骤③高速分散到物料细度≤50μm 后，保持转速 150～350r/min，

加入磷酸三丁酯，搅拌 2~5min，加入苯丙乳液，继续搅拌 10~20min 后即得本涂料。

原料配伍

本品各组分质量份配比范围为：去离子水 30~60、羟乙基纤维素水溶液（质量分数为 2%）15~21、六偏磷酸钠水溶液（质量分数为 10%）6~10、磷酸三丁酯 0.2~0.6、乙二醇 3~10、1,2-丙二醇 3~6、钛白粉 15~27、滑石粉 9~15、碳酸钙 18~21、白炭黑 5~18、苯丙乳液 54~60、肥皂水溶液（质量分数为 1%）3~9。

所述白炭黑为气相法白炭黑或沉淀法白炭黑。

质量指标

项目	技术指标
外观	乳白色稠厚流体,带弱蓝光
固体质量分数	40%~50%
干燥时间	25℃表干(30±10)min,实干(20±2)h

产品应用

本品是一种耐沾污的外墙用乳胶漆。

产品特性

肥皂价格便宜，易于取材，对颜料的润湿效果好；气相法白炭黑粒子具有表面效应、量子尺寸效应等特殊效应使得纳米粒子相在涂料中具有较高的自清洁能力，从而提高涂料的耐沾污性；沉淀法白炭黑表面自由能高，添加到涂料中降低了涂膜孔隙率，在涂膜干燥过程中迅速补充到水挥发后留下的细孔中，改善涂膜的平整度，从而提高了涂料的耐沾污性。

室外乳胶漆

原料配比

原　　料	配比（质量份）
纤维素 481	2
多功能助剂 AMP-95	1
润湿剂	0.5

乳胶涂料配方与制备（二）

原　料	配比（质量份）
分散剂	10
丙二醇	10
消泡剂	1.5
钛白粉	150
硅酸铝	25
高岭土	75
碳酸钙	100
硅灰石	50
成膜剂	16
立邦乳液 860	150
立邦乳液 8301	150
增稠剂	2.2
防霉剂	1.8
水	加至 1000

◀ 制备方法 ▶

分别取纤维素 481、多功能助剂 AMP-95、润湿剂、分散剂、丙二醇、消泡剂、钛白粉、硅酸铝、高岭土、碳酸钙、硅灰石、成膜剂、立邦乳液 860、立邦乳液 8301、增稠剂、防霉剂投入搅拌器内，加水至总量 1000，开启搅拌器，混合均匀，分桶包装。

◀ 原料配伍 ▶

本品各组分质量份配比范围为：纤维素 481 为 1～3、多功能助剂 AMP-95 为 0.9～1.1、润湿剂 0.4～0.6、分散剂 9～11、丙二醇 9～11、消泡剂 1.4～1.6、钛白粉 140～160、硅酸铝 24～26、高岭土 74～76、碳酸钙 90～110、硅灰石 49～51、成膜剂 15～17、立邦乳液 860 为 140～160、立邦乳液 8301 为 140～160、增稠剂 2.1～2.3、防霉剂 1.7～1.9、水加至 1000。

◀ 产品应用 ▶

本品主要用于室外墙体。

◀ 产品特性 ▶

将本品涂抹在试验板上，耐洗刷可达 2500 次以上，在（23±2）℃水温下浸泡 98h 不变形，在（-5±2）℃低温 18h 循环三次也不出现变形。将本品涂抹于室外墙体上，使用寿命长于现有室外乳胶漆。

水性高耐候亚光外墙乳胶漆

原料配比

原 料	配比（质量份）		
	1 号	2 号	3 号
TX-200	40	31.5	35
BS-16	0.5	0.2	0.3
硅藻土	2	8	6
绢云母粉	7	6	7
钛白粉	20	20	21
重质碳酸钙粉	6	10	6
分散剂	0.4	0.5	0.7
润湿剂	0.3	0.2	0.3
消泡剂	0.5	0.3	0.5
防冻剂	0.3	0.3	0.1
成膜助剂	2	1.5	1.7
增稠剂	0.4	0.7	0.6
流平剂	0.2	0.5	0.4
防腐剂	0.2	0.2	0.3
防霉剂	0.2	0.2	0.1
水	30	25	24

制备方法

（1）预混合　在分散缸中加入18~25份的水，分别再加入分散剂、润湿剂、0.1~0.3份的消泡剂、纤维素类增稠剂，充分混合搅拌形成胶状的物质。

（2）研磨分散　在分散缸中加入钛白粉、硅藻土、绢云母粉、重质碳酸钙粉，打浆研磨20~25min，查测细度小于60μm。

（3）添加乳液　在分散缸中加入3~5份的水，再加入防腐剂、防霉剂，然后添加乳液、有机硅疏水剂，搅拌混合均匀。

（4）添加助剂　在分散缸中依次加入余下的水、丙烯酸类增稠剂、防冻剂、余下的消泡剂，搅拌混合均匀。

原料配伍

本品各组分质量份配比范围为：乳液30~40、有机硅疏水剂0.2~0.5、硅藻土2~8、绢云母粉4~7、钛白粉20~25、重质碳酸钙粉6~

14、分散剂 0.4～0.7、润湿剂 0.1～0.3、消泡剂 0.3～0.6、防冻剂 0.1～0.3、成膜助剂 1.5～2、增稠剂 0.4～0.9、流平剂 0.2～0.5、防腐剂 0.1～0.3、防霉剂 0.1～0.3、自来水 20～30。

所述乳液是纯丙乳液。

所述硅藻土是硅质沉积岩。

所述有机硅疏水剂是甲基硅酸钾的水溶液。

所述分散剂为疏水改性聚丙烯酸铵盐分散剂；润湿剂为乙氧基化类润湿剂；消泡剂为矿物油类消泡剂；防冻剂为零 VOC 类冻融稳定剂；增稠剂为纤维素类增稠剂和丙烯酸类增稠剂；防腐剂为 1.2-苯并异噻唑啉-3-酮防腐剂；防霉剂为 IPBC 类防霉剂。

所述纤维素类增稠剂为羟乙基纤维素类增稠剂，所述丙烯酸类增稠剂为碱溶胀缔合型增稠剂。

所述的水性高耐候亚光外墙乳胶漆的制备方法，其特征在于步骤（1）中混合搅拌的转速为 300～500r/min；步骤（2）中打浆研磨的转速为 2000～3000r/min；步骤（3）和步骤（4）中搅拌混合的转速为 800～1200r/min。

所述的有机硅疏水剂可以是德国瓦克化学公司生产的产品，型号为 BS16，可提高附着力和耐水性。

所述的硅藻土可以是美国世界矿产公司生产的产品，型号为 Celite495，能够均衡地控制涂膜表面光泽。

所述的绢云母粉可以是滁州市万桥绢云母粉厂生产的产品，型号为 CJ-A4，能大幅延长涂料的使用寿命。

所述的成膜物质采用纯丙低光泽乳液，可以是陶氏化学公司生产的型号为 TX-200 的纯丙低光泽乳液。

所述的分散剂采用疏水改性共聚羧酸盐类的分散剂，可以选用陶氏化学公司生产的型号为 731A 的分散剂。该分散剂气味低，分散效率高，能提供足够的离子间的电荷斥力及空间位阻，能彻底解决分层和结块的问题。

所述的润湿剂采用乙氧基化类的润湿剂，可以是美国空气化工产品公司生产的型号为 Carbowet13-40 的润湿剂。

所述的消泡剂采用矿物油类消泡剂，可以是法国罗地亚公司生产的型号为 DF681F 的消泡剂，该消泡剂与本配方的相容性好。

所述的纤维素增稠剂采用羟乙基纤维素类增稠剂，可以是美国亚夸龙公司生产的型号为 HBR250 的增稠剂,该增稠剂与体系相容稳定性好,储存后黏度稳定。

所述的丙烯酸类增稠剂为疏水碱溶胀缔合型增稠剂,可以是陶氏化学公司生产的型号为 TT935 的增稠剂,可以为体系提供较好的流平性和储存稳定性。

所述的流平剂采用聚氨酯类流平剂,可以是陶氏化学公司生产的型号为 RM-2020NPR 的流平剂。

所述的防霉剂采用 3-碘-2-丙炔基丁基氨基甲酸酯(IPBC)类防霉剂,可以选用美国特洛伊公司生产的型号为 PolyphasePW40 的防霉剂,该防霉剂具有零 VOC、低毒、无皮肤敏感性、高化学稳定性和系统相容性的特点。

所述的防腐剂采用 1,2-苯并异噻唑啉-3-酮(BIT)类防腐剂,可以选用陶氏化学公司生产的型号为 BIT20LE 的防腐剂。

所述的成膜助剂可以为十二碳醇酯成膜助剂。

所述的防冻剂采用法国罗地亚公司生产的 FT-100 防冻剂,该产品属于零 VOC 产品,使用量少,能有效提高体系的耐冻融稳定性。

所述的钛白粉采用金红石型,可以采用美国杜邦公司生产的型号为 R-902 的钛白粉,该钛白粉遮盖率高、白度好,容易分散。

产品应用

本品主要用于外墙的涂装。

产品特性

本品相比较市场上的亚光外墙乳胶漆漆膜质感柔爽、漆膜表面平整、细腻、亚光柔,耐候性更好、附着力更强。

水性硅丙耐候自洁型乳胶涂料

原料配比

原 料	配比(质量份)							
	1 号	2 号	3 号	4 号	5 号	6 号	7 号	8 号
水	200	210	190	200	210	200	210	190
K26 硅丙乳液	400	410	390	390	390	410	390	410
AMP-95	2	3	1	2	3	2	3	1

续表

原　　料	配比（质量份）							
	1 号	2 号	3 号	4 号	5 号	6 号	7 号	8 号
重质碳酸钙	45	50	85	40	—	45	—	45
滑石粉	45	45	—	45	85	50	95	50
PE-100	7	8	6	7	8	7	8	6
单异丁酸酯	30	35	25	25	25	35	30	35
矿物油消泡剂	3	4	2	3	4	3	4	2
969 钛白粉	220	230	210	210	210	230	220	230
羟乙基纤维素	3.2	3.4	3	3.2	3.4	3.2	3	3
聚氨酯增稠剂	6.8	7	6.6	6.6	6.6	7	6.6	7
羟乙基纤维素	3.2	3.4	3	3.2	3.4	3.2	3	3
A28 杀菌剂	2	3	1	2	3	2	3	1
DF19 防霉剂	6	7	5	5	5	7	5	7
遮盖性乳液	30	32	28	30	32	30	28	28

制备方法

按顺序将工业用水、PE-100 非离子型表面活性剂、一半的矿物油消泡剂、969 金红石型钛白粉、重质碳酸钙、滑石粉、羟乙基纤维素先后加入到分散机的缸中，以 300～400r/min 的转速低速搅拌 5～10min 进行预混合，继而以 1200～1500r/min 的转速高速分散 20～30min，再加入聚氨酯增稠剂，按 900～1000r/min 的转速搅拌分散 5～8min，当颜料和填料的分散度达到要求时，进入调漆步骤，加入 AMP-95、单异丁酸酯、K26 硅丙乳液、剩余矿物油消泡剂、A28 杀菌剂、DF19 防霉剂，在调漆缸中以 300～400r/min 的转速搅拌 5～10min 后经检验、装桶即成。

原料配伍

本品各组分质量份配比范围为：水 190～210、K26 硅丙乳液 390～410、AMP-95 为 1～3、填料 85～95、PE-100 非离子型表面活性剂 6～8、单异丁酸酯 25～35、矿物油消泡剂 2～4、969 钛白粉 210～230、羟乙基纤维素 3～3.4、聚氨酯增稠剂 6.6～7、羟乙基纤维素 3～3.4、A28 杀菌剂 1～3、DF19 防霉剂 5～7、遮盖性乳液 28～32。

生产本涂料所购得的原料需经严格而认真的筛选，现将一些主要原料的筛选情况和有关理化机理介绍如下。

颜料：颜料是金红石型钛白粉和锐钛型纳米 TiO_2 搭配使用的，金红石型钛白粉具有良好的耐候性能，其最佳用量为 $15\%\sim20\%$。锐钛型纳米 TiO_2 为白色粉体，该粉体的特殊复合结构有利于光致载流子的分离和运输，因而具有很高的光催化活性，使用寿命长。纳米粒子的用量很关键，若加量不足，则达不到预期的效果；加量过多，不仅是一种浪费，反而会起负面作用，使涂料质量下降，所以其最佳用量为 $5\%\sim8\%$。

填料：有高岭土（SK-T-401250目）、绢云母（GA-1800目）、硅灰石（1250目）等。填料的使用不仅会降低成本，而且会赋予涂料一些特殊的性能。如高岭土的片状结构使涂料具有一定的触变性，提高涂料的储存稳定性；绢云母的片状结构对紫外线、微波、红外线具有良好的屏蔽效应，能增强涂料的抗老化性、抗紫外线性能等耐候性指标。但填料的用量不宜过多，以保证体系的颜料体积浓度（PVC）在 $25\%\sim35\%$ 为佳。

增稠剂：增稠剂主要是轻乙基纤维素，其作用是增加水相的黏度以提高颜填料的分散效率、增加涂料的最终黏度，最佳用量为 $0.3\%\sim0.4\%$；聚氨酯增稠剂是胶态无机矿物型增稠剂，其作用是为体系带来抗流挂性、控制黏度，分散性能好，改善涂料的流平性，最佳用量为 $0.1\%\sim0.2\%$。这两种增稠剂配合使用，可有效地调整涂料在低、中、高剪切速率下的流变行为，获得流平性好、不流挂、稳定性好、易施工的涂料。

乳液：配方中所用聚合物乳液不同于现在市面上常用于外墙涂料的纯丙、苯丙乳液，而是一种利用化学共聚法将有不饱和键的有机硅氧烷单体和丙烯酸酯类单体共聚，在聚合物主链上引入硅氧烷的改性硅丙乳液，最佳用量是漆总量的 $30\%\sim40\%$。

本涂料的基料是高耐候性硅丙乳液。它在干燥成膜时，硅氧烷水解、缩聚，可在聚合物分子之间以及聚合物与基材之间形成牢固交联的立体网络（—Si—O—Si—）结构，使漆膜具有很强的耐水性和附着力，而且，聚硅氧烷分子呈螺旋结构，甲基向外排列并绕 Si—O 链旋转，分子体积大，内聚能密度低，从而使乳液有很强的憎水性和防尘性。另外，硅丙乳液中 Si—O 的键能远大于 C—C 键和 C—O 键，这使得硅丙乳液的耐热性、耐候性、抗氧化能力增强。因此，该涂料的耐水、抗污、抗水性能明显优于纯丙烯酸涂料，同时具有良好的稳定性，储存期可达一年以上。

乳胶涂料配方与制备（二）

本涂料所选用的颜料除了添加金红石型钛白粉外，还添加了具有特殊结构的纳米级锐钛型 TiO_2，是由超微细无机功能材料复合而成的，粒径小、比表面积大，具有很高的化学稳定性和热稳定性。将其添加到涂料中，可通过光催化反应，分解附着在涂料表面的污染物，从而起到自清洁的作用。同时，利用锐钛型钛白粉容易粉化这一现象，加入少量的纳米级锐钛型 TiO_2，在紫外线照射下，一年左右发生微粉化，大约消耗 $6\sim8\mu m$ 的漆膜厚度，使沾在墙体上的灰尘随之脱落，墙体也能长期保持清洁。其漆膜本身具有自洁功能，这对空气粉尘污染日益严重的城市环境来说十分重要。

质量指标

检验项目	检验结果
容器中状态	无硬块,搅拌后呈均匀状态
稳定性	好
储存期/年	≥1
施工性	多道喷涂或刷涂无障碍
涂层干燥时间/h	≤2
对比率	≥0.94
耐碱性	168h 无异常
耐擦洗次数	超过 5000 次
耐人工老化性（1000h）	无粉化
耐沾污性/%	4～6
耐温变性	5 次循环无异常

产品应用

本品主要用于水泥砂浆、石棉板、灰膏墙等基材的外涂装。涂刷各种建筑物的外墙壁及经常处于湿热的墙壁。

产品特性

① 涂层不易粉化及褪色，具有很好的耐候性、遮盖力及触变性，漆膜耐水、耐碱性以及耐擦洗性远远超过乳液型外墙涂料的国家标准。

② 与普通乳胶漆外墙涂料相比，由于硅丙乳液的粒径远远小于普通乳液，使涂料具有极佳的附着力，漆膜不易脱落，同时还可阻隔雨水和空气中二氧化碳侵入墙体，可对水泥砂浆墙壁进行长期保护。

③ 具有很好的耐冻融稳定性和储存稳定性，且漆膜本身具有自洁

功能及很好的耐温变性。

④ 从长远角度分析，由于硅丙外墙涂料不易脱落、褪色及粉化，其使用寿命长，可节省翻修所用的材料费和工时费。

⑤ 涂料不仅常温储存稳定性好、时间长，而且耐冻融和热储存稳定性均很好，可避免涂料过期所造成的不必要的浪费。

水包水多彩乳胶漆

原料配比

原 料	配比（质量份）		
	1 号	2 号	3 号
去离子水	30	35	40
高岭土	25	20	35
分散剂钛白粉	5	8	10
助剂 AMP-95	0.1	0.15	0.2
成膜物质硅丙乳液	15	20	25
阴离子润湿剂	3	5	7

制备方法

① 先将去离子水加入容器内，再加入高岭土、分散剂钛白粉、助剂 AMP-95 充分混合，搅拌均匀。

② 向上述溶液中再加入成膜物质硅丙乳液、阴离子润湿剂和颜料，充分搅拌分散，形成彩色颗粒。

③ 将上述溶液过滤，向溶液内加入少量消泡剂，得到成品。

原料配伍

本品各组分质量份配比范围为：去离子水 30～40、高岭土 25～35、AMP-95 助剂 0.1～0.2、钛白粉 5～10、硅丙乳液 15～25、阴离子润湿剂 3～7、颜料少量。

产品应用

本品是一种花岗彩涂料。

产品特性

本品既没有水包油型涂料对环境、墙体的侵害和使用寿命期短的缺陷，又没有全水性涂料的仿真度差、施工难度大的问题，克服了其他花岗彩涂料的各种弊病，成为一种使用寿命长、仿真性极强、各种性能均优异的涂料。

本品操作工艺简单，对设备的要求低，生产效率高。

水性氟碳乳胶涂料

◀ 原料配比 ▶

原　　料		配比（质量份）						
		1 号	2 号	3 号	4 号	5 号	6 号	7 号
水		33	101	137	136.5	136.5	36	125.5
SE-350 乳液		700	550	400	400	400	700	400
颜料	进口金红石型钛白粉	160	250	360	180	180	133	340
	氧化铁黄浆	—	—	—	—	—	30	40
	氧化铁红浆	—	—	—	—	—	5	6
填料	沉淀硫酸钡	—	—	—	180	—	—	—
	重质碳酸钙	—	—	—	—	180	—	—
助剂	分散剂	10	12	13	13	13	10	13
	pH 调节剂	5	5	5	5	5	4	5
	消泡剂	1	1	1	1.5	1.5	1	1.5
	罐内防腐剂	0.5	0.5	0.5	0.5	0.5	0.5	0.5
	漆膜防霉剂	0.5	0.5	0.5	0.5	0.5	0.5	0.5
	成膜助剂	50	45	33	33	33	50	33
	增稠剂	40	35	50	50	50	30	35

◀ 制备方法 ▶

先在配料罐中加入水，于搅拌下加入分散剂、消泡剂、罐内防腐剂、漆膜防霉剂，再加入 pH 调节剂，调节混合浆液 pH 值为 8～9，加入颜料、填料，充分混合均匀后，将物料抽入研磨机中研磨，当浆料细度≤50μm 后，再加入氟乳液，之后再缓慢匀速加入成膜助剂，再搅拌 10～30min，加入颜料浆调色（按客户要求），再加增稠剂，过滤后得到成品。

◀ 原料配伍 ▶

本品各组分质量份配比范围为：氟乳液 300～750、成膜助剂 10～50、分散剂 1～20、pH 调节剂 1～10、消泡剂 0.1～10、罐内防腐剂 0.1～5、漆膜防霉剂 0.1～5、填料 0～200、颜料 10～200、增稠剂 1～

50、水 30～150。

所述氟乳液为偏二氟乙烯和丙烯酸酯的共聚物乳液。

所述成膜助剂为二元酸二甲基酯、二元酸二异丁基酯、1,2-丙二醇中的一种或一种以上的组合。

所述分散剂为丙烯酸聚合体、高分子嵌段聚合体、疏水型特殊聚羧酸盐中的一种或一种以上的组合。

所述 pH 调节剂为氨水、2-氨基-2-甲基-1-丙醇中的一种或一种以上的组合。

所述消泡剂为矿物油类消泡剂。

所述罐内防腐剂为 2-甲基-4-异噻唑啉-3-酮和 5-氯-2-甲基-4-异噻唑啉-3-酮的混合物。

所述漆膜防霉剂为 2-正辛基-4-异噻唑啉-3-酮、2-(4-噻唑基) 苯并咪唑、尿素衍生物的混合物。

所述填料为硫酸钡、碳酸钙中的一种或一种以上的组合。

所述颜料为二氧化钛或是二氧化钛与氧化铁红浆、氧化铁黄浆、炭黑浆中的一种或一种以上的组合。

所述增稠剂为非离子聚氨酯缔合型聚合物。

质量指标

检验项目		1 号	2 号	3 号	4 号	5 号	6 号	7 号
涂膜外观		正常	正常	正常	正常	正常	正常	正常
干燥时间(表干)/h		≤2	≤2	≤2	≤2	≤2	≤2	≤2
对比率(白色和浅色)		0.94	0.94	0.95	0.94	0.94	0.94	0.95
耐水性		144h	无异常	无异常	无异常	无异常	无异常	无异常
耐碱性		120h	无异常	无异常	无异常	无异常	无异常	无异常
低温稳定性		不变质	不变质	不变质	不变质	不变质	不变质	不变质
涂层耐温变性(5 次循环)		无异常	无异常	无异常	无异常	无异常	无异常	无异常
耐沾污性(白色和浅色)/%		2	2	3	3	3	2	3
人工气候老化性(2000h)		通过	通过	通过	通过	通过	通过	通过
天然暴晒 20 个月	变色/级	1	1	1	1～2	1～2	1～2	1～2
	粉化/级	0～1	0～1	1	1	1	1	1
	沾污/级	1	1	1	1	1	1	1

产品应用

本品是一种水性氟碳乳胶涂料。

通过采用水乳型氟碳乳液作黏结剂，制备了水性、单组分、自干型符合环保要求的氟碳乳胶涂料，在保证涂料性能的前提下，彻底解决了环境污染问题。涂料配方中采用的聚合物乳液含有大量最高键能的C—F键，且溶剂可溶物氟含量高，赋予涂膜优异的耐候性、耐沾污性、保光保色性、耐水耐碱性和耐洗刷性等性能。涂料配制时选用各种优质颜料及助剂，涂膜具有干燥快、光泽适中、均匀平整、施工方便、无溶剂气味、使用安全、无毒等特点。

水性环保纳米乳胶漆涂料

◀ 原料配比 ▶

原　　料	配比（质量份）
去离子水	140
乙二醇	20
纳米分散剂	8
润湿剂	1
酸碱控制剂	1
消泡剂	1
纳米钛	270
纳米滑石粉	50
纳米碳酸钙	60
纳米云母粉	20
纳米乳液	400
成膜助剂	20
流平剂	4
纳米杀菌剂	1
增稠剂	4
纳米色浆	1

◀ 制备方法 ▶

将去离子水、乙二醇、纳米分散剂、润湿剂、酸碱控制剂、消泡剂、纳米钛、纳米滑石粉、纳米碳酸钙、纳米云母粉混合均匀，高速分散45min，将此形成的浆体泵入砂磨机研磨20min后，依次加入纳米乳液、成膜助剂、流平剂、纳米杀菌剂、增稠剂、纳米色浆低速搅拌调制

40min，过滤后装罐即成。

原料配伍

本品各组分质量份配比范围为：去离子水140、乙二醇20、纳米分散剂8、润湿剂1、酸碱控制剂1、消泡剂1、纳米钛270、纳米滑石粉50、纳米碳酸钙60、纳米云母粉20、纳米乳液400、成膜助剂20、流平剂4、纳米杀菌剂1、增稠剂4、纳米色浆1。

产品应用

本品主要用于建筑内外墙、桥梁、地下室的装饰。

产品特性

本品是一种表面光滑防水、耐晒、耐候、耐擦洗15000次的水性环保纳米乳胶漆涂料，该涂料充分利用纳米材料特有的微分子结构，添加多种功能特异的纳米材料，克服了传统涂料防水性不好、易粉化的缺点，颜色丰富多彩、色泽亮丽，是传统涂料的理想替代品，成为现代建筑建材表面装饰的新宠。

水性抗裂乳胶涂料

原料配比

原　　料	配比（质量份）		
	1号	2号	3号
水	224	180	270
$C_9H_{19}C_6H_4(C_2H_4O)_{10}H$	2.0	—	3.0
磷酸三钠	—	1.0	—
乙二醇	19	13	25
焦磷酸钠	10	—	13
2-(4-噻唑基)苯并咪唑	1.5	—	2
二甲基硅油	2	—	3
2,2,4-三甲基戊二醇-1,3-单异丁酸酯	15	10	20
丁二酰亚胺	—	10	—
5,6-二氯苯并噁唑啉酮	—	13	—
丙二醇苯醚	—	1	—
金红石型钛白粉	220	170	230
高岭土(1000目)	40	30	50
硅灰石粉(1250目)	68	40	80

乳胶涂料配方与制备（二）

原　料	配比（质量份）		
	1 号	2 号	3 号
重质碳酸钙（1000 目）	60	45	45
纳米 CaO_3 和纳米 ZnO 混合浆	20	20	50
纯丙烯酸酯乳液（50％固含量）	260	170	350
磷酸三丁酯	2	2	3
羟乙基纤维素（2％水溶液）	80	50	150
氨基甲酸乙酯改性聚醚低聚物（40％水溶液）	4	5.5	5.5
改性聚丙烯酸钠（20％水溶液）	2.5	1	4
$NH_3 \cdot H_2O$	适量	适量	适量

◁ 制备方法 ▷

① 把称量好的水加入分散罐中，加入称量好的润湿剂、乙二醇、分散剂、杀菌剂、消泡剂，搅拌 5～20min 使它们混合均匀。

② 加入颜料、高岭土、硅灰石粉、重质碳酸钙、纳米 $CaCO_3$ 和纳米 ZnO 水性浆体，高速分散（分散盘边缘线速度 15～20m/s）20～40min。

③ 将高速分散过的混合浆料经泵打入调漆罐中，然后加入纯丙烯酸乳液、消泡剂、羟乙基纤维素，搅拌 15～20min，加增稠剂调整黏度，加 pH 调节剂调整 pH 值，搅拌 30min，最终涂料黏度为 12000～18000mPa·s，pH 值为 8～10。

◁ 原料配伍 ▷

本品各组分质量份配比范围为：水 180～270、润湿剂 1～3、乙二醇 13～25、分散剂 7～13、杀菌剂 1～2、消泡剂 1～3、成膜助剂 9.9～20、颜料 170～230、高岭土（1000 目）30～50、硅灰石粉（1250 目）40～80、重质碳酸钙（1000 目）45～92、纳米 CaO_3 和纳米 ZnO 混合浆 5～50、纯丙烯酸酯乳液（50％固含量）170～350、消泡剂 1～3、羟乙基纤维素（2％水溶液）50～150、增稠剂 3.5～9.5、pH 调节剂适量。

本品所用的润湿剂包括 $C_9H_{19}C_6H_4(C_2H_4O)_{10}H$、磷酸三钠或六偏磷酸钠。乙二醇作为辅助性成膜助剂，可用于本品的分散剂包括焦磷酸钠、丁二酰亚胺、3-甲基丙烯酰氧基丙基三甲氧基硅烷、二（焦磷酸二烷氧基酯）-2-羟基丙酸钛、二聚异丁烯顺丁烯二酸钠盐、二（亚磷酸二月桂酸酯）络四辛氧基钛、β-烷氧乙羧基二（焦磷酸二辛酯）

钛等或它们的混合物，优选的分散剂为焦磷酸钠、丁二酰亚胺或其混合物。

用于本品为本领域常规的杀菌剂，包括 1,1,2-苯并异噻唑啉-3-酮、苯并咪唑氨基甲酸甲酯、2,4,5,6-甲氯间苯二腈、苯并异噻唑啉酮、2-(4-噻唑基) 苯并咪唑、2-正辛基-4-异噻唑啉-3-酮或 5,6-二氯苯并噁唑啉酮等，优选 2-(4-噻唑基) 苯并咪唑、苯并咪唑氨基甲酸甲酯、5,6-二氯苯并噁唑啉酮；消泡剂可以是聚甲基三乙基硅烷、磷酸三丁酯、硬脂酸钙、二甲基硅油、2-乙基己醇，优选二甲基硅油、2-乙基己醇或其混合物；成膜助剂可以是 2,2,4-三甲基戊二醇-1,3-单异丁酸酯、丙二醇苯醚。本品所用的颜料可以是无机颜料和有机颜料，包括酞菁蓝颜料黄、颜料绿、金红石型钛白粉、络黄和红丹等，优选金红石型钛白粉。填料可以是高岭土、硅灰石粉和重质碳酸钙等；纯丙烯酸乳液作为成膜物质，增稠剂需多种协调使用，它们可以是硅酸铝镁、氨基甲酸乙酯改性聚醚低聚物、改性聚丙烯酸钠或其混合物，pH 调节剂可以是 $NH_3 \cdot H_2O$、10%NaOH 水溶液、10%KOH 水溶液等。

质量指标

项目	技术指标
黏度/mPa·s	12000～18000
pH 值	8～10
固含量/%	50～56
粒径/μm	≤15

产品应用

本品是一种水性抗裂建筑乳胶涂料。

产品特性

本品采用了纳米材料浆体。纳米材料浆体在涂料制备过程的打浆时添加，不改变原有涂料厂家的生产设备和生产工艺，并且纳米材料浆体与一般乳胶涂料体系相容性良好，本品中所使用的纳米材料浆体主要包括纳米 $CaCO_3$ 和纳米 ZnO，纳米材料含量大于等于30%，平均粒径20～50nm、黏度2000mPa·s、pH 值为8.5，该纳米材料浆体可在市场上购买。本品由于添加了纳米材料而表现出许多优良性能，除抗裂性能大幅提高外，抗老化能力、附着力、耐擦洗能力等也大为提高、本品在制备时选用了涂料技术人员熟知的助剂。

该乳胶涂料具有良好的弹性功能，可随建筑物墙体裂缝运动伸缩，很好地防止涂料涂膜开裂，使建筑物外墙具有优异的防水性能。

透明芳香的聚醋酸乙烯乳胶漆

◀ 原料配比 ▶

原　料	配比（质量份）
聚乙烯醇	15
蒸馏水	130
十二烷基苯磺酸钠盐	2
OP-10	1
过硫酸钾	1
醋酸乙烯	160
邻苯二甲酸二丁酯	1
盐酸	1
37%甲醛水溶液	3
对甲基苯胺	8
香精	1
40%烧碱水溶液	1

◀ 制备方法 ▶

将聚乙烯醇、OP-10、十二烷基苯磺酸钠盐、过硫酸钾加入搅拌器中，搅拌10min，得到搅拌混合溶液；将蒸馏水倒入搅拌罐中，加温，温度控制在70℃，20min，至水与搅拌混合溶液完全溶解；再次加温，温度控制在70℃，加温30min；加入醋酸乙烯，维持加温反应4h，得到聚醋酸乙烯乳液；加入对甲基苯胺，取40%烧碱水溶液来调节pH值，将pH值控制在4~7；再加入37%的甲醛水溶液，得到半成品；最后将邻苯二甲酸二丁酯与香精加入半成品内，搅拌混合得到成品。

◀ 原料配伍 ▶

本品各组分质量份配比范围为：聚乙烯醇15~20、蒸馏水130~150、十二烷基苯磺酸钠盐2~5、OP-10为1~3、过硫酸钾1~2、醋酸乙烯160~180、邻苯二甲酸二丁酯1~2、盐酸1~3、37%甲醛水溶液3~5、对甲基苯胺8~10、香精1~2、40%烧碱水溶液1~2。

本品主要用于建筑墙面的涂装。

本品无毒无害，不易燃，工艺简单，性优价廉，用途广泛，实用性强。

外墙薄弹性乳胶漆

原　料	配比(质量份)
水(一)	175
羟乙基纤维素	1
AMP-95	1
杀菌剂	1
分散剂	6
润湿剂	1
消泡剂	3
丙二醇	20
金红石型钛白粉	180
800目硅灰石粉	50
800目重质碳酸钙	100
成膜助剂	5
Fuchem-238	370
Fuchem-361	80
杀菌剂	1
碱溶胀增稠剂	4
聚氨酯流变助剂	2

将水（140 份）、羟乙基纤维素、AMP-95（0.5 份）、杀菌剂（1份）、分散剂、润湿剂、消泡剂、丙二醇、金红石型钛白粉、800 目硅灰石粉、800 目重质碳酸钙、经高速分散，砂磨后再加入成膜助剂、Fuchem-238、Fuchem-361、杀菌剂（1 份）、消泡剂、AMP-95（0.5份）、碱溶胀增稠剂、聚氨酯流变助剂、水（35 份）混合均匀，经过滤

得到产品。

原料配伍

本品各组分质量份配比范围为：羟乙基纤维素 1、AMP-95 为 1、杀菌剂 1、分散剂 6、润湿剂 1、消泡剂 3、丙二醇 20、金红石型钛白粉 180、800 目硅灰石粉 50、800 目重质碳酸钙 100、成膜助剂 5、Fuchem-238 为 370、Fuchem-361 为 80、杀菌剂 1、碱溶胀增稠剂 4、聚氨酯流变助剂 2、水 175。

产品应用

本品是一种外墙薄弹性乳胶漆。

产品特性

该弹性乳胶漆在低温下仍能保持优良的弹性，具有超常抗积尘能力、呼吸能力，防止墙面局部潮气的积累，其优良的弹性和柔韧性可在广泛的温度范围内控制已有的和即将出现的裂缝，使涂层免于破坏和起皱，保护基层漆膜既柔软又抗沾污。耐老化、有弹性、不开裂、不起泡、耐雨水、耐风化、低碳环保、保色力强、易施工、节约用料。

外墙防火乳胶漆

原料配比

原　　料	配比（质量份）		
	1号	2号	3号
可再分散丙烯酸胶粉	25	30	35
多聚磷酸铵	2.5	2	2
碳酸钙	9	8	10
钛白粉	10	12	15
硫酸钡	15	10	10
硅微粉	15	12	10
玻璃微珠载体	10	13.5	14
纳米蒙脱土	1	1.5	1
三聚氰胺	0.6	0.5	0.8
磷酸三丁酯	0.04	0.02	0.06
磷酸二氢铵	1.5	2	1.8
聚丙烯酸钠	1.5	2	2.5

续表

原　　料	配比（质量份）		
	1 号	2 号	3 号
六偏磷酸钠	1.5	0.5	1
异丙基萘磺酸钠	0.01	0.03	0.04
Aerosol 钠盐阴离子表面活性剂	1.6	2.54	2.5
二磺酸化氧化十烷基二苯磺酸钠	0.6	0.65	0.6
N-十八烷基磺化琥珀酸二钠	0.05	0.06	0.04
Triton 壬基酚非离子表面活性剂	1.5	2.5	2
碳酸氢钠	0.6	0.2	0.2

制备方法

按上述原材料质量配比依次把可再分散丙烯酸胶粉、Triton 壬基酚非离子表面活性剂、多聚磷酸铵、重质碳酸钙、钛白粉、硫酸钡、硅微粉、玻璃微珠载体、纳米蒙脱土、三聚氰胺、磷酸三丁酯、磷酸二氢铵、聚丙烯酸钠、六偏磷酸钠、异丙基萘磺酸钠、Aerosol 钠盐阴离子表面活性剂投入真空搅拌机中。通过控制压缩空气的流量用高速分散原料混合物 0.5～1.5h，然后加入二磺酸化氧化十烷基二苯磺酸钠、N-十八烷基磺化琥珀酸二钠、碳酸氢钠，再低速搅拌 1～1.5h，自然降温至室温，用防水编织袋密封包装即可。

原料配伍

本品各组分质量份配比范围为：可再分散丙烯酸胶粉 25～40、多聚磷酸铵 2～5、碳酸钙 8～15、钛白粉 9～15、硫酸钡 8.5～30、硅微粉 10～20、玻璃微珠载体 8～15、纳米蒙脱土 0.5～2.5、三聚氰胺 0.5～0.9、磷酸三丁酯 0.02～0.08、磷酸二氢铵 1.5～2、聚丙烯酸钠 1.5～2.5、六偏磷酸钠 0.5～2、异丙基萘磺酸钠 0.01～0.04、Aerosol 钠盐阴离子表面活性剂 1.5～3.5、二磺酸化氧化十烷基二苯磺酸钠 0.5～0.9、N-十八烷基磺化琥珀酸二钠 0.01～0.08、Triton 壬基酚非离子表面活性剂 1.5～4.5、碳酸氢钠 0.5～1。

所述硅微粉为经高温煅烧、水体研磨制备的准球形硅微粉，其 SiO_2 含量为 90%～95%，粒径为 800～2500 目。

所述纳米蒙脱土表面经过十六烷基三甲基溴化铵处理，粒径 100～200nm。

所述 Aerosol 钠盐阴离子表面活性剂是美国 Cyanamid 公司生产的

产品。

所述二磺酸化氧化十烷基二苯磺酸钠为 DOW 化学公司生产的一种阴离子表面活性剂。

所述 Triton 壬基酚非离子表面活性剂所含氧化乙烯的数目为 5～15，分子量为 440～880。

质量指标

项　目		技术指标	检测结果
容器中状态		搅拌混合后无硬块，呈均匀状态	合格
干燥时间	表干/h	≤5	1.5
	实干/h	≤24	3
附着力/级		≤3	1
柔韧性/mm		≤3	2
耐水性/h		经24h试验，不起皱，不脱落，气泡标准状态下24h能基本恢复，允许轻微失光和变色	合格
耐燃时间/min		≥15	30
火焰传播比值		≤25	22.5
质量损失/g		≤5.0	4
炭化体积/cm³		≤25	20

产品应用

本品主要用于建筑外墙材料技术领域。

产品特性

本品的优点是不含有机溶剂，通过多孔状纳米填料成膜后形成保温涂层，含有助燃助剂和阻燃填料，在储存过程中不沉淀、不变质，在使用过程中加入适的水后可以自行分散、乳化成乳胶漆状态，并且可根据施工要求配制不同的浓度，是施工于外保温层的一种具有保温和防火隔热功能的涂料。

外墙厚弹性乳胶漆

原料配比

原　料	配比（质量份）
水	113

原　　料	配比（质量份）
杀菌剂	1
分散剂	6
润湿剂	1
消泡剂	2
丙二醇	20
金红石型钛白粉	50
1250目高岭土	80
800目重质碳酸钙	120
800目硅灰石粉	140
成膜助剂	6
Fuchem-238	350
Fuchem-361	100
杀菌剂	1
消泡剂	1
AMP-95	1
聚氨酯流变助剂	2
碱溶胀增稠剂	5

制备方法

将各组分混合均匀，经研磨、过滤得到产品。

原料配伍

本品各组分质量份配比范围为：水113、杀菌剂1、分散剂6、润湿剂1、消泡剂2、丙二醇20、金红石型钛白粉50、1250目高岭土80、800目重质碳酸钙120、800目硅灰石粉140、成膜助剂6、Fuchem-238为350、Fuchem-361为100、杀菌剂1、消泡剂1、AMP-95为1、聚氨酯流变助剂2、碱溶胀增稠剂5。

产品应用

本品是一种外墙厚弹性乳胶漆。

产品特性

该弹性乳胶漆在低温下仍能保持优良的弹性，具有超常抗积尘能力、呼吸能力，防止墙面局部潮气的积累，其优良的弹性和柔韧性可在广泛的温度范围内控制已有的和即将出现的裂缝，使涂层免于破坏和起皱，保护基层漆膜既柔软又抗沾污。耐老化、有弹性、不开裂、不起泡、耐雨水、耐风化、低碳环保、保色力强、易施工、节约用料。

外墙纳米乳胶漆

原料配比

原　料	配比(质量份)		
	1 号	2 号	3 号
水	28	28	28
纳米分散剂	1	1	1
消泡剂	1	1	1
普通型纳米钙	15	16	17
纳米二氧化钛	2	2	2
纳米二氧化硅	2	2	2
C-40 成膜助剂	1.5	1.5	1.5
丙二醇	2	2	2
纯丙乳液	45	44	43
增稠剂	1	1	1
防霉剂	0.5	0.5	0.5
色素	1	1	1

制备方法

① 将水送入立式砂磨机，开动搅拌器，将转速调为 2000r/min，保持常温，依次加入纳米分散剂、消泡剂，搅拌均匀后，加入普通型纳米钙、纳米二氧化钛、纳米二氧化硅再搅拌 60min。

② 将转速调为 1100r/min，依次加入 C-40 成膜助剂、丙二醇、纯丙乳液，搅拌 40min，要达到均匀无颗粒。

③ 将转速降至 400r/min，依次加入增稠剂、防霉剂、色素，搅拌 20min 即得到成品。

原料配伍

本品各组分质量份配比范围为：水 28、纳米分散剂 1、消泡剂 1、普通型纳米钙 15~17、纳米二氧化钛 2、纳米二氧化硅 2、C-40 成膜助剂 1.5、丙二醇 2、纯丙乳液 43~45、增稠剂 1、防霉剂 0.5、色素 1。

产品应用

本品主要用于建筑物外墙的保护。

该乳胶漆具有良好的自洁性、特殊的光学性能、较强的紫外线吸收能力，同时具有漆膜平整、耐久性强、干燥迅速、附着牢固、耐擦洗、遮盖力强、耐候性好、色彩稳定等优点，且配制方法简单。

外墙乳胶漆（1）

原　　料	配比（质量份）
水	155
AMP-95	1.5
丙烯酸酯共聚物	15
十二碳醇酯	25
消泡剂	10
防霉剂	7.5
金红石型钛白粉	170
云母粉	10
氧化锌	5
纯丙乳液	480
碳酸钙	40
煅烧高岭土	40
碱溶胀型增稠剂	4
杀菌剂	2
遮盖型乳液	25
聚氨酯增稠剂	10

① 把水加入化学反应釜中，开动搅拌机，转速是 35r/min，温度提高到 35℃，缓慢地加入 AMP-95，搅拌至溶解；再缓慢地加入丙烯酸酯共聚物，搅拌至溶解，保温反应 30min。

② 把十二碳醇酯、消泡剂、防霉剂缓慢地加入反应釜，搅拌均匀，保温反应 30min。

③ 把金红石型钛白粉、云母粉、氧化锌加入反应釜，转速降至 10r/min，搅拌均匀。

④ 降温至常温，加入纯丙乳液，以 10r/min 的转速搅拌均匀，把

转速提高到 30r/min，依次加入碳酸钙、煅烧高岭土、碱溶胀型增稠剂、杀菌剂、遮盖型乳液、聚氨酯增稠剂，搅拌均匀即得外墙乳胶漆。

原料配伍

本品各组分质量份配比范围为：水 155、AMP-95 为 1.5、丙烯酸酯共聚物 15、十二碳醇酯 25、消泡剂 10、防霉剂 7.5、金红石型钛白粉 170、云母粉 10、氧化锌 5、纯丙乳液 480、碳酸钙 40、煅烧高岭土 40、碱溶胀型增稠剂 4、杀菌剂 2、遮盖性乳液 25、聚氨酯增稠剂 10。

产品应用

本品主要用于建材领域。

产品特性

产品具有优良的耐候性、耐碱性、耐洗刷性，装饰效果好，涂料对人体无害，有利环保。

外墙乳胶漆（2）

原料配比

原　料	配比（质量份）		
	1 号	2 号	3 号
颜料	10	40	30
填料	20	65	45
乳液	50	90	10
防腐剂	0.3	0.6	0.4
增稠剂	1.2	3	2
消泡剂	1	3	2
助溶剂	3.5	5.3	4
分散剂	1	3.5	2
润湿剂	0.5	1.5	1
水	15	28	20

制备方法

将各组分混合均匀，经过研磨、过滤得到产品。

原料配伍

本品各组分质量份配比范围为：颜料 10～40、填料 20～65、乳液

10～90、防腐剂 0.3～0.6、增稠剂 1.2～3、消泡剂 1～3、助溶剂 3.5～
5.3、分散剂 1～3.5、润湿剂 0.5～1.5、水 15～28。

所述颜料为金红石型钛白粉、锐钛型钛白粉或立德粉；所述填料为
高岭土、云母粉或硅灰石；所述防腐剂为异噻唑啉酮；所述助溶剂为乙
二醇；所述增稠剂为疏水改性聚丙烯酸碱溶胀型或羟乙基纤维素醚或聚
氨酯型；所述消泡剂为脂肪烃复合消泡剂，所述助溶剂为苯甲酸钠或水
杨酸钠；所述分散剂为聚羧酸钠盐分散剂，所述润湿剂为琥珀酯嵌段共
聚物及配合物。

产品应用

本品主要用于外墙的涂装。

产品特性

本品采用的所有原料均是无毒害的物料，混合后也不会产生有毒害
的液体或气体，本外墙乳胶漆无毒环保。

外墙乳胶漆（3）

原料配比

原　　料	配比（质量份）
水	264
聚合氯化铝	5
分散剂	5
乙二醇	5
消泡剂	1
高岭土	50
滑石粉	25
多功能助剂	1
增稠剂	5
苯丙乳液	120

制备方法

量取 250 份水倒入烧杯中搅拌，此时转速为 200～600r/min，称取
聚合氯化铝缓慢倒入水中，调转速至 800r/min，搅拌至聚合氯化铝
溶解。

加入分散剂、1/2 的消泡剂，将转速升为 2000r/min，再加入高岭土、滑石粉，14 份水后分散 30min。

分散均匀后加入多功能助剂、乙二醇、剩余消泡剂、增稠剂，并将转速降至 800 r/min，分散 10～20min，要达到均匀无颗粒；加入苯丙乳液、水，再次分散 30min。制得乳胶漆。

原料配伍

本品各组分质量份配比范围为：水 200～300、聚合氯化铝 3～7、分散剂 4～6、乙二醇 4～6、消泡剂 0.5～1、滑石粉 20～30、高岭土 40～60、增稠剂 3～5、苯丙乳液 100～140、多功能助剂 1～3。

产品应用

本品主要用于外墙的涂装。

产品特性

① 采用苯丙乳液，提高抗沾污性能和自洁性能。

② 采用高岭土、滑石粉，提高耐磨度和光洁度。

外墙乳胶漆（4）

原料配比

原　料	配比(质量份)
水	230
羟乙基纤维素	2
分散剂	5
消泡剂	1
乙二醇	10
防腐剂	1.5
多功能助剂	1
润湿剂	2
金红石型钛白粉	75
高岭土	5
乳胶漆专用合成粉	200
苯丙乳液	4
成膜助剂	8
碱溶胀增稠剂	6
聚氨酯流平剂	3

制备方法

① 先将乙二醇与羟乙基纤维素混合润湿。然后加入水将羟乙基纤维素溶解。再加入分散剂、润湿剂、消泡剂，搅拌 10min，待所有添加的原料充分溶解。

② 缓慢加入粉料，时间为 15～30min，转速 1500～2000r/min，搅拌 30～60min，将粉料混合均匀后，本品采用乳胶漆合成粉（2500～3500 目）无需砂磨。

③ 将浆放入搅拌罐，然后将乳液加入浆料，缓慢搅拌（约 200r/min），搅拌过快会有泡。

④ 将成膜助剂、消泡剂、防腐剂加入，然后用多功能助剂将 pH 值调整到 8～9，搅拌约 20min。

⑤ 将增稠剂稀释后，缓慢加入搅拌约 20min。过滤、包装。

原料配伍

本品各组分质量份配比范围为：水 230、羟乙基纤维素 2、分散剂 5、消泡剂 1、乙二醇 10、防腐剂 1.5、多功能助剂 1、润湿剂 2、金红石型钛白粉 75、高岭土 5、乳胶漆专用合成粉 200、苯丙乳液 4、成膜助剂 8、碱溶胀增稠剂 6、聚氨酯流平剂 3。

产品应用

本品主要用于外墙的涂装。

产品特性

本品只需加水搅拌成膏状后即可使用，所以使用非常方便，而且可以减少生产成本，附着力强、遮盖性优、亮白持久。

外墙乳胶漆（5）

原料配比

原　　料	配比（质量份）		
	1 号	2 号	3 号
羧丙基淀粉醚	2	6	4
松香	1	2	1.5
氧化铜	1	3	2
四甲基氢氧化铵甲醇溶液	4	9	6.5

续表

原　料	配比（质量份）		
	1 号	2 号	3 号
四丙基氟化铵	2	4	3
苄基氯甲基醚	1	4	2.5
菊酸乙酯	2	5	3.5
三氟乙酰丙酮镱	1	3	2
二烯丙基胺	2	4	3

制备方法

将各组分混合均匀，经过研磨、过滤得到产品。

原料配伍

本品各组分质量份配比范围为：羧丙基淀粉醚 2～6、松香 1～2、氧化铜 1～3、四甲基氢氧化铵甲醇溶液 4～9、四丙基氟化铵 2～4、苄基氯甲基醚 1～4、菊酸乙酯 2～5、三氟乙酰丙酮镱 1～3、二烯丙基胺 2～4。

产品应用

本品主要用于外墙的涂装。

产品特性

本品不仅具有良好的耐候性、耐紫外线性，且干燥时间快，涂膜平整光滑、质感细腻，具有较强的耐污性和优良的附着力，还能有效地防霉防藻，流平性好，施工安全方便，是理想的外墙装饰材料。

外墙乳胶漆（6）

原料配比

原　料	配比（质量份）
水	30
抗冻剂	3
硅藻土	13.2
磷酸三钠	0.5
聚合氯化铝	1
分散剂	1.1
高岭土	7
金红石型钛白粉	7

原　料	配比（质量份）
增稠剂	0.4
成膜助剂	0.1
多功能助剂	2
流平剂	0.3
丙二醇	1
防腐剂	2
消泡剂	0.4
苯丙乳液	31

制备方法

将各组分混合均匀，经过研磨、过滤得到产品。

原料配伍

本品各组分质量份配比范围为：水 29～31、抗冻剂 2～4、硅藻土 13.1～13.3、磷酸三钠 0.4～0.6、聚合氯化铝 0.9～1.1、分散剂 1～1.2、消泡剂 0.09～0.11、高岭土 6～8、金红石型钛白粉 6～8、增稠剂 0.3～0.5、成膜助剂 0.09～0.11、多功能助剂 1～3、流平剂 0.2～0.4、丙二醇 0.9～0.11、防腐剂 1～3、消泡剂 0.2～0.4、苯丙乳液 30～32。

产品应用

本品主要用于外墙的涂装。

产品特性

本品无毒、无害、无放射性、耐候性、耐光性强，环保吸附能力强，耐擦洗性能好，具有很强的附着力和防水性，耐雨水冲洗，无变化不脱粉，抗污力和抗冻性能好，使用寿命长，久用不脱色。

外墙乳胶漆（7）

原料配比

原　料	配比（质量份）		
	1 号	2 号	3 号
羧丙基淀粉醚	2	4	6

乳胶涂料配方与制备（二）

原　　料	配比（质量份）		
	1 号	2 号	3 号
松香	1	2	2
氧化铜	1	2	3
四甲基氢氧化铵甲醇溶液	4	7	9
四丙基氟化铵	2	3	4
苄基氯甲基醚	1	3	4
菊酸乙酯	2	4	5
三氟乙酰丙酮镱	1	2	3
二烯丙基胺	2	3	4
钛白粉	4	5	6
乙二醇	4	6	7
防腐剂	1	2	3
分散剂	1	2	3
高强纤维素	2	3	4
高岭土	5	6	7
纯丙乳液	6	7	8

◀ **制备方法** ▶

将各组分混合均匀，经过研磨、过滤得到产品。

◀ **原料配伍** ▶

本品各组分质量份配比范围为：羧丙基淀粉醚 2～6、松香 1～2、氧化铜 1～3、四甲基氢氧化铵甲醇溶液 4～9、四丙基氟化铵 2～4、苄基氯甲基醚 1～4、菊酸乙酯 2～5、三氟乙酰丙酮镱 1～3、二烯丙基胺 2～4、钛白粉 4～6、乙二醇 4～7、防腐剂 1～3、分散剂 1～3、高强纤维素 2～4、高岭土 5～7、纯丙乳液 6～8。

◀ **产品应用** ▶

本品主要用于外墙的涂装。

◀ **产品特性** ▶

本品不仅具有良好的耐候性、耐紫外线性，且干燥时间快，涂膜平整光滑、质感细腻，具有较强的耐污性和优良的附着力，还能有效地防霉防藻，流平性好，施工安全方便，是理想的外墙装饰材料。

外墙乳胶漆（8）

原料配比

原　　料	配比（质量份）		
	1 号	2 号	3 号
蒸馏水	40	70	80
白乳胶	15	25	35
重质碳酸钙	9	12	15
淀粉	10	13	15
碳化硅	3	5	6
超细二氧化硅	4	6	8
硼砂	6	10	12
醋酸乙烯	20	30	40
纳米空气净化素	5	8	10
十二烷基硫酸钠	2	4	6
滑石粉	9	12	18
轻质碳酸钙	8	13	16
水洗高岭土	7	10	11
硅酸铝	4	6	8
丙烯酸	3	5	7
锐钛型钛白粉	10	15	20
有机硅荷性乳液	11	19	21

制备方法

将各组分混合均匀，经过研磨、过滤得到产品。

原料配伍

本品各组分质量份配比范围为：蒸馏水 40～80、白乳胶 15～35、重质碳酸钙 9～15、淀粉 10～15、碳化硅 3～6、超细二氧化硅 4～8、硼砂 6～12、醋酸乙烯 20～40、纳米空气净化素 5～10、十二烷基硫酸钠 2～6、滑石粉 9～18、轻质碳酸钙 8～16、水洗高岭土 7～11、硅酸铝 4～8、丙烯酸 3～7、锐钛型钛白粉 10～20、有机硅荷性乳液 11～21。

产品应用

本品主要用于外墙的涂装。

本品环境污染小，黏结度高，成本低廉，节能环保，抗氧化、耐磨性、防日晒性能优异。

外墙乳胶漆（9）

◀ 原料配比 ▶

原　料	配比（质量份）
水	217
羟乙基纤维素	0.5
AMP-95	0.5
杀菌剂	1
分散剂	6
润湿剂	1
消泡剂	2
丙二醇	25
金红石型钛白粉	180
1250 目高岭土	100
800 目滑石粉	40
1250 目重质碳酸钙	100
成膜助剂	18
Fuchem-102	300
杀菌剂	1
消泡剂	1
AMP-95	0.5
聚氨酯流变助剂	4
碱溶胀增稠剂	6

◀ 制备方法 ▶

将各组分混合均匀，经研磨、过滤得到产品。

◀ 原料配伍 ▶

本品各组分质量份配比范围为：水 217、羟乙基纤维素 0.5、AMP-95 为 0.5、杀菌剂 1、分散剂 6、润湿剂 1、消泡剂 2、丙二醇 25、金红石型钛白粉 180、1250 目高岭土 100、800 目滑石粉 40、1250 目重质碳酸钙 100、成膜助剂 18、Fuchem-102 为 300、杀菌剂 1、消泡剂 1、AMP-95 为 0.5、聚氨酯流变助剂 4、碱溶胀增稠剂 6。

产品应用

本品是一种外墙乳胶漆。

产品特性

该乳胶漆在聚合过程中添加特种单体，成膜过程中起到很好的修补作用，使成膜更加致密，具有优异的耐水性和保色性。适用于制备各种半光、无光外墙乳胶漆，尤其在中、低档外墙乳胶漆配制中体现极佳的性能和良好的增稠稳定性。耐水性好、不起皮、不变黄、易清洗。

外墙乳胶漆（10）

原料配比

原　　料	配比（质量份）	
	1 号	2 号
水	200	300
丙二醇	20	30
润湿剂	2	3
成膜助剂	12	18
消泡剂	3	4.5
防腐剂	1	1.5
分散剂	5	7.5
pH 调节剂	2	3
钛白粉	175	262.5
煅烧高岭土	50	75
滑石粉	50	75
造纸污泥	100	150
苯丙乳液	320	480
CMC（2% 水溶液）	50	75
流平剂（1∶2 水溶液）	15	22.5
增稠剂	15	22.5

制备方法

本技术所述配制工序包括打浆和调漆两个过程。打浆过程：首先加入一定量的水，在一定转速下缓慢地加入分散剂、润湿剂、消泡剂、防腐剂、防冻剂、成膜助剂以及 pH 调节剂，混合均匀后，加大搅拌速度，依次加入钛白粉、煅烧高岭土、造纸污泥以及滑石粉，高速分散一定时间后转入砂磨机研磨。调漆过程：将研磨后达到细度要求的浆液在一定转速下加入苯丙乳液，然后依次加入流平剂、增稠剂和剩余的消泡剂，加完全部原料后搅拌一定时间后灌装。

原料配伍

本品各组分质量份配比范围为：防冻剂（丙二醇）20～30、润湿剂（PE-100）2～3、成膜助剂（十二碳醇酯）12～18、消泡剂（NXZ）3～4.5、水 200～300、防腐剂（A-04）1～1.5、分散剂（SN-5040）5～7.5、pH 调节剂（TCP-95）2～3、钛白粉（R-706）175～262.5、煅烧高岭土 50～75、滑石粉（800 目）50～75、造纸污泥（处理后）100～150、苯丙乳液（AC-201）320～480、增稠剂 1（TT935）15～22.5（1∶2水溶液）、增稠剂 2（自制 CMC）50～75（2％水溶液）、流平剂 1（RM-2020）6～9（1∶2水溶液）和流平剂 2（UH-420）9～13.5（1∶2水溶液）。

其中，造纸污泥经过 60℃烘干 2～2.5h，粉碎并过 800 目筛，取其筛下物。

产品应用

本品用于建筑外墙。

产品特性

本品原料易得，生产成本低，工艺步骤简单且不产生二次污染，所得产品质量达到国家相关标准。既为外墙乳胶漆找到了填料的又一来源，又使造纸污泥变废为宝，实现了资源再生，同时保护了生态环境，解决了造纸工业的一大难题。

外墙乳胶漆（11）

原料配比

原　　料	配比（质量份）
水	18
丙二醇	1
分散剂 Hydropalat 100	1.5

续表

原　料	配比（质量份）
润湿剂	0.1
消泡剂	0.2
防霉防腐剂 Dehygant LFM	0.4
调节剂 AMP-95	0.15
钛白粉	17
沉淀硫酸钡	13
云母粉	5
高岭土	10
消泡剂	0.15
乳液	30
成膜助剂	1.5
增稠剂	0.4
氨水	0.3
水	1.3

制备方法

（1）制备分散浆　按配方量将颜填料、分散剂、润湿剂、消泡剂、防霉防腐剂和 90%～95% 的水混合，以 1500～3000r/min 的转速分散 5～15min，再以 2000～4000r/min 的转速砂磨 20～40min，使体系细度小于 $30\mu m$，过滤得到分散浆。

（2）制成品　在分散浆中添加配方量的消泡剂进行消泡后，加入配方量的乳液、成膜助剂和增稠剂，调节黏度为 80～95KU，然后再加入剩余的水，制得外墙乳胶漆。

原料配伍

本品各组分质量份配比范围为：颜填料 32～58、乳液 15～40、丙二醇 0.5～1.5、分散剂 0.8～3.0、润湿剂 0.05～0.2、消泡剂 0.3～1.0、防霉防腐剂 0.2～0.6、调节剂 AMP-95 为 0.05～0.25、消泡剂 0.3～1.0、成膜助剂 0.5～2.5、增稠剂 0.2～1.5、氨水 0.1～0.5、水 10～30。

所述的颜填料包括：金红石型钛白粉 15～20、沉淀硫酸钡 10～15、云母粉 3～5、高岭土 4～15。

所述的乳液为苯丙乳液、纯丙乳液、硅丙乳液之一或其组合。

所述的分散剂为疏水型分散剂。所述的增稠剂为缔合型增稠剂。

质量指标

项目	指标
容器中状态	无硬块，搅拌后呈均匀状态
施工性	涂刷二道无障碍
干燥时间(表干)/h	≤1
涂膜外观	正常
对比率(白色)	≥0.93
耐水性	96h 无异常
耐酸雨(pH＝3 的 H_2SO_4 水溶液)	48h 无异常
耐人工气候老化性(白色)	400h 不起泡、不剥落、无裂纹
涂层耐温变性(5 次循环)	无异常

产品应用

本品用于外墙。

产品特性

用本方法所制备的外墙乳胶漆是一种水性耐酸雨耐腐蚀性乳胶漆，属于水性乳胶漆类型，是环保型外墙涂料。具有早期抗水性、耐酸雨、耐腐蚀，耐沾污性好；水作为介质，极低或无 VOC 排放，无污染，属绿色环保产品。

外墙乳胶漆（12）

原料配比

原料	配比(质量份)		
	1 号	2 号	3 号
水	17	25	36
分散剂 Hydropalat 34	1.2	1.1	1
稳定剂 Hydropalat 306	0.1	0.15	0.05
AMP-95	0.15	0.20	0.18
消泡剂 Defoamer 125	0.15	0.18	0.20
颜料 R215	16	15	17
填料 1250 目的 $BaSO_4$	13	14	15
填料 DB80	5	4	6
填料 1000 目的重质碳酸钙	5	6	4
填料 800 目的硅灰石	5	6	4

续表

原 料	配比（质量份）		
	1 号	2 号	3 号
消泡剂 Defoamer 121	0.15	0.18	0.20
乳液 998A	30	25	20
防腐剂 LFM	0.20	0.18	0.15
成膜剂十二碳醇酯	1.5	1.3	1
增稠剂 DSX3551	0.6	0.8	1

制备方法

① 按上述配方称样，在 500r/min 转速下搅拌水和助剂 15min。

② 在低速搅拌的情况下，向其中依次加入各种着色颜料及体质颜料，将其预分散均匀。

③ 采用砂磨，将各种颜料研磨到刮板细度为 30μm 以下。

④ 过滤后按顺序加入消泡剂、乳液、防腐剂、成膜助剂，搅拌约 15min 加入 AMP-95 调节 pH 值。

⑤ 在低速分散情况下，向其中加入增稠剂，得到成品。

原料配伍

本品各组分质量份配比范围为：水 17～36、分散剂 Hydropalat 34 为 1～1.2、稳定剂 Hydropalat 306 为 0.05～0.15、AMP-95 为 0.15～0.2、消泡剂 Defoamer 125 为 0.15～0.2、颜料 R215 为 15～17、填料 1250 目的 $BaSO_4$ 13～15、填料 DB80 为 4～6、填料 1000 目的重质碳酸钙 4～6、填料 800 目的硅灰石 4～6、消泡剂 Defoamer 121 为 0.15～0.2、乳液 998A 为 20～30、防腐剂 LFM 0.15～0.2、成膜剂十二碳醇酯 1～1.5、增稠剂 DSX3551 为 0.6～1。

质量指标

项 目	指 标		
	1 号	2 号	3 号
附着力/级	1	1	1
对比率(线棒涂布 30μm)/%	72.08	65.68	69.47
流挂	250μm 不流挂	225μm 不流挂	275μm 不流挂
流平等级/级	5	5	5
Stormer 黏度/KU	>80	>90	>110
储存稳定性(50℃)	储存四周无分层、沉淀及絮凝	储存四周无分层、沉淀及絮凝	储存四周无分层、沉淀及絮凝

<**产品应用**>

本品用于外墙。

<**产品特性**>

① 黏度低，施工方便，可直接进行喷涂。

② 附着力强，与底材的附着力高达 1 级。

③ 遮盖力强，黑白格板法下厚度为 $50\mu m$ 就可将底材全部遮盖。

④ 具有很好的流平性，实验结果为 5 级。

⑤ 施工性好，按常规施工设备及方法就能得到较好的涂层。

⑥ 储存稳定性好，50℃烘箱储存 1 个月后各项指标（如细度、黏度等）基本没有变化，不发生深沉、结块等不稳定现象。

外墙乳胶漆（13）

<**原料配比**>

原　　料	配比（质量份）
钛白粉	10
去离子水	12
乙二醇	1.5
防腐剂	0.06
分散剂	0.5
表面活性剂	0.15
空心微珠乳液	12
消泡粉	0.18
高岭土	10
滑石粉	8
高强纤维素	0.65
重质碳酸钙	7
木质素	10
纯丙乳液	20
成膜助剂	1.7
增稠剂	2

<**制备方法**>

在低速搅拌下按顺序将去离子水、乙二醇、防腐剂、分散剂、表面

活性剂、空心微珠乳液、消泡粉、钛白粉、成膜助剂、纯丙乳液、重质碳酸钙、增稠剂加入不锈钢桶中，充分混合使之高度分散，然后加入木质素、高岭土、滑石粉、高强纤维素混合均匀，把所得物放入砂磨机研磨，细度达到使用要求即可。

原料配伍

本品各组分质量份配比范围为：钛白粉 9～17、去离子水 8～19、乙二醇 1～4、防腐剂 0.05～0.14、分散剂 0.5～1.3、表面活性剂 0.06～0.15、空心微珠乳液 9～18、消泡粉 0.1～0.8、高岭土 8～17、滑石粉 5～12、高强纤维素 0.2～0.8、重质碳酸钙 4～12、木质素 8～17、纯丙乳液 9～19、成膜助剂 0.7～2、增稠剂 0.8～2.6。

产品应用

本品主要用于外墙的装饰。

产品特性

① 采用空心微珠乳液，提高抗沾污性能和自洁性能。

② 采用高岭土、重质碳酸钙、滑石粉，提高耐磨度和光洁度。

③ 采用木质素、高强纤维素，提高附着性。

外墙乳胶漆（14）

原料配比

原　料	配比（质量份）		
	1 号	2 号	3 号
水	17	25	36
分散剂 Hydropalat 34	1.2	1.1	1
稳定剂 Hydropalat 306	0.1	0.15	0.05
AMP-95	0.15	0.2	0.18
消泡剂 Defoamer 125	0.15	0.18	0.2
颜料 R215	16	15	17
填料 1250 目的 $BaSO_4$	13	14	15
填料 DB80	50	4	6
填料 1000 目的重质碳酸钙	5	6	4
填料 800 目的硅灰石	5	6	4
消泡剂 Defoamer 121	0.15	0.18	0.2

乳胶涂料配方与制备（二）

原　　料	配比（质量份）		
	1号	2号	3号
乳液998A	30	25	20
防腐剂LFM	0.2	0.18	0.15
成膜助剂十二碳醇酯	1.5	1.3	1
增稠剂DSX3551	0.6	0.8	1

制备方法

① 按上述配方称样，在500r/min转速下搅拌水和助剂15min。

② 在低速搅拌的情况下，向其中依次加入各种着色颜料及体质颜料，将其预分散均匀。

③ 采用砂磨，将各种颜料研磨到刮板细度为30μm以下。

④ 过滤后按顺序加入消泡剂、乳液、防腐剂、成膜助剂，搅拌约15min加入AMP-95调节pH值。

⑤ 在低速分散的情况下，向其中加入增稠剂，得到成品。

原料配伍

本品各组分质量份配比范围为：水17～36、分散剂Hydropalat 34为1～1.2、稳定剂Hydropalat 306为0.05～0.15、pH调节剂AMP-95为0.15～0.2、消泡剂Defoamer125为0.15～0.2、颜料R215为15～17、填料1250目的BaSO$_4$ 13～15、填料DB80为4.0～6、填料1000目的重质碳酸钙4.0～6.0、填料800目硅灰石4～6、消泡剂Defoamer121为0.15～0.2、乳液998A为20～30、防腐剂LFM 0.15～0.2、成膜助剂十二碳醇酯1～1.5、增稠剂DSX3551为0.6～1。

产品应用

本品主要用作外墙乳胶漆。

产品特性

① 黏度低，施工方便，可直接进行喷涂。

② 附着力强，与底材的附着力高达1级。

③ 遮盖力强，黑白格板法下厚度为50μm就可将底材全部遮盖。

④ 具有很好的流平性，实验结果为5级。

⑤ 施工性好，按常规施工设备及方法就能得到较好的涂层。

⑥ 储存稳定性好，50℃烘箱储存1个月后各项指标（如细度、黏

度等）基本没有变化，不发生沉淀、结块等不稳定现象。

外墙用乳胶色漆（1）

原料配比

原　　料	配比（质量份）
水	20
丙二醇	2.4
Hydropalat 100	1.0
Hydropalat 306	0.1
FoamStar A-10	0.15
Dehygant LFM	0.1
金红石型钛白粉 R-706	10.0
重质碳酸钙（700目）	15.0
重质碳酸钙（1500目）	8.0
硅灰石（800目）	7.0
A-10	0.15
PA-237	35.0
AS 1130	0.3
3116	0.25
氨水	0.1
CB9	1.01
CB5	0.61
CB2	0.19

制备方法

首先制备相应的基础漆，然后再将色浆按比例添加到基础漆中，充分搅拌均匀即可。具体步骤可分为以下三个。

（1）调浆　将各种溶剂、粉料及润湿分散剂等助剂加入，通过高速分散及砂磨，控制使基础漆的细度小于 $25\mu m$。

（2）调漆　加入乳液、成膜助剂及增稠剂调整涂料的黏度，控制涂料的黏度，流动性。

（3）调色　最后在制备的基础漆中加入调色色浆（深圳海川色彩科技公司）CB9：1.01 份，CB5：0.61 份，CB2：0.19 份，搅拌 10～

15min，使其充分混匀。

◀原料配伍▶

本品各组分质量份配比范围为：水 14～25、助溶剂 2.0～2.8、纯丙乳液 35～39、金红石型钛白粉 9.5～10.5、700 目重质碳酸钙 15～19、1500 目重质碳酸钙 5～8、硅灰石 5～7、聚电介质疏水性分散剂 1.0～1.5、脂肪醇聚氧乙烯醚类润湿剂 0.1～0.15、消泡剂 0.25～0.3、含氮杂环化合物的防霉剂 0.1～0.15、成膜助剂 1.4～1.8、增稠剂 0.50～0.6、氨水 0.1～0.15、永固紫（CB9）1.01、酞菁蓝 B（CB5）0.61、炭黑（CB2）0.19。

其中，助溶剂是保水抗冻融剂；分散剂是聚电介质疏水性的；润湿剂是脂肪醇聚氧乙烯醚类；消泡剂属于脂肪烃类消泡剂；防霉剂属于含氮杂环化合物，成膜助剂属于醇酯类成膜助剂；增稠剂属于丙烯酸类增稠剂。

所述的乳胶色漆，其中所采用的色浆 CB9 是永固紫，其 1/25 耐候性为 3 级，1/25 耐光性为 8 级，颜料含量为 10%；CB5 为酞菁蓝 B，其 1/25 耐候性为 4～5 级，1/25 耐光性为 8 级，颜料含量为 50%；CB2 为炭黑，其 1/25 耐候性为 5 级，1/25 耐光性为 8 级，颜料含量为 35%。

◀产品应用▶

本品用于建筑外墙。

◀产品特性▶

本技术所述的建筑外墙用乳胶色漆，可以最大限度地保证该颜色的耐候性及准确性，通过数据化的颜色三属性值定义涂料颜色，使最终颜色兼具通用性与准确性。

外墙用乳胶色漆（2）

◀原料配比▶

原　　料	配比（质量份）
水	20.45
丙二醇	2.4
Hydropalat 100	1.0
Hydropalat 306	0.1
FoamStar A-10	0.15

原 料	配比（质量份）
Dehygant LFM	0.1
金红石型钛白粉 R-706	10.0
重质碳酸钙（700 目）	15.0
重质碳酸钙（1500 目）	8.0
硅灰石（800 目）	7.0
A-10	0.15
PA-237	35.0
AS 1130	0.3
3116	0.25
氨水	0.1
吡咯红（CB12）	0.93
镍络合黄（CB10）	0.12
铁红（CB3）	0.26

制备方法

首先制备相应的基础漆，然后再将色浆按比例添加到基础漆中，充分搅拌均匀即可。具体步骤可分为以下三个。

（1）调浆　将各种溶剂，粉料及润湿分散剂等助剂加入，通过高速分散及砂磨，控制使基础漆的细度小于 $25\mu m$。

（2）调漆　加入乳液、成膜助剂及增稠剂调整涂料的黏度，控制涂料的黏度，流动性。

（3）调色　将色浆按照预定比例加入到基础漆中，搅拌 $10\sim15min$。

原料配伍

本品各组分质量份配比范围为：水 $14\sim25$、助溶剂 $2.0\sim2.8$、纯丙乳液 $35\sim39$、金红石型钛白粉 $9.5\sim10.5$、700 目重质碳酸钙 $15\sim19$、1500 目重质碳酸钙 $5\sim8$、硅灰石 $5\sim7$、聚电介质疏水性分散剂 $1.0\sim1.5$、脂肪醇聚氧乙烯醚类润湿 $0.1\sim0.15$、消泡剂 $0.25\sim0.3$、防霉剂 $0.1\sim0.15$、成膜助剂 $1.4\sim1.8$、增稠剂 $0.50\sim0.6$、氨水 $0.1\sim0.15$、吡咯红（CB12）0.93、镍络合黄（CB10）0.12、铁红（CB3）0.26。

其中，助溶剂是保水抗冻融剂；分散剂是聚电介质疏水性的；润湿剂是脂肪醇聚氧乙烯醚类；消泡剂属于脂肪烃类消泡剂；防霉剂属于含氮杂环化合物，成膜助剂属于醇酯类成膜助剂；增稠剂属于丙烯酸类增稠剂。

所述的乳胶色漆，其中所采用的色浆 CB12 是吡咯红，其 1/25 耐候性为 4～5 级，颜料含量为 35％；CB10 为镍络合黄，其 1/25 耐候性为 4 级，颜料含量为 40％；CB3 为铁红，其 1/25 耐候性为 4～5 级，颜料含量为 65％。

◀ 产品应用 ▶

本品用于建筑外墙。

◀ 产品特性 ▶

本品可以最大限度地保证该颜色的耐候性及准确性，通过数据化的颜色三属性值定义涂料颜色，使最终颜色兼具通用性与准确性。

外墙用高附着力乳胶漆

◀ 原料配比 ▶

原　　料	配比（质量份）		
	1 号	2 号	3 号
叔丙乳液	30	34	37
环氧树脂	10	13	15
金红石型纳米 TiO_2	15	16	18
碳酸钙	3	3.5	3.9
磷酸三丁酯	0.6	0.8	1
膨润土	0.4	0.45	0.52
羟基纤维素	0.5	0.7	0.85
乙烯基树脂	4	5	5.4
二甲苯	0.3	0.38	0.43
聚乙烯吡咯烷酮	0.4	0.6	0.8
丙二醇	2.6	4	5
PE 蜡	0.15	0.2	0.25
流平剂	0.15	0.15	0.18
苯甲酸钠	1.8	2	2.4
氨水	0.1	0.15	0.24
水	10	14	15

◀ 制备方法 ▶

① 将叔丙乳液和膨润土放入调漆罐搅拌均匀，放置 2～3h。

② 再将环氧树脂、羟基纤维素、乙烯基树脂、聚乙烯吡咯烷酮、PE 蜡、磷酸三丁酯、二甲苯、丙二醇、苯甲酸钠、流平剂和水加入上

述调漆罐中，边搅拌边加入金红石型纳米 TiO_2 和碳酸钙，搅拌均匀后，用氨水调节 pH 值，达到标准后即可过滤出料，得到外墙用高附着力乳胶漆。

原料配伍

本品各组分质量份配比范围为：叔丙乳液 30～46、环氧树脂 10～20、金红石型纳米 TiO_2 15～23、碳酸钙 3～4.8、磷酸三丁酯 0.6～1.2、膨润土 0.4～0.65、羟基纤维素 0.5～1.1、乙烯基树脂 4～7、二甲苯 0.3～0.54、聚乙烯吡咯烷酮 0.4～1、丙二醇 2.6～7.5、PE 蜡 0.15～0.3、流平剂 0.15～0.3、苯甲酸钠 1.8～3.2、氨水 0.1～0.3、水 10～18。

质量指标

检验项目	检验标准	检验结果		
		1 号	2 号	3 号
附着力	GB/T 9286—1998	≤1 级		
耐水性(240h)	GB/T 5209—1985	不起泡,不起皱,无异常		
低温稳定性	3 次循环不变质	3 次循环不变质	4 次循环不变质	4 次循环不变质
耐沾污性	≤15%	≤5%	≤4.3%	≤4%
耐洗刷性	1000 次	1815 次	1923 次	2014 次

产品应用

本品主要用于外墙的涂装。

产品特性

本品具有很强的附着力和防水性，耐雨水冲洗，抗污力和抗冻性能好。

外墙用高耐候性乳胶漆

原料配比

原　　料	配比(质量份)			
	1 号	2 号	3 号	4 号
自交联丙烯酸酯乳液	35	40	46	44
钛白粉	15	18	22	20
方解石	15	20	24	22

续表

原　料	配比（质量份）			
	1 号	2 号	3 号	4 号
润湿分散剂	0.2	0.5	0.8	0.6
成膜助剂	1.5	2	2.6	2.3
二甲基硅油	0.05	0.07	0.11	0.09
聚丙烯酸酯	0.5	0.6	1	0.8
改性聚丙烯酸酯	0.2	0.25	0.32	0.27
粉状氧化锌	0.8	1	1.3	1.1
抗冻融稳定剂	0.2	0.3	0.45	0.38
催干剂	0.12	0.15	0.23	0.21
水	25	28	33	30

制备方法

① 先将聚丙烯酸酯和 1/3 质量份的水混合，在 1500～2000r/min 的转速下搅拌至聚丙烯酸酯溶解，然后依次加入润湿分散剂、钛白粉和方解石，在 4000～4500r/min 的转速下搅拌 30～45min。

② 再依次加入自交联丙烯酸酯乳液、成膜助剂、改性聚丙烯酸酯、二甲基硅油、粉状氧化锌、抗冻融稳定剂、催干剂和剩余的水，调节 pH 值，混合搅拌均匀后得到外墙用高耐候性乳胶漆。

原料配伍

本品各组分质量份配比范围为：自交联丙烯酸酯乳液 35～50、钛白粉 15～25、方解石 15～25、润湿分散剂 0.2～1、成膜助剂 1.5～3、二甲基硅油 0.05～0.15、聚丙烯酸酯 0.5～1.3、改性聚丙烯酸酯 0.2～0.4、粉状氧化锌 0.8～1.5、抗冻融稳定剂 0.2～0.5、催干剂 0.12～0.28、水 25～35。

质量指标

检验项目	检验结果			
	1 号	2 号	3 号	4 号
耐水性	270h 无异常	280h 无异常	276h 无异常	286h 无异常
干燥时间	1h	0.8h	0.6h	0.5h
耐紫外线照射时间	825h	859h	850h	880h

产品应用

本品主要用于外墙的涂装。

本品具有高的耐候性、透气性、耐水性、耐擦洗性，涂膜的干燥速度快。

外墙用耐冻融抗裂乳胶漆

原料配比

原　　料	配比（质量份）			
	1 号	2 号	3 号	4 号
纯丙烯酸乳液	30	35	48	40
膏状凹凸棒	15	20	30	25
高岭土	4.5	5	7.5	6
硅藻土	2.7	3.5	4.5	4
二氧化钛	8	10	13	11.5
金红石型钛白粉	3	6	10	8
LBD-1 分散剂	0.6	0.8	1	0.85
磷酸三钠	0.35	0.4	0.5	0.43
焦磷酸钠	1	1.2	1.5	1.36
二甲基硅油	0.25	0.35	0.5	0.42
丙烯酸类增稠剂	0.45	0.6	0.8	0.71
丙二醇苯醚	0.6	0.8	1.2	1
防霉剂	0.5	0.6	0.75	0.69
丙二醇	3.6	4	4.6	4.3
水	30	35	45	40

制备方法

① 将高岭土、硅藻土、二氧化钛、金红石型钛白粉、LBD-1 分散剂、焦磷酸钠、防霉剂、丙二醇、50％的二甲基硅油和 30％的水加入搅拌罐中，搅拌成膏状物，用研磨机研磨至黑格曼细度为 4，得到浆体。

② 将上述浆体、膏状凹凸棒、纯丙烯酸乳液、磷酸三钠、丙烯酸类增稠剂、丙二醇苯醚和剩余的二甲基硅油、水加入粉碎打浆机内进行粉碎，粉碎均匀至颗粒细度≤0.2mm，然后出料、过滤，得到外墙用耐冻融抗裂乳胶漆。

◀原料配伍▶

本品各组分质量份配比范围为：纯丙烯酸乳液 30～55、膏状凹凸棒 15～35、高岭土 4.5～8.5、硅藻土 2.7～5、二氧化钛 8～15、金红石型钛白粉 3～12、LBD-1 分散剂 0.6～1.1、磷酸三钠 0.35～0.55、焦磷酸钠 1～1.7、二甲基硅油 0.25～0.55、丙烯酸类增稠剂 0.45～0.8、丙二醇苯醚 0.6～1.3、防霉剂 0.5～0.8、丙二醇 3.6～5、水 30～50。

◀质量指标▶

检验项目	检验结果			
	1 号	2 号	3 号	4 号
耐洗刷性	2915 次	3056 次	2980 次	3120 次
吸水率（干膜）/%	0.17	0.15	0.16	0.13
冻融稳定性	通过			
附着力	GB/T 9286 技术指标检测为 1 级			

◀产品应用▶

本品主要用于外墙的涂装。

◀产品特性▶

本品具有良好的弹性功能，具有优异的耐冻融性能、防水性能、附着力和耐擦性能，使用寿命长。

外墙装饰乳胶漆

◀原料配比▶

原　　料	配比（质量份）
群青	8.5
纤维素	0.2
增湿剂	0.07
分散剂	0.6
钛白粉	4.2
二氧化硅超细粉	17.7
高岭土	5.7
轻质碳酸钙	7.1

原　料	配比（质量份）
灰钙	7.1
滑石粉	2.8
聚乙烯醇	14.2
高分子聚合物乳液	14.2
水	17.63

制备方法

取各组分混合后→加温 90℃→静置 24h→400r/min 高速搅拌→砂磨→40r/min 低速搅拌→再砂磨→过滤→灌装到容器内，制得新型乳胶漆。

原料配伍

本品各组分质量份配比范围为：群青 8.4～8.6、纤维素 0.1～0.3、增湿剂 0.06～0.08、分散剂 0.5～0.7、钛白粉 4.1～4.3、二氧化硅超细粉 17.6～17.8、高岭土 5.6～5.8、轻质碳酸钙 7～7.2、灰钙 7～7.2、滑石粉 2.7～2.9、聚乙烯醇 14.1～14.3、高分子聚合物乳液 14.1～14.3、水 17.62～17.64。

产品应用

本品主要用于外墙装饰。

产品特性

本品具有抗老化、强度高、耐湿擦及表面平整光滑等优点，不易脱粉，长期使用不会产生爆裂现象，又由于该涂料密度高，抗污性较好。

建筑物乳胶漆

原料配比

原　料	配比（质量份）
水	300
醋酸乙烯酯乳液	300
分散剂	5
6501 树脂	2
消泡剂	0.3

原　料	配比（质量份）
流平剂	1.5
云母粉	25
碳酸钙	80
滑石粉	60

◀ 制备方法 ▶

　　将上述原料按配比高速分散 1h 后，进行砂磨、过滤、包装即为抗冻防霉耐擦洗新型乳胶漆。

◀ 原料配伍 ▶

　　本品各组分质量份配比范围如下。

　　基料：水 300～500、醋酸乙烯酯乳液 300～500、分散剂 5～10、6501 树脂 2～5、消泡剂 0.2～0.5、流平剂 1～3。

　　粉料：云母粉 5～50、碳酸钙 50～150、滑石粉 50～150。

◀ 产品应用 ▶

　　本品用于建筑物的涂刷。

◀ 产品特性 ▶

　　本品成本仅为常规乳胶漆的 1/2，−15℃不冻结，耐擦洗 500 次以上，可与丙烯酸、醋酸乳胶漆相媲美。尤其是不使用任何防腐杀菌剂，产品无毒、无味、无污染，是一种理想的绿色环保产品。

隐蔽型防盗乳胶漆

◀ 原料配比 ▶

原　料	配比（质量份）		
	1 号	2 号	3 号
去离子水	33.27	30.83	27.25
纤维素	0.2	0.18	0.15
分散剂	0.5	0.8	1
润湿剂	0.05	0.06	0.08
黑色硅晶圆粉体	10	15	20
颜填料	25	20	15

原　　料	配比（质量份）		
	1 号	2 号	3 号
防腐剂	0.15	0.1	0.2
消泡剂	0.28	0.35	0.42
丙烯酸乳液	30	32	35
pH 调节剂	0.05	0.08	0.1
增稠剂	0.5	0.6	0.8

制备方法

将去离子水投入反应釜，在 $300\sim500r/min$ 转速下，加入纤维素，分散 $5\sim30min$；在 $800\sim1200r/min$ 转速下，投入分散剂、润湿剂、消泡剂，分散 $10\sim30min$；在 $1000\sim1500r/min$ 转速下，投入黑色硅晶圆粉体、颜填料，分散 $10\sim60min$；在 $300\sim800r/min$ 转速下，投入防腐剂、消泡剂、丙烯酸乳液、pH 调节剂、增稠剂，分散均匀过滤后即得成品。

原料配伍

本品各组分质量份配比范围为：去离子水 $25\sim35$、纤维素 $0.15\sim0.2$、分散剂 $0.5\sim1$、润湿剂 $0.05\sim0.08$、黑色硅晶圆粉体 $10\sim20$、颜填料 $15\sim25$、防腐剂 $0.1\sim0.2$、消泡剂 $0.28\sim0.42$、丙烯酸乳液 $30\sim35$、pH 调节剂 $0.05\sim0.1$、增稠剂 $0.5\sim0.8$。

所述纤维素为科莱恩 Hs100000yp2、亚夸龙 HBR250 中的至少一种。

所述分散剂为科宁 Dispersant 5040、氰特 XL 260、科莱恩 SB 10 中的至少一种。

所述润湿剂为科宁 Hydropalat 436、海川 PE-100、诺普科 902W 中的至少一种。

所述消泡剂为布莱克本 CF245、澳莱德 OF-291、诺普科 SN-DE-FOAMER 328 中的至少一种。

所述防腐剂为罗门哈斯 ROCIMA-101、罗门哈斯 LXE、托普 EWP 中的至少一种。

所述颜填料为按质量份配比钛白粉：高岭土：重质碳酸钙 $=1$：$(0.1\sim0.8)$：$(0.3\sim3)$ 的均匀混合物。

所述黑色硅晶圆粉体是由美国马萨诸塞州的硅安尼克斯公司提供的。

所述 pH 调节剂为陶氏化学的 AMP-95。

所述增稠剂为罗门哈斯 RM-2020、洛克伍德 HV-80、诺普科 SN-THICKENER612 中的至少一种。

所述丙烯酸乳液为罗门哈斯 AC-261、巴德富 RS2806、日出 TBH-1 中的至少一种。

◀ 产品应用 ▶

本品主要应用于建筑物墙体。

◀ 产品特性 ▶

① 热成像清晰、灵敏度高、不受环境影响（如电磁辐射、核辐射光照等）、抗震动性好等，在雾、雨、雪等气候条件下也能保持较好的性能。

② 热成像隐蔽防范性好，在可见光范围内无图像显示，互补了现有的防盗技术，像普通乳胶漆一样直接刷涂或喷涂在墙上便可，可用于曲线周界的重点防盗地段。

③ 本品施工方便，成本低，具有长久防盗性，不需要任何维护费用，不需要任何电源设备。

荧光乳胶漆

◀ 原料配比 ▶

原 料	配比(质量份)
苯丙乳液	20
聚乙烯醇	1.2
轻质碳酸钙	18
立德粉	5
荧光粉	20
硼砂	0.03
明矾	0.07
六偏磷酸钠	0.08
硅灰石粉	10
水	35
草酸	1

◀ 制备方法 ▶

将上述组分混合后，经加温、搅拌、砂磨、过滤，即制得荧光乳胶漆。

本品各组分质量份配比范围为：苯丙乳液 10～30、聚乙烯醇 0.5～3、轻质碳酸钙 15～25、立德粉 5～15、荧光粉 7～35、硼砂 0.02～0.1、明矾 0.05～0.1、六偏磷酸钠 0.05～0.15、硅灰石粉 10～20、水 30～40、草酸 0.5～1.5。

◀ 产品应用 ▶

本品可用于地下通道、楼梯走廊等。

◀ 产品特性 ▶

本品强度高、韧性好、夜晚能发光，是涂料中的佳品。

用于内外墙装饰的干粉乳胶漆

◀ 原料配比 ▶

原　　料	配比（质量份）
可分散丙烯酸胶粉	30～35
钛白粉	15～20
高岭土	8～10
重质碳酸钙粉	15～20
立德粉	5～8
高岭土	4～6
纤维素	1～3
轻质碳酸钙粉	10～15
纳米碳酸钙	5～10

◀ 制备方法 ▶

将各组分混合均匀，经过研磨、过滤得到产品。

◀ 原料配伍 ▶

本品各组分质量份配比范围为：可分散丙烯酸胶粉 30～35、钛白粉 15～20、高岭土 8～10、重质碳酸钙粉 15～20、立德粉 5～8、高岭土 4～6、纤维素 1～3、轻质碳酸钙粉 10～15、纳米碳酸钙 5～10。

◀ 产品应用 ▶

本品主要用于内外墙的装饰。

本品在使用时将其加水调制即可还原成液态乳胶漆，可以涂刷、滚喷，能够形成光滑的表面涂层。

◀ 产品特性 ▶

本品品质稳定且能够长期保持，使用时将其加水调制即可还原成液态乳胶漆，使用过程中不会释放出任何有害气体，不污染环境。与常规液态乳胶漆相比，该产品还具有耐浸、耐污、耐擦洗、遮盖力强、抗老化、不剥落、不泛碱、不开裂等突出的使用效果，且产品易储存、不怕冻，在运输上也更为方便。

新型环保纳米抗菌乳胶漆

◀ 原料配比 ▶

原　　料	配比(质量份)	
	1 号	2 号
水	100	300
乙二醇	4～6	—
分散剂	1	3
润湿剂	—	2
硅藻土	—	25～30
羟乙基纤维素	1～2	—
钛白粉	70～80	280
高岭土	6～8	100
立德粉	80～90	80～100
滑石粉	50～60	—
纳米级碳酸钙	1	10
凹凸棒土	2～3	8～10
润湿剂	1	2.5
高吸水树脂		2～3
消泡剂(一)		1
消泡剂(二)		2
锐钛型 TiO_2 及抗菌粉		25～30

◀ 制备方法 ▶

① 在搅拌器中加入 100 份水和 4～6 份乙二醇，开机搅拌，在搅拌过程中加入 1 份分散剂、1～2 份羟乙基纤维素、70～80 份钛白粉、6～

8份高岭土、80～90份立德粉、50～60份滑石粉、1份纳米级碳酸钙、2～3份凹凸棒土、1份润湿剂搅拌，使物质充分混匀。

② 将上述搅拌均匀的料浆注入砂磨机砂磨至一定细度，然后倒入调漆罐中，加入120～130份苯丙乳液和2份消泡剂搅拌均匀，再缓慢加入10份成膜助剂、2份防霉剂、1.5份防腐剂和2～3份高吸水树脂，然后加入8～10份锐钛型TiO_2及抗菌粉，继续搅拌，最后加入2份增稠剂和1份胺中和剂，搅拌均匀后过滤、包装就可以得到本品。

◀ 原料配伍 ▶

本品各组分质量份配比范围为：水100～300、乙二醇4～6、分散剂1～3、硅藻土25～30、羟乙基纤维素1～2、钛白粉70～280、高岭土6～100、立德粉80～100、滑石粉50～60、纳米级碳酸钙1～10、凹凸棒土2～10、润湿剂0～3、高吸水树脂0～3、消泡剂0～3、锐钛型TiO_2及抗菌粉25～30。

锐钛型TiO_2为纳米级TiO_2，而抗菌粉为锐钛型TiO_2掺杂铈离子，二者按照一定比例混合改性乳胶漆，能够在紫外线等外光源的催化作用下，降解甲醛等有害气体。

◀ 产品应用 ▶

本品主要用作建筑行业的装饰材料乳胶漆，是新型环保纳米抗菌乳胶漆。

◀ 产品特性 ▶

这种乳胶漆具有抗菌、净化空气等作用。

鲜红色外墙乳胶漆

◀ 原料配比 ▶

原　　料		配比（质量份）
基础漆	水	10.0
	丙二醇	2.5
	Hydropalat 100	0.8
	Defoamer 334	0.15
	金红石型钛白粉 R-595	15.0
	重晶石粉 1000 目	15.0

续表

原　料		配比(质量份)
基础漆	绢云母粉 800 目	5.0
	Filmer C40	1.2
	FoamStar A10	0.15
	纯丙 2800	35.0
	SN-636	0.2
	氨水 28%	0.1
	DSX-2000	0.2
产品	基础漆	1000
	PBK7	0.34
	PR254	5.80
	PO67	1.80

制备方法

将上述原材料准备好后，在水中加入助溶剂、分散剂、消泡剂，低速搅拌均匀后缓慢加入颜填料，然后高速分散颜填料，再通过砂磨直到细度小于 $30\mu m$，过滤。过滤完成后，在低速搅拌条件下，在上述分散浆中依次加入润湿剂、消泡剂、成膜助剂、乳液，然后加入增稠剂调整黏度为 90～100KU，加入 pH 调节剂调节 pH 值为 8.5～9.0，慢速消泡完成乳胶基础漆的制备。

本技术中，调色色浆由深圳海川公司的色浆 PBK7、PR254 和 PO67 组成，它们按比例使用 1/48Y 的单位分别注入调色机中，经调试后，与上述乳胶基础漆一起注入色漆专用混匀机中，使之在短时间内混合均匀，一般是 200～280s，最好是 200～250s。

原料配伍

本品各组分质量份配比范围为：水 8～12、助溶剂 2～4、分散剂 0.5～1.2、润湿剂 0.15～0.25、颜料 0～25、填料 0～30、成膜助剂 1.5～2.4、乳液 35～60、增稠剂 0.20～1.0、pH 调节剂 0.1～0.2。

乳胶漆用色浆在建筑涂料中起装饰作用，要求有优异的分散稳定性、耐光性、耐候性及与涂料的配合性等。本品所选用的调色色浆中，PR254 是一种高性能的外墙耐候性良好的色浆，色浆的颜料含量为 40%，PO067 为吡唑喹啉酮橙，是常用的颜色鲜艳饱和的外墙橙色颜料；PBK7 是炭黑颜料，将其用在上述乳胶基础漆中，每千克基础漆添加 PBK7 为 0.31～0.35g，PR254 为 5.78～5.84g，PO67 为 1.78～1.83g。

作为乳胶基础漆中的必要组分，乳液按乳胶漆使用的不同墙面可分为：内墙乳胶漆用乳液和外墙乳胶漆用乳液。其中，外墙乳胶漆用乳液普遍选用丙烯酸酯共聚物，其平均分子量范围为（15～20）万，平均粒径为 $0.1～0.2\mu m$，最低成膜温度为 $10～22℃$，玻璃化温度为 $25～35℃$，阴离子型，pH 值为 $8.5～10.0$。

根据所使用的墙面不同，钛白粉在乳胶基础漆中的选择也有不同。通常，外墙涂料选用金红石型，其中，TiO_2 含量＞95％，金红石型含量＞98％，吸油量＜20g/100g，消色力雷诺兹数 1800，ASTM D476 Ⅱ、Ⅲ型和 ISO 591 R2 型。

如果所配置的乳胶漆是中等遮盖力的（对比率 0.75～0.85），则选用调整较深色用的涂料钛白粉，通常添加量为 120～150g/L（涂料）；若是低遮盖力的（对比率 0.05～0.25），则选用调整饱和深色用的涂料钛白粉，其添加量可以为 0g/L（涂料）；若是高遮盖力的（对比率 0.9～0.96），则选用调浅色用钛白粉，通常添加量为 240～300g/L（涂料）。

根据本品所述的彩色乳胶漆生产技术，乳胶基础漆中选用的填料可以是重晶石粉或云母粉，其中重晶石粉的耐酸性和保光保色性比较好，云母粉的晶体结构为片状，可以提高涂层耐紫外线性能，提高涂层耐候性。

分散剂为具有疏水改性功能的聚羧酸盐分散剂，它对无机和有机颜料具有吸附作用，展色性强，抗水性强，平均分子量为 100～5000。

润湿剂为 1～2 种不同亲水亲油平衡值的非离子润湿剂的组合，调整涂料体系的 HLB 为 12～13，可以最大限度地调整涂料的润湿性能及展色性，使具有不同亲水或者疏水性能的色浆均达到良好的相容效果。

为消除涂料生产和涂装过程中产生的气泡，在制备乳胶基础漆时，在其中添加适量的消泡剂，采用的消泡剂可以为脂肪烃复合消泡剂，消泡活性物质为聚乙烯蜡、金属皂、疏水无机硅和有机聚硅氧烷、聚乙二醇和丙二醇醚类等。

根据乳胶漆的用途，可选择在乳胶基础漆中添加防腐剂，以确保乳胶漆的使用性能。防腐剂可选用三嗪类含氮杂环化合物、4,4-二甲基唑烷及其三甲基同系物等。

pH 调节剂可以选用 2-氨基-2-甲基-1-丙醇、二甲氨基乙醇、二乙基乙醇胺、氨水异丙醇胺等。

增稠剂可选用水合型增稠剂，如疏水改性聚丙烯酸碱溶胀型、羟乙基纤维素醚、聚氨酯型等。

成膜助剂选用十二碳醇酯。

质量指标

性　　能	结　　果
PVC/%	38.8
黏度/KU	92
触变指数	3.8
对比率	0.90
光泽度（60°）	5
耐洗刷性	1000 次
耐碱性	48h 无异常
耐水性	96h 无异常
耐候性	700h 无异常
储存稳定性（50℃，30 天）	95（KU）

产品应用

本品用于建筑外墙的装饰。

产品特性

本品可以在较短的时间内再现国标颜色 1086，还能最大限度地保证颜色的准确性，选用与所需颜色的调色色浆相关的乳胶基础漆，通过调色机、色漆混匀机混合均匀后，使制备的彩色乳胶漆与建筑涂料标准色卡相比，两者之间的色差在允许范围内，所示颜色的耐候性也得到了一定的保证。

紫红色外墙乳胶漆

原料配比

原　　料		配比（质量份）
基础漆	水	10.0
	丙二醇	2.0
	Hydropalat 100	1.2
	PE-100	0.2
	Defoamer 334	0.15
	金红石型钛白粉 R-706	22.0

原　料		配比（质量份）
基础漆	重晶石粉 1000 目	12.0
	绢云母粉 800 目	5.0
	Filmer C40	1.8
	FoamStar A10	0.15
	纯丙 2800	42.0
	SN-636	0.2
	氨水 28%	0.1
	DSX-2000	0.20
产品	基础漆	1000
	PV23	0.71
	PB15:3	0.45
	PR101	1.59

制备方法

　　将上述原材料准备好后，在水中加入助溶剂、分散剂、消泡剂，低速搅拌均匀后缓慢加入颜填料，然后高速分散颜填料，再通过砂磨直到细度小于 30μm，过滤。过滤完成后，在低速搅拌条件下，在上述分散浆中依次加入润湿剂、消泡剂、成膜助剂、乳液，然后加入增稠剂调整黏度为 90～100KU，加入 pH 调节剂调节 pH 值为 8.5～9.0，慢速消泡完成乳胶基础漆的制备。

　　本技术中，调色色浆由深圳海川公司的色浆 PV23、PB15：3 和PR101 组成，它们按比例使用 1/48Y 的单位分别注入调色机中，经调试后，与上述乳胶基础漆一起注入色漆专用混匀机中，使之在短时间内混合均匀，一般是 200～280s，最好是 200～250s。

原料配伍

　　本品各组分质量份配比范围为：水 8～12、助溶剂 2～4、分散剂0.5～1.2、润湿剂 0.15～0.25、颜料 0～25、填料 0～30、成膜助剂1.5～2.4、乳液 35～60、增稠剂 0.20～1.0、pH 调节剂 0.1～0.2。

　　乳胶漆用色浆在建筑涂料中起装饰作用，要求有优异的分散稳定性、耐光性、耐候性及与涂料的配合性等。本品所选用的调色色浆中，PR101 是一种高性能的外墙耐候性良好的铁红色浆，色浆的颜料含量为65%，PV23 为噁嗪紫，是常用的外墙紫色色浆，

　　颜色鲜艳饱和度高，颜料含量为 10%；PR254 是外墙耐候性良好

的鲜艳大红色，具有纯正鲜艳的色相，颜料含量为 40％，将其用在上述乳胶基础漆中，每千克基础漆添加 PV23 为 0.7～0.75g，PB15：3 为 0.43～0.46g，PR101 为 1.56～1.61g。

作为乳胶基础漆中的必要组分，乳液按乳胶漆使用的不同墙面可分为：内墙乳胶漆用乳液和外墙乳胶漆用乳液。其中，外墙乳胶漆用乳液普遍选用丙烯酸酯共聚物，其平均分子量范围为（15～20）万，平均粒径为 0.1～0.2μm，最低成膜温度为 10～22℃，玻璃化温度为 25～35℃，阴离子型，pH 值为 8.5～10.0。

根据所使用的墙面不同，钛白粉在乳胶基础漆中的选择也有不同。通常，外墙涂料选用金红石型，其中，TiO_2 含量＞95％，金红石型含量＞98％，吸油量＜20g/100g，消色力雷诺兹数 1800，ASTM D476 Ⅱ、Ⅲ型和 ISO 591 R2 型。

如果所配置的乳胶漆是中等遮盖力的（对比率 0.75～0.85），则选用调整较深色用的涂料钛白粉，通常添加量为 120～150g/L（涂料）；若是低遮盖力的（对比率 0.05～0.25），则选用调整饱和深色用的涂料钛白粉，其添加量可以为 0g/L（涂料）；若是高遮盖力的（对比率 0.9～0.96），则选用调浅色用钛白粉，通常添加量为 240～300g/L（涂料）。

根据本品所述的彩色乳胶漆生产技术，乳胶基础漆中选用的填料可以是重晶石粉或云母粉，其中重晶石粉的耐酸性和保光保色性比较好，云母粉的晶体结构为片状，可以提高涂层耐紫外线性能，提高涂层耐候性。

分散剂为具有疏水改性功能的聚羧酸盐分散剂，它对无机和有机颜料具有吸附作用，展色性强，抗水性强，平均分子量为 100～5000。

润湿剂为 1～2 种不同亲水亲油平衡值的非离子润湿剂的组合，调整涂料体系的 HLB 为 12～13，可以最大限度地调整涂料的润湿性能及展色性，使具有不同亲水或者疏水性能的色浆均达到良好的相容效果。

为消除涂料生产和涂装过程中产生的气泡，在制备乳胶基础漆时，在其中添加适量的消泡剂，采用的消泡剂可以为脂肪烃复合消泡剂，消泡活性物质为聚乙烯蜡、金属皂、疏水无机硅和有机聚硅氧烷、聚乙二醇和丙二醇醚类等。

根据乳胶漆的用途，可选择在乳胶基础漆中添加防腐剂，以确保乳胶漆的使用性能。防腐剂可选用三嗪类含氮杂环化合物、4,4-二甲基唑烷及其三甲基同系物等。

pH 调节剂可以选用 2-氨基-2-甲基-1-丙醇、二甲氨基乙醇、二乙基乙醇胺、氨水异丙醇胺等。

增稠剂可选用水合型增稠剂，如疏水改性聚丙烯酸碱溶胀型、羟乙基纤维素醚、聚氨酯型等。

成膜助剂选用十二碳醇酯。

产品应用

本品用于建筑外墙的装饰。

产品特性

本品可以在较短的时间内再现国标颜色 0491，还能最大限度地保证颜色的准确性，选用与所需颜色的调色色浆相关的乳胶基础漆，通过调色机、色漆混匀机混合均匀后，使制备的彩色乳胶漆与建筑涂料标准色卡相比，两者之间的色差在允许范围内，所示颜色的耐候性也得到了一定的保证。

半透明乳胶漆

原料配比

原　　料	配比(质量份)		
	1 号	2 号	3 号
水	80	90	100
乙二醇	10	14	30
钛酸酯偶联剂	1	2	3
丁基溶纤剂	10	15	30
碳酸钙	100	115	150
消泡剂	1	2	4
丙烯酸乳液	50	70	80
纤维素增稠剂	1	2	3
丙二醇	5	6	10
pH 调节剂	3	4	7
空心玻璃微珠	2	5	8
丙烯酸树脂	10	12	14
过硫酸铵	1	2	3

制备方法

将各组分混合均匀，经过研磨、过滤得到产品。

乳胶涂料配方与制备（二）

◀ 原料配伍 ▶

本品各组分质量份配比范围为：水 80～100、乙二醇 10～30、钛酸酯偶联剂 1～3、丁基溶纤剂 10～30、碳酸钙 100～150、消泡剂 1～4、丙烯酸乳液 50～80、纤维素增稠剂 1～3、丙二醇 5～10、pH 调节剂 3～7、空心玻璃微珠 2～8、丙烯酸树脂 10～14、过硫酸铵 1～3。

◀ 产品应用 ▶

本品主要用于金属、塑料、硬质纤维板、胶合板一类底材的着色涂装。

◀ 产品特性 ▶

本品制备工艺简单，生产成本低廉。本品具有很好的综合机械性能、防水抗渗性和抗龟裂性，应用广泛。

低成本乳胶漆

◀ 原料配比 ▶

表 1　低成本乳胶漆

原　料	配比（质量份）
醋丙乳液	50
调环酸钙	2
双飞粉	20
甲基环戊烯醇酮	0.4
脂肪醇聚氧乙烯醚	0.6
铝酸钠	1
磷酸氢二钠	2
季戊四醇	3
二甲基乙酰胺	1
轻质碳酸钙	30
成膜助剂	4
去离子水	40

表 2　成膜助剂

原　料	配比（质量份）
醋丙乳液	30
聚乙二醇 1000	5
植物甾醇	2
羟丙基瓜尔胶	3

原　料	配比(质量份)
氨基酸螯合镁	1
聚乙烯吡咯烷酮	1
硼酸	0.2

制备方法

① 将上述聚乙二醇 1000 加热到 38～40℃，加入氨基酸螯合镁，搅拌至常温，加入硼酸，搅拌混合均匀；取上述醋丙乳液质量的 40%～50% 与羟丙基瓜尔胶混合，在 50～60℃下保温搅拌 10～15min，加入植物甾醇，搅拌至常温；将上述处理后的各原料与剩余各原料混合，200～300r/min 搅拌混合 20～30min，即得成膜助剂。

② 将上述调环酸钙、双飞粉混合，搅拌均匀后加入甲基环戊烯醇酮、季戊四醇，加热到 40～45℃，保温搅拌 20～30min。

③ 取醋丙乳液质量的 20%～30% 与脂肪醇聚氧乙烯醚、轻质碳酸钙、铝酸钠混合，搅拌均匀后加入去离子水，500～600r/min 搅拌 20～30min。

④ 将上述处理后的各原料与剩余各原料混合，1300～1600r/min 搅拌分散 30～40min，即得乳胶漆。

原料配伍

本品各组分质量份配比范围为：醋丙乳液 42～50、调环酸钙 2～3、双飞粉 10～20、甲基环戊烯醇酮 0.4～1、脂肪醇聚氧乙烯醚 0.6～2、铝酸钠 1～2、磷酸氢二钠 1～2、季戊四醇 2～3、二甲基乙酰胺 1～2、轻质碳酸钙 25～30、成膜助剂 4～6、去离子水 33～40。

所述的成膜助剂是由下述原料组成的：醋丙乳液 21～30、聚乙二醇 1000 为 3～5、植物甾醇 1～2、羟丙基瓜尔胶 2～3、氨基酸螯合镁 1～2、聚乙烯吡咯烷酮 1～2、硼酸 0.1～0.2。

质量指标

检验项目	检验结果
漆膜外观	平整、无硬块、手感好、光泽度好
耐洗刷性试验	5000 次通过、漆膜无破损
耐人工老化试验	2000h 不起泡、无剥落、无裂纹
耐水性	140h 漆膜无破损
耐碱性	120h 漆膜无破损

产品应用

本品主要用于各种墙面等的涂装。

产品特性

本品中加入双飞粉作为填料，极大地降低了生产成本，本乳胶漆外观为乳白色，具有安全、无毒、不燃、成膜性好、黏性好、稳定性高、抗性高等特点，可以广泛用于各种墙面等的涂装。

低碳节能乳胶漆

原料配比

表 1　低碳节能乳胶漆

原　　料	配比(质量份)
醋丙乳液	40
油酸钠	2
乙二醇	3
尿素	3
N-甲基吡咯烷酮	1
二(氢化牛脂基)邻苯二甲酸酰胺	0.6
丙酸钙	2
硼砂	3
骨胶	2
壳聚糖	2
复合助剂	6
硅灰石粉	25
钛白粉	15
去离子水	40

表 2　复合助剂

原　　料	配比(质量份)
VAE 乳液	20
铝溶胶	7
吡咯烷酮羟酸钠	1
氨基酸螯合锌	0.2
羟丙基甲基纤维素	2
卡拉胶	0.2
富马酸二甲酯	1

制备方法

① 将上述富马酸二甲酯加入到铝溶胶中，在 70～80℃下搅拌混合 2～3min，加入氨基酸螯合锌，100～200r/min 搅拌分散 3～5min。

将羟丙基甲基纤维素与卡拉胶混合，搅拌均匀后加入到 VAE 乳液中，搅拌均匀；将上述处理后的各原料与剩余各原料混合，200～300r/min 搅拌分散 10～20min，即得复合助剂。

② 将油酸钠加入到上述去离子水中，搅拌混合均匀后加入硅灰石粉、钛白粉，300～400r/min 搅拌分散 4～6min。

③ 将二（氢化牛脂基）邻苯二甲酸酰胺加入到醋丙乳液中，搅拌均匀后加入 N-甲基吡咯烷酮、骨胶，600～800r/min 搅拌分散 10～12min。

④ 将上述处理后的各原料与剩余各原料混合，1400～1600r/min 搅拌分散 30～40min，即得所述低碳节能乳胶漆。

原料配伍

本品各组分质量份配比范围为：醋丙乳液 31～40、油酸钠 2～3、乙二醇 2～3、尿素 2～3、N-甲基吡咯烷酮 1～2、二（氢化牛脂基）邻苯二甲酸酰胺 0.6～1、丙酸钙 1～2、硼砂 3～4、骨胶 2～3、壳聚糖 1～2、复合助剂 6～8、硅灰石粉 20～25、钛白粉 10～15、去离子水 25～40。

所述的复合助剂是由下述原料组成的：VAE 乳液 15～20、铝溶胶 5～7、吡咯烷酮羟酸钠 1～2、氨基酸螯合锌 0.2～1、羟丙基甲基纤维素 2～3、卡拉胶 0.2～1、富马酸二甲酯 1～2。

质量指标

检验项目	检验结果
漆膜外观	平整、无硬块、手感好、光泽度好
耐洗刷性试验	5000 次通过，漆膜无破损
耐人工老化试验	2000h 不起泡、无剥落、无裂纹
耐水性	140h 漆膜无破损
耐碱性	120h 漆膜无破损

产品应用

本品主要用于各种墙面等的涂装。

<产品特性>

本品低 VOC，环保，成膜性好，不会出现流挂等问题，漆膜的弹性优越，遮盖力强，耐水、耐酸碱性好，生产工艺简单易控，原料成本低。

防尘抗菌乳胶漆

<原料配比>

原　　料	配比（质量份）				
	1 号	2 号	3 号	4 号	5 号
水	28.65	35.65	26.55	45.3	12.1
防冻剂	1.5	1.5	1.5	2	2.5
膨润土	0.2	0.2	0.2	0.1	0.3
碱性 pH 调节剂	0.15	0.15	0.15	0.2	0.2
分散剂	0.7	0.7	0.7	0.5	0.6
氟表面活性剂	0.1	0.1	0.15	0.05	0.15
矿物油消泡剂	0.5	0.5	0.5	0.35	0.55
导电钛白粉	15	10	18	15	20
导电云母粉	10	10	13	8	15
颜填料	10	10	6	—	10
纳米银	3	3	3	5	5
防霉剂	0.3	0.3	0.3	0.25	0.5
乳液	25	23	25	20	28
成膜助剂	1.5	1.5	1.7	1	2
防腐剂	0.4	0.4	0.4	0.2	0.4
疏水助剂	1	1	1	0.5	0.5
增稠剂 1	0.3	0.3	0.25	0.2	0.5
增稠剂 2	0.2	0.2	0.2	0.35	0.5
增稠剂 3	1.5	1.5	1.4	1	1.2

<制备方法>

① 将膨润土和防冻剂混合后备用。

② 将水加入分散用容器中，开动分散机调整转速至 200～400r/min，先加入膨润土与防冻剂的混合物，再依次加入碱性 pH 调节剂、分散

剂、氟表面活性剂和矿物油消泡剂，然后在 $200\sim400r/min$ 速度下分散 $2\sim4min$。

③ 在 $200\sim400r/min$ 速度下，依次加入导电钛白粉、导电云母粉、颜填料、纳米银和防霉剂，然后调整分散机转速至 $1100\sim1200r/min$，分散 $15\sim20min$。

④ 在 $1100\sim1200r/min$ 速度下，依次加入乳液、矿物油消泡剂、成膜助剂、防腐剂、疏水助剂、增稠剂 1、增稠剂 2 和增稠剂 3；然后调整分散机转速至 $700\sim900r/min$，分散 $10\sim15min$ 至漆液均匀。

原料配伍

本品各组分质量份配比范围为：水 $20\sim50$、防冻剂 $1.5\sim2.5$、膨润土 $0.1\sim0.3$、碱性 pH 调节剂 $0.15\sim0.2$、分散剂 $0.5\sim0.7$、氟表面活性剂 $0.05\sim0.15$、矿物油消泡剂 $0.3\sim0.6$、导电钛白粉 $10\sim20$、导电云母粉 $8\sim15$、颜填料 $0\sim10$、纳米银 $3\sim5$、防霉剂 $0.25\sim0.5$、乳液 $20\sim28$、成膜助剂 $1\sim2$、防腐剂 $0.2\sim0.4$、疏水助剂 $0.5\sim1$、增稠剂 1 为 $0.2\sim0.5$、增稠剂 2 为 $0.2\sim0.5$、增稠剂 3 为 $1\sim1.5$。

所述增稠剂 1 为低剪切类碱溶胀增稠剂。

所述增稠剂 2 为中剪切类碱溶胀增稠剂或中低剪切类聚氨酯增稠剂。

所述增稠剂 3 为高剪切类聚氨酯类增稠剂。

其中，增稠剂 1 和增稠剂 2 配合使用可增加体系黏度，协助膨润土起防沉降的作用，同时，最小限度地影响体系的流平性能。增稠剂 3 可以提高体系的流平性及抗飞溅性能。

所述导电钛白粉的粉径为 $0.3\sim0.5\mu m$。

所述导电云母粉的细度为 $1000\sim1500$ 目。

由于导电钛白粉与导电云母粉容易发生沉降，因此选用防沉降效果较好的膨润土。在防止颜填料沉降的同时可以保持良好的流平性能及施工性能。上述组分中所述导电钛白粉、导电云母粉及纳米银的使用增加了漆膜的导电性能，可减少因漆膜产生静电而吸附灰尘。

所述乳液为含氟乳液、硅丙乳液或耐污渍乳液中的一种或两种以上任意比例的混合物。

所述疏水助剂为有机硅疏水助剂或含蜡助剂。

采用氟表面活性剂作为润湿剂，可大大降低漆膜表面张力，所述乳液的表面张力较低，在与所述疏水助剂配合使用时，漆膜的表面张力得以大大降低，可以减少灰尘的附着。

所述颜填料为重质碳酸钙或滑石粉，能帮助导电粉料分散，保证漆膜的细腻度。

所述防霉助剂能保证漆膜的防霉性；所述纳米银的使用保证了漆膜的抗菌性能。

◀ 产品应用 ▶

本品主要用于对卫生清洁程度要求较高的医院、制药工厂的 GMP 认证车间、实验室无尘操作间、食品工业等场所。

◀ 产品特性 ▶

① 涂层对水的接触角≥125°，漆膜表面张力低，从而减少自由落入墙面的灰尘附着。

② 漆膜的表面电阻率≤0.8Ω·cm，导电性能强，从而减少静电作用吸附的灰尘。

③ 漆膜细度≤50μm，产品的流平性能好，漆膜细腻光滑，平整度好。

④ 漆膜表面会形成高氧化态活性络合物的银离子杀菌涂层，能有效杀灭有害细菌。本品的抗细菌性能≥99%，抗细菌耐久性能≥95%，抗霉菌性能及抗霉菌耐久性能的长霉等级均为 0 级，抗菌性能优异。

综上所述，本防尘抗菌乳胶漆综合考虑了墙面产生灰尘的原因，不仅提高了漆膜的细腻平整度、降低了漆膜表面张力，从而减少了自由落入墙面的灰尘附着，而且提高了漆膜的导电性能，可以进一步减少墙面静电对灰尘的吸附，从而达到综合防尘的目的。同时，本品还具备优良的抗菌作用。

防辐射乳胶漆

◀ 原料配比 ▶

原　　料	配比（质量份）			
	1 号	2 号	3 号	4 号
水	30	20	10	30
纤维素	0.35	0.5	0.1	0.5
碱性 pH 调节剂	0.2	0.5	0.01	0.3

原　　料	配比(质量份)			
	1号	2号	3号	4号
润湿剂	0.15	0.1	1	0.5
分散剂	0.6	0.5	1	1
杀菌剂	0.2	0.1	0.5	1
防霉剂	0.2	0.5	1	0.5
消泡剂	0.8	0.5	0.4	0.5
钛白粉	21.6	15	24.49	25
碳酸钙	5	10	15	10
防辐射导电材料	3	8.8	10	4.7
防冻剂	1.5	2	0.5	2
成膜助剂	1.2	1	5	3
乳液	35	40	30	20.9
增稠剂	0.2	0.5	1	0.1

制备方法

① 在 $200\sim900r/min$ 转速搅拌下，将水、纤维素、碱性 pH 调节剂、润湿剂、分散剂、杀菌剂、防霉剂和消泡剂加入容器中，搅拌 $5\sim20min$。

② 接着在 $1500\sim3200r/min$ 转速搅拌下，向容器中继续加入钛白粉、碳酸钙和防辐射导电材料，打浆 $15\sim30min$。

③ 之后在 $500\sim1000r/min$ 转速搅拌下，向容器中继续加入防冻剂、成膜助剂、乳液、消泡剂，搅拌均匀后，用增稠剂和水调节黏度到 95-115KU 后，装罐。

上述步骤③在生产最后阶段根据黏度情况决定是否加水，加水的目的是为了调节黏度。当黏度符合要求的时候不必加水，当黏度过高时，需要加水调节黏度到规定值。

上述步骤②的防辐射导电材料是由 SnO_2、Sb_2O_3 和重晶石粉按 $(1\sim10):(0.5\sim5):(1\sim15)$ 的质量份配比通过反相共沉积法制备获得的，具体制备方法包括以下步骤。

a. 将 $1\sim10$ 份 SnO_2、$0.5\sim5$ 份 Sb_2O_3 加入容器中，在容器中滴加浓硝酸，直至 SnO_2、Sb_2O_3 完全溶解，得到含有 Sn^{4+} 和 Sb^{3+} 的 A 溶液。

b. 将浓氨水配成 1.5～2mol/L 的氨水溶液 B，并取部分配制好的氨水溶液 B 配制成 pH 值为 8.5～9.5 的调节反应液 C。

c. 在 2000～3000r/min 转速搅拌下，将 A 溶液滴加到氨水溶液 B 中，并且将调节反应液 C 滴加到氨水溶液 B 和 A 溶液的混合液中，调节混合液的 pH 值恒定在 8.5～9.5 之间。

d. 接着在 2000～3000r/min 转速搅拌下分散 1～2h，然后通过洗涤和抽滤得到沉淀物，将该沉淀物在 60～85℃下烘干，即获得氢氧化锡和氢氧化锑的混合初品。

e. 将氢氧化锡和氢氧化锑的混合初品与 1～15 份重晶石粉在 400～600℃下共热混合 50～70min 即获得防辐射导电材料。

原料配伍

本品各组分质量份配比范围为：水 10～38、纤维素 0.1～1.0、碱性 pH 调节剂 0.01～0.5、润湿剂 0.1～1.0、分散剂 0.1～1.0、杀菌剂 0.1～1.0、防霉剂 0.1～1.0、消泡剂 0.2～1.0、钛白粉 15～25、碳酸钙 5～15、防辐射导电材料 3～10、防冻剂 0.5～3.0、成膜助剂 1.0～5.0、乳液 20～40、增稠剂 0.1～2.0。

所述防辐射导电材料采用由 SnO_2、Sb_2O_3 和重晶石粉按（1～10）：（0.5～5）：（1～15）的质量份配比制备获得的金属氧化物纳米超微粒子粉体。

所述防辐射导电材料采用由 SnO_2、Sb_2O_3 和重晶石粉按（1～10）：（0.5～5）：（1～15）的质量份配比制备获得的金属氧化物纳米超微粒子粉体。所制备的金属氧化物纳米超微粒子粉体的粒径范围基本上在15～60nm 之间。

所述金属氧化物纳米超微粒子粉体带有半导体领域中的非电阻的透明导电性，可以起到防静电辐射、隔紫外线及红外线的作用。

所述水优选采用离子水。

所述纤维素可采用羟乙基纤维素或同类其他型号产品。

所述碱性 pH 调节剂可采用有机胺类调节剂或同类其他型号产品。

所述润湿剂可采用壬基酚聚氧乙烯基醚或同类其他型号产品。

所述分散剂可采用聚丙烯酸铵盐分散剂或同类其他型号产品。

所述杀菌剂可采用无甲醛卡松类杀菌剂或同类其他型号产品。

所述防霉剂可采用无甲醛防霉剂或同类其他型号产品。

所述消泡剂可采用矿物油类消泡剂、有机硅类消泡剂或同类其他型号产品。

所述钛白粉可采用金红石型钛白粉、锐钛型钛白粉或同类其他型号产品。

所述碳酸钙可采用 700～2000 目的方解石微粉或同类其他型号产品。

所述防冻剂可采用醇类防冻剂或同类其他型号产品。

所述成膜制剂可采用醇酯类成膜助剂或同类其他型号产品。

所述乳液可采用 $T_g = 5～35℃$ 的苯丙乳液、纯丙弹性乳液、硅丙乳液或同类其他型号产品。

所述增稠剂可采用聚氨酯类增稠剂、碱溶胀类增稠剂、聚醚类增稠剂或同类其他型号产品。

产品应用

本品主要应用于防辐射场所的涂装。

产品特性

① 本品以由 SnO_2、Sb_2O_3 和重晶石粉通过反相共沉积法制备获得的金属氧化物纳米超微粒子粉体作为防辐射导电材料，将该防辐射导电材料添加到乳胶漆中，并通过各组分的协调配合，均匀分散导电纳米超微粒子 SnO_2、Sb_2O_3 的相互作用形成导电膜，利用导电膜中电荷移动实现高透射率和防静电辐射，同时通过重晶石粉直接对辐射起屏蔽作用，对辐射可实现充分有效的双重防护作用，因此本品可大大提高防辐射效果，减少辐射对人体的危害。

② 本品的生产工艺简便，施工方便，施工周期短，美观耐用，无毒无害，环保性高。

防腐乳胶漆（1）

原料配比

原 料	配比（质量份）		
	1 号	2 号	3 号
羟乙基纤维素	40	60	50
硅类消泡剂	10	20	15
乙二醇丁醚	8	12	10

续表

原　料	配比（质量份）		
	1 号	2 号	3 号
六磷偏酸钠	10	18	14
膨润土	18	20	19
防腐剂	14	24	19
丙二醇	8	12	10
氨水	6	10	8
去离子水	20	30	25

制备方法

将各组分混合均匀，经过研磨、过滤得到产品。

原料配伍

本品各组分质量份配比范围为：羟乙基纤维素 40～60、硅类消泡剂 10～20、乙二醇丁醚 8～12、六磷偏酸钠 10～18、膨润土 18～20、防腐剂 14～24、丙二醇 8～12、氨水 6～10、去离子水 20～30。

产品应用

本品主要用于海洋构筑物的防腐。

产品特性

本品耐候性好，尤其防腐性能好，专门适用于海洋构筑物。

防腐乳胶漆（2）

原料配比

原　料	配比（质量份）		
	1 号	2 号	3 号
丙烯酸乳液	20	40	30
环氧乳液	30	40	35
二氧化硅	5	8	7
成膜助剂	1	10	5
助溶剂	1	5	3
分散剂	1	5	3
消泡剂	1	3	2

原　料	配比（质量份）		
	1号	2号	3号
增稠剂	2	5	3
防霉剂	1	3	2
防腐剂	1	3	2
去离子水	3	8	5

制备方法

将各组分混合均匀，经过研磨、过滤得到产品。

原料配伍

本品各组分质量份配比范围为：丙烯酸乳液 20～40、环氧乳液 30～40、二氧化硅 5～8、成膜助剂 1～10、助溶剂 1～5、分散剂 1～5、消泡剂 1～3、增稠剂 2～5、防霉剂 1～3、防腐剂 1～3、去离子水 3～8。

所述成膜助剂主要为丙二醇甲醚醋酸酯。

所述分散剂主要为三硬脂酸甘油酯。

所述消泡剂主要为聚二甲基硅氧烷。

所述增稠剂主要为硅凝胶。

所述防腐剂主要为苯甲酸钠。

产品应用

本品主要用于金属的防腐。

产品特性

本品具有优异的漆膜附着力、耐水性好、硬度好等特点；涂装方法方便，防腐能力强、性价比高。

防腐乳胶漆（3）

原料配比

原　料	配比（质量份）
片状镁粉	33
环氧树脂	23
正丁醇	6

续表

原　　料	配比（质量份）
乙醇	0.03
硅烷偶联剂	4
铁钛粉	7
云母氧化铁	3
有机膨润土	6
水	17.97

制备方法

将环氧树脂置于 60℃ 水中，加入正丁醇，约 30min 后溶解，冷却至室温备用。将镁粉加入配制好的环氧树脂溶液中，依次加入硅烷偶联剂、铁钛粉、云母氧化铁、有机膨润土，进行超声分散，分散 10～12min 后，可得防腐乳胶漆。

原料配伍

本品各组分质量份配比范围为：片状镁粉 32～34、环氧树脂 21～25、正丁醇 5～7、乙醇 0.02～0.04、硅烷偶联剂 3～5、铁钛粉 6～8、云母氧化铁 2～4、有机膨润土 5～7、水 16～20。

所用片状镁粉的粒径为 700～800 目，厚度为 0.1μm。

镁粉的选择应兼顾乳胶漆的防腐性能和施工性能，镁粉形状有球状和片状，球状镁粉比片状镁粉的防腐性要差，这主要是因为其抵抗水蒸气和腐蚀介质渗透的能力比片状镁粉要弱。片状镁粉的片径越大，抵抗水蒸气和腐蚀介质渗透的能力就越强，越能延缓介质对漆层的侵蚀速度，即耐腐蚀能力越强。但随着片径的增大，颗粒较粗，容易堵塞喷嘴，造成喷漆困难。

本品的防腐原理是基于牺牲阳极镁，从而保护阴极钢，因此，本品中镁的含量高低对防腐性能有直接的影响，具有一定比例的镁含量是保证乳胶漆防腐性能的关键之一。随着镁含量的增大，漆膜的耐盐雾单边腐蚀宽度越来越小，但柔韧性、附着力逐渐降低。这是因为在正常情况下，漆层中聚合物树脂基料的数量足以包覆漆层中的镁粉，此时漆膜连续致密，而当漆膜中的镁粉量增大到某一值而使树脂基料不足以包覆这些填料颗粒时，漆膜的各项性质均会发生突变。镁粉含量过高会导致漆膜与底材之间的附着力减小，一旦腐蚀介质渗透到镁粉表面，则会引起镁腐蚀，体积增大，从而使漆层起泡的可能性变大，防腐性变差。

由于环氧树脂具有耐化学腐蚀性以及镁粉的屏蔽和电化学保护性能，本品采用环氧树脂作为制备防腐涂料的原料。

固化剂正丁醇具有溶解和稀释环氧树脂的功能。固化剂正丁醇由于在常温下容易凝结，所以加入少量乙醇调节黏度，防止固化剂重新黏结。

铁钛粉的掺入可以提高乳胶漆的体积电阻，增强漆层良好的电化学保护性能，从而提高防腐性能。

云母氧化铁不但能提高漆膜的耐候性，还能提高漆膜的机械性能，含片状镁粉和云母氧化铁组合的富锌底漆具有很好的抗冲击性。

片状镁粉密度小，在料浆中悬浮性好，但长期储存仍会出现沉淀现象，加之配方中另外使用了铁钛粉等密度大的颜料，所以必须使用防沉剂。常用的防沉剂包括有机膨润土、气相二氧化硅、聚酰胺蜡等。试验表明：在配方中使用具有高分散性的有机膨润土效果较好，且使用方便，无需研磨，直接添加后通过高速分散即可满足细度要求，储存一个月后，乳胶漆无分层及沉淀现象；而采用聚酰胺蜡防沉效果不是很明显；采用气相二氧化硅后触变严重，施工时漆膜容易产生气泡和针孔。

金属镁腐蚀从点蚀开始，点蚀的扩大由腐蚀产物的扩散速率控制，换句话说，腐蚀产物若在原点蚀坑处积累而不扩散开去，则会导致原点蚀再次钝化，从而终止腐蚀进程。当金属镁表面经硅烷偶联剂处理后，由于硅烷界面层与金属表面结合紧密，早期点蚀产生的腐蚀产物在界面层下更不易移动，因而被有效限制在原点蚀坑处，这样一来点蚀有足够的时间再次钝化，而宏观上的金属锈蚀也因此停止了。另外，适量硅烷偶联剂不仅可以促进漆层对底材的附着力，还可以使镁颗粒之间的排列更为紧密，形成一个阳极镁保护层。经过对比试验，当乳胶漆加入$1\%\sim2\%$的硅烷偶联剂后，乳胶漆的防腐性能是未加硅烷偶联剂时的$1.3\sim1.6$倍。

产品应用

本品主要用作防腐乳胶漆。

产品特性

本品具有防腐能力强、性价比好的优点。

防晒乳胶漆

原料配比

原料	配比（质量份）		
	1号	2号	3号
去离子水	70	80	90
醋酸乙烯	30	40	50
白乳胶	22	26	28
硼砂	7	8	10
淀粉	6	8	9
碳化硅	2	3	4
超细二氧化硅	6	7	9
超细碳酸钙	32	40	48
罐内防腐剂	4	6	8
丙烯酸	3	5	7
十二烷基硫酸钠	2	3	4
纯丙乳液	22	28	32
羟乙基纤维素	4	6	8
金红石型钛白粉	25	35	45
煅烧高岭土	15	24	28
碱溶胀增稠剂	3	5	6

制备方法

将各组分混合均匀，经过研磨、过滤得到产品。

原料配伍

本品各组分质量份配比范围为：去离子水 70～90、醋酸乙烯 30～50、白乳胶 22～28、硼砂 7～10、淀粉 6～9、碳化硅 2～4、超细二氧化硅 6～9、超细碳酸钙 32～48、罐内防腐剂 4～8、丙烯酸 3～7、十二烷基硫酸钠 2～4、纯丙乳液 22～32、羟乙基纤维素 4～8、金红石型钛白粉 25～45、煅烧高岭土 15～28、碱溶胀增稠剂 3～6。

产品应用

本品主要用于建筑、涂料、造纸、印刷、家具制造业等行业。

产品特性

① 本品对被涂对象保护时间长，便于施工和推广应用。

② 本品黏结度高，成本低廉，节能环保，防暴晒，使用持久。

高附着乳胶漆

原料配比

表1 高附着乳胶漆

原　料	配比(质量份)
纯丙乳液	35～40
偏硼酸钡	3
椰油酸二乙醇酰胺	2
十六烷基三甲基溴化铵	2
肉豆蔻酸异丙酯	0.6
2-硫醇基苯并咪唑	1
N,N-二乙基苯胺	1
乙醇	6
六偏磷酸钠	2
钛白粉	14
纳米碳酸钙	25
复合助剂	6
去离子水	40

表2 复合助剂

原　料	配比(质量份)
VAE乳液	20
铝溶胶	7
吡咯烷酮羟酸钠	1
氨基酸螯合锌	0.2
羟丙基甲基纤维素	2
卡拉胶	0.2
富马酸二甲酯	1

制备方法

① 将上述富马酸二甲酯加入到铝溶胶中，在70～80℃下搅拌混合2～3min，加入氨基酸螯合锌，100～200r/min搅拌分散3～5min。

乳胶涂料配方与制备（二）

将羟丙基甲基纤维素与卡拉胶混合，搅拌均匀后加入到 VAE 乳液中，搅拌均匀；将上述处理后的各原料与剩余各原料混合，200～300r/min 搅拌分散 10～20min，即得复合助剂。

② 将 2-硫醇基苯并咪唑加入到上述乙醇中，充分搅拌后加入 N，N-二乙基苯胺，搅拌均匀。

③ 将六偏磷酸钠加入到上述去离子水中，搅拌均匀后加入肉豆蔻酸异丙酯，搅拌混合 3～4min，加入钛白粉、十六烷基三甲基溴化铵，300～500r/min 搅拌分散 10～15min。

④ 将上述处理后的各原料与剩余各原料混合，1600～2000r/min 搅拌分散 30～40min，即得所述高附着乳胶漆。

原料配伍

本品各组分质量份配比范围为：纯丙乳液 35～40、偏硼酸钡 2～3、椰油酸二乙醇酰胺 1～2、十六烷基三甲基溴化铵 1～2、肉豆蔻酸异丙酯 0.6～1、2-硫醇基苯并咪唑 1～2、N,N-二乙基苯胺 1～2、乙醇 4～6、六偏磷酸钠 2～3、钛白粉 10～14、纳米碳酸钙 20～25、复合助剂 6～8、去离子水 25～40。

所述的复合助剂是由下述原料组成的：VAE 乳液 15～20、铝溶胶 5～7、吡咯烷酮羟酸钠 1～2、氨基酸螯合锌 0.2～1、羟丙基甲基纤维素 2～3、卡拉胶 0.2～1、富马酸二甲酯 1～2。

质量指标

检验项目	检验结果
漆膜外观	平整、无硬块、手感好、光泽度好
耐洗刷性试验	5000 次通过，漆膜无破损
耐人工老化试验	2000h 不起泡、无剥落、无裂纹
耐水性	140h 漆膜无破损
耐碱性	120h 漆膜无破损

产品应用

本品主要用于各种墙面等的涂装。

产品特性

本品各原料的相容性好，漆膜坚固，表面光滑，对基材的附着力强，耐擦洗、耐污性强，加入的复合助剂极大地改善了成膜效果，增强了黏结性，提高了漆膜的稳定性。

环保硅藻泥乳胶漆

表1　环保硅藻泥乳胶漆

原　　料	配比（质量份）
纯丙乳液	40
硅藻泥	4
异丙醇	4
二甲基亚砜	3
单氟磷酸钠	1
二甲基乙醇胺	1
乙氧基化烷基硫酸铵	1
锌白	3
钛白粉	10
轻质碳酸钙	30
复合助剂	4
去离子水	35

表2　复合助剂

原　　料	配比（质量份）
VAE乳液	20
铝溶胶	7
吡咯烷酮羟酸钠	1
氨基酸螯合锌	0.2
羟丙基甲基纤维素	2
卡拉胶	0.2
富马酸二甲酯	1

制备方法

①　将上述富马酸二甲酯加入到铝溶胶中，在70～80℃下搅拌混合2～3min，加入氨基酸螯合锌，100～200r/min搅拌分散3～5min。

将羟丙基甲基纤维素与卡拉胶混合，搅拌均匀后加入到VAE乳液中，搅拌均匀；将上述处理后的各原料与剩余各原料混合，200～300r/min搅拌分散10～20min，即得复合助剂。

②　将硅藻泥加入到异丙醇中，在50～60℃下搅拌混合3～6min，得料a。

③　将乙氧基化烷基硫酸铵加入到上述去离子水中，搅拌均匀后加

入到上述料 a 中，100～200r/min 搅拌分散 4～6min，加入二甲基乙醇胺，搅拌均匀，得料 b。

④ 将剩余各原料混合，搅拌均匀后加入料 b，1200～1600r/min 搅拌分散 30～40min，即得所述环保硅藻泥乳胶漆。

原料配伍

本品各组分质量份配比范围为：纯丙乳液 36～40、硅藻泥 4～7、异丙醇 2～4、二甲基亚砜 2～3、单氟磷酸钠 1～2、二甲基乙醇胺 1～2、乙氧基化烷基硫酸铵 1～2、锌白 2～3、钛白粉 5～10、轻质碳酸钙 25～30、复合助剂 4～6、去离子水 30～35。

所述的复合助剂是由下述原料组成的：VAE 乳液 15～20、铝溶胶 5～7、吡咯烷酮羟酸钠 1～2、氨基酸螯合锌 0.2～1、羟丙基甲基纤维素 2～3、卡拉胶 0.2～1、富马酸二甲酯 1～2。

质量指标

检验项目	检验结果
漆膜外观	平整、无硬块、手感好、光泽度好
耐洗刷性试验	5000 次通过，漆膜无破损
耐人工老化试验	2000h 不起泡、无剥落、无裂纹
耐水性	140h 漆膜无破损
耐碱性	120h 漆膜无破损

产品应用

本品主要用于各种墙面等的涂装。

产品特性

本品中加入的硅藻泥可以有效去除空气中的游离甲醛、苯、氨等有害物质及因宠物、吸烟、垃圾所产生的气味，净化室内空气，同时硅藻泥不产生静电、不吸灰尘，可以进行墙面自洁。

金属乳胶漆

原料配比

原　　料	配比（质量份）
苯乙烯	78

原　料	配比（质量份）
丙烯酸丁酯	72
碳酸氢钠	0.2
过硫酸铵	0.9
磷酸酯乳化剂	0.5
20%聚丙烯酰胺	3.9
pH＝6.5～7 的蒸馏水	60

制备方法

将各组分混合均匀，经过研磨、过滤得到产品。

原料配伍

本品各组分质量份配比范围为：苯乙烯 77～79、丙烯酸丁酯 71～73、碳酸氢钠 0.1～0.3、过硫酸铵 0.8～1、磷酸酯乳化剂 0.4～0.6、20%聚丙烯酰胺 3.8～4、pH＝6.5～7 的蒸馏水 59～61。

产品应用

本品主要用于金属的涂装。

产品特性

本品无毒、无害、无放射性，耐候性、耐光性强，环保吸附能力强，久用不脱色。

生态纤维乳胶漆

原料配比

表1　生态纤维乳胶漆

原　料	配比（质量份）
EVA 乳液	50
聚乳酸纤维	2～3
酒石酸氢胆碱	0.05
丁基卡必醇	2
聚氧乙烯聚氧丙醇胺醚	0.2
轻质碳酸钙	20
钛白粉	20
壳聚糖	2

乳胶涂料配方与制备（二）

原　料	配比（质量份）
聚丙烯酰胺	1
成膜助剂	5
去离子水	40

表 2　成膜助剂

原　料	配比（质量份）
醋丙乳液	21
聚乙二醇 1000	5
植物甾醇	2
羟丙基瓜尔胶	3
氨基酸螯合镁	1
聚乙烯吡咯烷酮	2
硼酸	0.2

◀制备方法▶

① 将上述聚乙二醇 1000 加热到 38～40℃，加入氨基酸螯合镁，搅拌至常温，加入硼酸，搅拌混合均匀；取上述醋丙乳液质量的 40%～50%与羟丙基瓜尔胶混合，在 50～60℃下保温搅拌 10～15min，加入植物甾醇，搅拌至常温；将上述处理后的各原料与剩余各原料混合，200～300r/min 搅拌混合 20～30min，即得成膜助剂。

② 将上述聚氧乙烯聚氧丙醇胺醚加入丁基卡必醇中，搅拌均匀后加入聚丙烯酰胺，200～300r/min 搅拌 5～10min。

③ 将聚乳酸纤维与壳聚糖混合，加入到去离子水中，加入成膜助剂，300～400r/min 搅拌分散 10～15min。

④ 将上述处理后的各原料与剩余各原料混合，1400～1600r/min 搅拌分散 30～40min，即得所述乳胶漆。

◀原料配伍▶

本品各组分质量份配比范围为：EVA 乳液 42～50、聚乳酸纤维 2～3、酒石酸氢胆碱 0.05～0.1、丁基卡必醇 2～3、聚氧乙烯聚氧丙醇胺醚 0.2～1、轻质碳酸钙 15～20、钛白粉 10～20、壳聚糖 2～3、聚丙烯酰胺 1～2、成膜助剂 3～5、去离子水 34～40。

所述的成膜助剂是由下述原料组成的：醋丙乳液 21～30、聚乙二醇 1000 为 3～5、植物甾醇 1～2、羟丙基瓜尔胶 2～3、氨基酸螯合镁

1～2、聚乙烯吡咯烷酮1～2、硼酸0.1～0.2。

质量指标

检验项目	检验结果
漆膜外观	平整、无硬块、手感好、光泽度好
耐洗刷性试验	5000 次通过,漆膜无破损
耐人工老化试验	2000h 不起泡、无剥落、无裂纹
耐水性	140h 漆膜无破损
耐碱性	120h 漆膜无破损

产品应用

本品主要用于各种墙面等的涂装。

产品特性

本品中加入的聚乳酸纤维具有很好的生物降解性、抑菌性、阻燃性和抗热性,与各原料混合,相容性好,不仅增强了漆膜的物理性能,还提高了耐候性,增强了乳胶漆的综合质量。

水溶性防裂乳胶漆

原料配比

原　　料	配比(质量份)		
	1 号	2 号	3 号
碳化硅	4	6	8
超细二氧化硅	10	12	15
硼砂	7	10	14
水	80	100	120
丙烯酸	3	5	7
十二烷基硫酸钠	6	7	9
过硫酸钾	2	4	6
羟乙基纤维素	3	5	7
钛白粉	5	7	9
高岭土	3	5	6
轻质碳酸钙粉	10	15	20
重质碳酸钙粉	15	20	25

续表

原　　料	配比（质量份）		
	1号	2号	3号
硅烷偶联剂	4	5	6
丙二醇	7	8	10
丙烯酸酯乳液	20	30	40
增稠剂 ASE60	4	6	8

制备方法

将各组分混合均匀，经过研磨、过滤得到产品。

原料配伍

本品各组分质量份配比范围为：碳化硅 4～8、超细二氧化硅 10～15、硼砂 7～14、水 80～120、丙烯酸 3～7、十二烷基硫酸钠 6～9、过硫酸钾 2～6、羟乙基纤维素 3～7、钛白粉 5～9、高岭土 3～6、轻质碳酸钙粉 10～20、重质碳酸钙粉 15～25、硅烷偶联剂 4～6、丙二醇 7～10、丙烯酸酯乳液 20～40、增稠剂 ASE60 为 4～8。

产品应用

本品广泛地用于建筑、涂料、造纸、印刷、家具制造业等许多行业。

产品特性

本品具有漆膜平整、光亮、耐久性强、干燥迅速、附着牢固、色彩稳定、防爆防裂的特点。

阻燃乳胶漆

原料配比

表1　阻燃乳胶漆

原　　料	配比（质量份）
纯丙乳液	40
油酸钠	2
三聚磷酸铝	1
羟乙磺酸酯	1
黄原胶	2

原　料	配比（质量份）
水解聚马来酸酐	2
二甲基硅油	0.4
水滑石粉	10
聚丙烯酰胺	1
磷酸二氢铵	2
纳米碳酸钙	25
复合助剂	4
去离子水	40

表2　复合助剂

原　料	配比（质量份）
VAE乳液	20
铝溶胶	7
吡咯烷酮羟酸钠	1
氨基酸螯合锌	0.2
羟丙基甲基纤维素	2
卡拉胶	0.2
富马酸二甲酯	1

制备方法

①复合助剂的制备：将上述富马酸二甲酯加入到铝溶胶中，在70～80℃下搅拌混合2～3min，加入氨基酸螯合锌，100～200r/min搅拌分散3～5min；将羟丙基甲基纤维素与卡拉胶混合，搅拌均匀后加入到VAE乳液中，搅拌均匀；将上述处理后的各原料与剩余各原料混合，200～300r/min搅拌分散10～20min，即得复合助剂。

②将油酸钠加入到上述去离子水中，加热到70～80℃，充分搅拌，加入水滑石粉、磷酸二氢铵，200～300r/min搅拌分散4～6min。

③将羟乙磺酸酯、三聚磷酸铝、黄原胶混合，在50～60℃下搅拌混合3～5min，冷却至常温。

④将上述处理后的各原料与剩余各原料混合，1200～1600r/min搅拌分散30～40min，即得所述阻燃乳胶漆。

原料配伍

本品各组分质量份配比范围为：纯丙乳液32～40、油酸钠2～3、三聚磷酸铝1～2、羟乙磺酸酯1～2、黄原胶2～3、水解聚马来酸酐2～

3、二甲基硅油 0.4～1、水滑石粉 6～10、聚丙烯酰胺 1～2、磷酸二氢铵 2～4、纳米碳酸钙 20～25、复合助剂 4～7、去离子水 20～40。

所述的复合助剂是由下述原料组成的：VAE 乳液 15～20、铝溶胶 5～7、吡咯烷酮羟酸钠 1～2、氨基酸螯合锌 0.2～1、羟丙基甲基纤维素 2～3、卡拉胶 0.2～1、富马酸二甲酯 1～2。

质量指标

检验项目	检验结果
漆膜外观	平整、无硬块、手感好、光泽度好
耐洗刷性试验	5000 次通过、漆膜无破损
耐人工老化试验	2000h 不起泡、无剥落、无裂纹
耐水性	140h 漆膜无破损
耐碱性	120h 漆膜无破损

产品应用

本品主要用于墙面和木材的涂装。

产品特性

本品可以涂装在墙面和木材上，漆膜阻燃性好，遮盖力强，附着力好，具有优异的耐擦洗性，可以在一定程度上减缓甚至阻止火势的蔓延，降低安全隐患。

导电橡胶乳胶漆

原料配比

原　料	配比（质量份）
甲基苯基乙烯基硅橡胶混炼胶	30
过氧化苯甲酰	3
片状钴粉	16
粒径为 200 目的无水乙醇	1.5
稀硫酸	0.8
硅烷偶联剂	5.5
纳米石墨	10
环氧树脂	11
钛白粉	1.5
水	20.7

制备方法

① 预处理钴粉：将钴粉、无水乙醇、稀硫酸三者混合水浴加热 4h，水浴加热温度 80℃，充分搅拌静置后，过滤出钴粉，再将钴粉放入硅烷偶联剂，放在磁力搅拌器中搅拌 30min。

② 将预处理钴粉、甲基苯基乙烯基硅橡胶混炼胶、过氧化苯甲酰、纳米石墨用流变仪以 60r/min 的转速在常温下混合 10min，形成组分 1。

③ 用双辊开炼机将组分 1 压成 2mm 厚的薄片。

④ 用平板硫化机进行一段硫化，硫化条件为压力 15MPa、温度 175℃、时间 18min。

⑤ 用电热鼓风干燥箱进行二段硫化，温度为 200℃，时间为 4h。

⑥ 将硫化处理后的组分 1 加入环氧树脂溶液和钛白粉，高速分散 30min，制得本品。

原料配伍

本品各组分质量份配比范围为：甲基苯基乙烯基硅橡胶混炼胶 29～31、过氧化苯甲酰 2～4、片状钴粉 15～17、粒径为 200 目的无水乙醇 1.5、稀硫酸 0.8、硅烷偶联剂 5～6、纳米石墨 9～11、环氧树脂 10～12、钛白粉 1.5、水 19～22。

钴是一种银白色的铁磁性金属，表面抛光后有淡蓝光泽，是能增加铁的磁化作用的唯一元素。由于钴能提高材料的磁饱和强度和居里点，使其具有高的矫顽磁力，是电气工业中良好的磁性材料。橡胶屏蔽材料要求具有良好的导电性能。橡胶中金属粉末的用量必须达到能形成无限网链时才能使材料导电。金属粉末导电时不会发生类似炭黑中电子隧道跃迁的行为，粉末之间必须有连续接触。当导电填料用量较低时，填料颗粒能较均匀地分散在聚合物中，相互接触较少，导电性较低。随着填料用量的增加，颗粒间接触机会增多，电导率逐步上升。当填料用量增加到某一临界值时，体系内颗粒相互接触，形成无限网链，这个无限网链就像一个金属网贯穿于聚合物中，形成导电通道。电导率急剧上升，使聚合物变成了导体。相反，导电填料过多，金属颗粒不能紧密接触，导电性能不稳定，电导率会下降，同时影响材料的力学性能。实验结果表明，在保证良好导电性的前提下，兼顾橡胶性能，钴粉用量以 15～17 份为宜。

产品应用

本品主要用作导电橡胶涂料。

产品特性

本品导电性能好，环保性强，应用前景广阔。

氟硅抗结水垢乳胶涂料

原料配比

原料		配比（质量份）
硅树脂	水	400
	异丙醇	100（体积）
	甲苯	200（体积）
	甲基三氯硅烷	30
	二甲基二氯硅烷	31
	苯基三氯硅烷	24
	二苯基二氯硅烷的溶液	25
硅树脂制成硅树脂乳液	去离子水	40
	乙二醇	3
	磷酸三丁酯	0.2
	聚氧乙烯烷基醚	4
	硅树脂	53
	氨水	调节 pH 值至 8～9
色浆	去离子水	30
	多聚磷酸钠	0.2
	群青	30
	钛白粉	40
氟硅抗结水垢涂料	聚四氟乙烯乳液（固含量为 50%）	15
	硅树脂乳液	75
	色浆	10

制备方法

（1）氟硅抗结水垢乳胶涂料的制备　将各组分混合均匀、研磨、过滤得到产品。

（2）硅树脂的制备　在带有滴加装置、搅拌和冷凝器的三口烧瓶中加入水和异丙醇，升温到40℃，于2h内将溶解在甲苯中的甲基三氯硅烷、二甲基二氯硅烷、苯基三氯硅烷和二苯基二氯硅烷的溶液滴加完，冷却到室温，分出酸水层，用水洗甲苯层到中性。于120℃蒸出低沸物与部分甲苯，再在 150℃，600mmHg 下，蒸馏浓缩甲苯层，得到树脂。

（3）硅树脂乳液的制备　在带有滴加装置、搅拌和冷凝器的三口烧瓶中加入去离子水、乙二醇、磷酸三丁酯、聚氧乙烯烷基醚、搅拌均匀后，在常温下，滴加硅树脂，大约 2h 内滴加完，然后再搅拌 0.5h，成均匀的乳液，用氨水调节 pH 值至 8～9。

（4）色浆的制备　将各组分混合均匀，研磨三次即可。

原料配伍

本品各组分质量份配比范围如下。

涂料按下列配方组成：硅树脂乳液 60～80、聚四氟乙烯乳液 10～30、色浆 10～30、消泡剂 0.1～1。

硅树脂按下列配方组成：甲基氯硅烷单体 10～50、苯基氯硅烷单体 10～45、芳烃溶剂 100～500、醇 50～200、水 100～1000。

硅树脂乳液按下列配方组成：硅树脂 45～75、去离子水 25～55、流平剂 1～5、乳化剂 2～5、消泡剂 0.1～1。

色浆按下列配方组成：去离子水 20～40、颜料 25～35、钛白粉 25～45、分散剂 0.1～0.5。

上述配方各组成物除硅树脂乳液和色浆是自制之外，其余都是市售商品。

甲基氯硅烷单体可以是甲基三氯硅烷、二甲基二氯硅烷等。苯基氯硅烷单体可以是苯基三氯硅烷和二苯基二氯硅烷等。芳烃溶剂可以是甲苯、二甲苯、氯苯等。醇可以是乙醇、异丙醇、丁醇等。

质量指标

项目	测试条件或方法	实施例
冲击性/kg·cm	冲击实验仪	≤50
硬度	铅笔硬度	≤HB
附着力	附着力测定仪	一级
耐高温性		长期 250℃
抗结垢	电热水壶试验(涂在加热棒外表面上)	水垢约 0.2mm 厚脱落
水珠滚落试验	样板 45°角倾斜目测	滚落

产品应用

本品主要用于电热水壶、热水器和锅炉的抗结水垢涂层，还可用于生产不粘性炊具，如煮饭锅、烹饪锅、煎锅和烤盘等，用作不粘涂层。

273

产品特性

本品具有高的附着力与耐冲击性，可以在 250℃ 下长期使用，憎水性明显，抗结水垢性强。

本品的优点：提高硅树脂的憎水性，也就是增大涂层表面的水接触角，使涂层具有耐污、不粘等功能，高的附着力也使涂层具有防腐性。本品的生产方法无副产物生成，不需后处理，因此生产工艺简便，节能，成本低。另外，原材料立足国内，基材的表面无需特殊处理，只要除油和除锈，即可进行涂覆。

胶合板用环保型乳胶漆

原料配比

原　　料		配比(质量份)
水		832
聚乙烯醇(20-88)		40
丙烯酸		16
醋酸乙烯		480
丙烯酸甲酯		30
丙烯酸丁酯		30
EVA 乳液		400
乳化剂	OP-10	4
	十二烷基硫酸钠	2
引发剂:6%过硫酸铵		36
增塑剂:邻苯二甲酸二甲酯		44
pH 调节剂	15%醋酸钠溶液	40
	10%碳酸氢钠溶液	50

制备方法

① 将水加入反应釜，升温至 28～32℃，在搅拌状态下加入聚乙烯醇，然后升温至 95～98℃，并在此温度下保温 1h。

② 将步骤①的物料降温至 78～82℃，加入乳化剂，然后再加入醋酸钠溶液、碳酸氢钠溶液各为总量的 1/2，搅拌 25～35min。

③ 在 73～78℃下向步骤②的物料中再加入引发剂总量的 1/12，然后在 50～70min 内滴加完单体总量的 1/5，反应 30min，再加入引发剂

总量的 1/9，然后在 3～4h 内滴加完剩余单体，在滴加剩余单体期间，每 30min 加入引发剂总量的 1/14，滴完后保温 80～100min。

④ 将步骤③的物料冷却至 65～75℃，加入增塑剂，冷却至 55～65℃加入 EVA 乳液，再冷却至 45～55℃加入剩余醋酸钠、碳酸氢钠，继续冷却至 40℃以下即可包装。

原料配伍

本品各组分质量份配比范围为：水 800～900、聚乙烯醇 30～50、丙烯酸 10～20、醋酸乙烯 450～500、丙烯酸甲酯 20～40、丙烯酸丁酯 20～40、EVA 乳液 350～450、乳化剂 4～8、引发剂 30～45、增塑剂 40～50、15%醋酸钠溶液 30～50、10%碳酸氢钠溶液 40～60。

所述乳化剂为 OP-10、十二烷基硫酸钠中的一种或两种混合。

所述引发剂为 6%过硫酸铵、过硫酸钾或过硫酸钠溶液中的一种、两种或三种混合。

所述增塑剂为邻苯二甲酸二甲酯、邻苯二甲酸二乙酯、邻苯二甲酸二丁酯或邻苯二甲酸二辛酯中的一种，或两种、三种、四种混合。

所述聚乙烯醇为聚乙烯醇 20-88、20-99、17-88、17-99 中的一种、两种、三种或四种混合。

产品应用

本品主要用于木材的加工、涂料、建材、印刷等行业。

产品特性

本品各项性能指标均达到或超过普通含醛白乳胶，耐水性、耐热性能优越，具有黏结强度高、干燥速度快、易储存、保质期长、无污染等特点。

金属防锈乳胶漆

原料配比

原　　料	配比（质量份）
自来水	200
六偏磷酸钠	5
分散剂	20
三丁酯	10

乳胶涂料配方与制备（二）

原　　料	配比（质量份）
亚硝酸钠	5
防锈剂	9
锌铬黄	60
氧化铁红	130
磷酸锌白	50
滑石粉	100
有机膨润土	10
乳液	400
双丙酮醇	5
消泡剂	1
增稠剂	20
丙二醇	3

制备方法

① 备料：将原料按上述配比备料。

② 配料：将备好的自来水、六偏磷酸钠、亚硝酸钠、分散剂、三丁酯、防锈剂、锌铬黄、氧化铁红、磷酸锌白、滑石粉、有机膨润土全部加入配料缸内，形成一次混料。

③ 搅拌：利用搅拌机将一次混料搅拌至均匀。

④ 砂磨：利用砂磨机对搅拌后的一次混料进行至少两次砂磨，使之粒度不大于 $60\mu m$。

⑤ 配漆：将砂磨后的一次混料加入配漆缸内，再将备好的全部乳液、消泡剂、双丙酮醇、增稠剂、丙二醇加入缸内形成二次混料。

⑥ 搅拌：利用搅拌机将二次混料搅拌均匀。

⑦ 精砂磨：利用砂磨机对二次混料进行砂磨，使之粒度不大于 $60\mu m$。

⑧ 检验、成品包装、入库。

原料配伍

本品各组分质量份配比范围为：水 200、六偏磷酸钠 5、分散剂 20、三丁酯 10、亚硝酸钠 5、防锈剂 9、锌铬黄 60、氧化铁红 130、磷酸锌白 50、滑石粉 100、有机膨润土 10、乳液 400、双丙酮醇 5、消泡剂 1、增稠剂 20、丙二醇 3。

产品应用

本品用于建筑。

276

◀ 产品特性 ▶

① 无毒、无味，使用时对环境无污染，对人身无危害。

② 不可燃，运输、储存、使用均十分安全，因此，在运输、储存过程中不必为其配备专用的运输工具和专用的储存库，施工中也不必采取防火措施，从而可节省人力、财力、物力，减少施工工序，提高工作效率。

③ 涂漆前不必使用专用的稀释剂对其稀释，即可使用；涂漆时，当金属构件的表面上存在厚度不大于 $60\mu m$ 的锈层时，可直接进行涂漆操作，不必进行除锈工序，从而使涂漆工作省时、省力。

可生物降解的净味乳胶漆

◀ 原料配比 ▶

原　　料	配比(质量份)			
	1 号	2 号	3 号	4 号
改性聚乙烯-醋酸乙烯-丙烯酸酯乳液 JD508	330	330	250	180
科宁消泡剂 SN-154	1.5	1.5	1	1
科宁消泡剂 A-10	1.5	1.5	1.5	1.5
科莱思防腐剂 NipacideGSF	1.5	1.5	1.5	1.5
迪高分散剂 TEGODispers750W	6	6	6	6
杜邦金红石型钛白粉 R-706	250	220	180	150
填料重质碳酸钙	120	180	180	150
填料煅烧高岭土	80	60	80	80
纳米锐钛型钛白粉 TK018	20	20	15	10
纳米气相二氧化硅粉体	6	6	6	5
罗门哈斯流平剂 RM-2020	6	6	6	6
TZY-05 纳米无机负离子助剂	15	15	15	12
水	168.5	152.5	258	307

◀ 制备方法 ▶

① 将水、防腐剂、分散剂和消泡剂混合，搅拌均匀。

② 加入颜料、填料和纳米锐钛型钛白粉，真空状态下高速分散到 $50\mu m$ 以下。

③ 加入壳核结构水性树脂、纳米负离子助剂、流平剂、增稠剂，搅拌均匀，送检。

原料配伍

本品各组分质量份配比范围为：可生物降解的具有壳核结构的水性树脂100～400、纳米锐钛型钛白粉5～100、纳米负离子助剂5～15、消泡剂1～5、防腐剂1～3、润湿剂0～3、分散剂4～8、颜料80～280、填料100～350、增稠剂1～10、流平剂1～10、水0～350。

所述可生物降解的具有壳核结构的水性树脂为淀粉改性聚乙烯-醋酸乙烯-丙烯酸酯乳液，上述树脂合成物中具有壳核结构，利用水为外增塑剂，不需要添加任何成膜助剂即能较好地成膜；采用特殊的保护胶体，具有优异的抗冻融性，不需要添加防冻剂。并且在合成的时候经过三次真空隔膜净化处理，游离单体极少，气味清淡。常温常态下包覆能力强，耐水耐擦洗性能优异，同时，还可以生物降解。

所述纳米无机负离子助剂为纳米稀土元素混合物。该纳米无机负离子助剂在外面温度湿度发生变化或者有光照作用时会产生很强的价态活性，能够诱导激活纳米锐钛型钛白粉的价态活性。

所述纳米锐钛型钛白粉，可以在市场上直接购买，优选粒径均匀、易于分散的产品。

所述消泡剂选自聚硅氧烷-聚醚共聚物乳液类、聚丙二醇类、聚乙二醇-憎水固体-聚硅氧烷混合物类或矿物油基类中的两种。

所述防腐剂选自2-(4-噻唑基)苯并咪唑、甲基异丙基异噻唑啉酮或有机溴合成物中的一种或几种。

所述润湿剂选自丙烯基聚氧乙烯醚硫酸铵、十二苯磺酸钠或者丙烯基聚氧乙烯醚硫酸钠中的一种或几种。

所述分散剂选自聚丙烯酸钠盐类、改性聚丙烯酸溶液类或改性聚羧酸盐类中的一种或几种。

所述颜料为金红石型钛白粉。

所述填料选自煅烧高岭土、重质碳酸钙、硅藻土、滑石粉、硅灰石或沉淀硫酸钡中的两种以上的混合物。

所述增稠剂为纳米气相二氧化硅或羟乙基纤维素。

所述流平剂选自交联型有机硅聚醚丙烯酸酯类共聚物、二甲基聚硅氧烷乳液或聚硅氧烷-聚醚共聚物中的一种或两种。

质量指标

检验项目		检验结果	检验方法
涂膜外观		表面平整、光滑	目测
干燥时间（25℃）	表干	30min	GB/T 1728（乙法）
	实干	≤24h	GB/T 1728（甲法）
附着力		1 级	GB/T 9286
耐水性(25℃,96h)		无异常	GB/T 1733（甲法）
耐碱性(25℃,48h)		无异常	GB/T 9265
对比率		0.96	GB 18582
耐洗刷性		≥10000 次	
低温稳定性		不变质	
涂层耐温变性		5 个循环无异常	
挥发性有机化合物 VOC			GB 18582
苯、甲苯、乙苯、二甲苯总和/(mg/kg)		未检出	
游离甲醛/(mg/kg)		未检出	
可溶性重金属/(mg/kg)	铅 Pb	4	
	镉 Cd	8	
	铬 Cr	2	
	汞 Hg	未检出	

产品应用

本品是一种净味涂料，适用于刷涂、滚涂和喷涂，涂装施工时，可根据具体情况加入适量的水调节黏度。

产品特性

本品可以涂装于木材上，漆膜具有气味清淡、VOC 低、遮盖力好、附着力良好、耐洗擦等特点，同时旧漆膜可生物降解，且成本低，施工性好，环保性能佳，是一款将装饰性、功能性、环保性三大主题完美融合的产品。本品的优点在于，漆膜环保无毒，且在效果上具有可持续性。

可吸收汽车尾气的乳胶漆

原料配比

原　料	配比(质量份)
纯净水	25

乳胶涂料配方与制备（二）

原　料	配比（质量份）
聚丙烯酸钠	0.5
羟乙基纤维素	0.1
纳米二氧化钛	1.5
纳米氟石粉	2
硅藻土	10
钛白粉	20
碳酸钙	10
乙二醇	2
十二碳醇酯	1.4
有机硅改性丙烯酸	27
增稠剂	0.5

制备方法

① 取 25 份水加入不锈钢搅拌桶内，启动搅拌机以 600r/min 的进度搅拌。

② 在搅拌状态下按顺序加入聚丙烯酸钠、羟乙基纤维素、纳米二氧化钛、纳米氟石粉、硅藻土后，进行高速搅拌，转速为 1800r/min，搅拌 30min。

③ 在搅拌状态下加顺序加入钛白粉、碳酸钙、乙二醇、十二碳醇酯，转速为 1200r/min，搅拌 30min。

④ 使搅拌机保持在 600r/min 的状态，将有机硅改性丙烯酸、增稠剂加入搅拌桶内，搅拌 20min。

⑤ 停止搅拌，用 100 目滤网过滤，制备过程结束。

原料配伍

本品各组分质量份配比范围为：纯净水 20～35、聚丙烯酸钠 0.5、羟乙基纤维素 0.1、纳米二氧化钛 1～2、纳米氟石粉 2～3、硅藻土 5～10、钛白粉 10～20、碳酸钙 10～20、乙二醇 2、十二碳醇酯 1.5、有机硅改性丙烯酸 20～40、增稠剂 0.3～0.6。

其中，所述钛白粉为二氧化钛，增稠剂为丙烯酸乙酯-甲基丙烯酸共聚物。

产品应用

本品是可吸收汽车尾气的乳胶漆。

产品特性

① 本品中加入了纳米氟石粉，纳米氟石粉具有极强的离子交换性和吸附分离性，从而使纳米二氧化钛的吸附废气、抗菌抑菌的光催化作用发挥得更充分。

② 由于本品中纳米氟石粉的加入，大大增强了硅藻土的吸附性，最大程度地发挥了纳米二氧化钛和硅藻土的协同作用，从而可最大程度地吸收空气中的汽车尾气。

纳米阻燃乳胶漆

原料配比

原　料	配比（质量份）	
	1 号	2 号
水	20	18
防腐剂 NIPACIDEC115	0.2	0.17
分散剂 FX365	0.6	0.8
消泡剂 SN-154	0.5	0.6
纳米二氧化钛	20	18
纳米碳酸钙	12	6
纳米氢氧化铝	8	8
纳米硼酸锌	6	10
纳米三聚磷酸铝	6	7
纳米乳液 SD-688	20.7	25.43
乙二醇	1	1
成膜助剂 TEXANAL	2	2
增稠剂 TT-935	2	3

制备方法

① 将水、防腐剂、分散剂和消泡剂混合，搅拌，再加入纳米二氧化钛、纳米碳酸钙、高抑烟型纳米阻燃剂、纳米硼酸锌阻燃剂和纳米三聚磷酸铝阻燃剂，研磨至 $45\sim55\mu m$。

② 依次加入纳米乳液、乙二醇、成膜助剂和增稠剂，调整黏度至 (100 ± 2)KU，即可。

乳胶涂料配方与制备（二）

原料配伍

本品各组分质量份配比范围为：水 15～25、防腐剂 0.1～0.3、分散剂 0.5～1、消泡剂 0.4～0.8、纳米二氧化钛 10～25、纳米碳酸钙6～12、高抑烟型纳米阻燃剂 5～15、纳米硼酸锌阻燃剂 5～10、纳米三聚磷酸铝阻燃剂 5～10、纳米乳液 20～30、乙二醇 1～2、成膜助剂 1～3、增稠剂 1～5。

所说的防腐剂为 5-氯-2-甲基-4-异噻唑啉-3-酮或2-甲基-4-异噻唑啉-3-酮中的一种以上，如科莱恩的 NIPACIDEC115。

所述分散剂为具有亲水聚醚链段的丙烯酸类聚合物和多电子疏水成分构成的化合物，如 ELEMENTIS 公司的 FX365。

所述消泡剂为有机硅类消泡剂，如 NOPOC 公司的 SN-154。

纳米二氧化钛的粒径为 10～30nm，纳米碳酸钙的粒径为 20～30nm。

所述高抑烟型纳米阻燃剂为粒径为 20～50nm 的纳米氢氧化铝，如北京化工大学的产品。

所述纳米硼酸锌阻燃剂为山东吉青化工有限公司的粒径为 25～45nm 的纳米硼酸锌。

所述纳米三聚磷酸铝的粒径为 20～40nm，如青岛市海大化工有限公司的纳米三聚磷酸铝阻燃剂。

所述纳米乳液为纳米纯丙乳液，如南通生达化工有限公司的SD-68。

所述成膜助剂为 2,2,4-三甲基-1,3-戊二醇单异丁酸酯，如伊士曼的 TEXANAL。

所述增稠剂为碱溶胀型丙烯酸类增稠剂，如罗门哈斯的 TT-935。

产品应用

本品主要用于墙面和木材上。

使用方法可以是刷涂、滚涂和喷涂，施工可根据具体的情况加入适量的水来调节黏度。

产品特性

本品可以涂装在墙面和木材上，漆膜具有阻燃性好、遮盖力好、附着力良好、耐洗擦性优异、装饰性和保护性良好的特点。可以减缓甚至阻止火势的蔓延，保护人们避免烧伤，或者将经济损失降至最低。

轻防腐乳胶漆

原料配比

原　料		配比（质量份）		
		1号	2号	3号
成膜物质	HD1092水性丙烯酸乳液	30	70	30
颜料	金红石型 TiO_2	2	30	1
成膜助剂	2,2,4-三甲基-1,3-戊二醇单异丁酸酯	0.2	10	0.1
助溶剂	1,2-丙二醇	0.2	5	0.1
分散剂	聚丙烯酸钠	0.1	3	0.1
消泡剂	有机硅消泡剂 BYK-141	0.015	1	0.015
增稠剂	羧甲基纤维素钠和 HEUR330 按照质量比1∶1的混合物	0.1	3	0.1
pH调节值	2-氨基-2-甲基-1-丙醇	0.02	1	
防霉剂	苯并咪唑	0.2	1	
防腐剂	1,2-苯并异噻唑-3-酮	0.02	1	
水		0.7	5	0.5

制备方法

先将水、消泡剂、分散剂分别加入配料罐混匀，再加入增稠剂，搅拌均匀；然后加入颜料，研磨10~20min；再加入成膜助剂、助溶剂、成膜物质，搅拌均匀，再加入防霉剂、防腐剂、pH调节剂，过滤，包装，得到轻防腐乳胶漆成品。

原料配伍

本品各组分质量份配比范围为：水性丙烯酸乳液30~70、颜料0~30、成膜助剂1~10、助溶剂0.1~5、分散剂0.1~3、消泡剂0.015~1、增稠剂0.1~3、pH调节剂0~1、防霉剂0~1、防腐剂0~1、水0.5~5。

所述的成膜助剂包括 Texanol、LusolvanFBH、Coasol、DBE-IB、DPNB、Dowanolpph。

所述的颜料包括金红石型 TiO_2、改性磷酸盐。

所述的助溶剂包括1,2-丙二醇、乙醇。

所述的分散剂包括聚丙烯酰胺、聚羧酸盐。

所述的消泡剂包括有机硅消泡剂、聚醚消泡剂。

所述的增稠剂为纤维素醚及其衍生物与疏水改性的乙氧基聚氨酯水溶性聚合物的混合物。

所述的 pH 调节剂包括 2-氨基-2-甲基-1-丙醇、一乙醇胺、二乙醇胺、三乙醇胺、羟乙基脲、四甲基氢氧化铵。

所述的防霉剂为苯并咪唑氨基甲酸甲酯、N'-(3,4-二氯苯基)-N,N-二甲基脲或其组合。

所述的防腐剂包括 1,2-苯并异噻唑-3-酮、甲基异噻唑啉酮、5-氯-2-甲基-4-异噻唑啉-3-酮。

质量指标

项　　　目	指　　　标
容器中状态	无硬块，搅拌后呈均匀状态
附着力（划格法）/级，≤	0
干燥时间（表干）/h，<	20min
干燥时间（实干）/h，≤	70min
耐弯曲性/mm	1
耐冲击性	漆膜无脱落无开裂
耐盐水性（3％NaCl 溶液）	24h 不起泡、不生锈
耐水性	24h 不起泡、不脱落
耐盐雾	96h 不起泡、不生锈
铅笔硬度（划伤）	H

产品应用

本品主要用于各种机械、桥梁和仪器仪表的防腐蚀涂装。

产品特性

本品具有优异的漆膜附着力，耐水性好，硬度好，涂装方便。

乳胶型卷材涂料

原料配比

表 1　丙烯酸乳胶树脂液

原　　料	配比（质量份）		
	1 号	2 号	3 号
甲基丙烯酸甲酯	16	20	18
丙烯酸甲酯	9	7	8

原　料	配比(质量份)		
	1 号	2 号	3 号
甲基丙烯酸丁酯	13	15	14
苯乙烯	2	3	2.5
甲基丙烯酸	1	2	1.5
过硫酸钠盐	0.15	—	—
过硫酸铵盐	—	0.05	—
过硫酸钾盐	—	—	0.1
OP-10	0.3	0.3	0.2
碳酸氢钠	0.1	0.3	0.2
十二烷基苯磺酸钠	—	0.4	0.3
去离子水	60	50	55

表 2　乳胶型卷材涂料

原　料	配比(质量份)		
	1 号	2 号	3 号
丙烯酸乳胶树脂液	64	66	66
金红石型钛白粉	13	11	12
酞菁蓝	3	5	3.8
硫酸钡	5	3	4
EFKA-5065 润湿分散剂	1	2	1.5
EFKA-3772 流平剂	0.7	0.3	0.5
EFKA-2526 消泡剂	0.3	0.1	0.2
乙二醇丁醚	1	3	2
去离子水	12	8	10

制备方法

（1）丙烯酸乳胶树脂液的制备

① 将甲基丙烯酸甲酯、丙烯酸丁酯、甲基丙烯酸丁酯、苯乙烯和甲基丙烯酸混合均匀，形成单体混合物。

② 将去离子水加入反应釜中，搅拌，加入乳化剂，再加入单体混合物总量的 14%～16%、过硫酸盐总量的 35%～45% 和碳酸氢钠，加热升温至 60～65℃。

③ 回流。

④ 以每小时加入单体混合物总量 8%～12% 的速度滴加剩余的单体混合物，同时以每小时加入过硫酸盐总量的 4%～5% 的速度滴加剩余

的过硫酸盐，在单体混合物滴加完毕后，将最后剩余的过硫酸盐一次加入，温度上升至 90～95℃，保温 20～40min。

⑤ 温度冷却到 45～55℃时，净化、包装。

（2）乳胶型卷材涂料的制备　将去离子水、金红石型钛白粉、酞菁蓝、硫酸钡、分散剂、流平剂、消泡剂、成膜助溶剂搅拌混合均匀，然后在分散器中研磨分散，细度控制在 20μm 以下，再加入丙烯酸乳胶树脂液，充分搅拌均匀，调节黏度，过滤净化。

◀ 原料配伍 ▶

本品各组分质量份配比范围为：丙烯酸乳胶树脂液 64～68、金红石型钛白粉 11～13、酞菁蓝 3～5、硫酸钡 3～5、分散剂 1～2、流平剂 0.3～0.7、消泡剂 0.1～0.3、成膜助溶剂 1～3、去离子水 8～12。

所述的硫酸钡为超细硫酸钡，其颗粒目数优选 250 目。

所述的分散剂为稳定型分散剂。可以选自荷兰埃夫卡助剂公司生产的 EFKA-4560 润湿分散剂、EFKA-5065 润湿分散剂或 EFKA-4540 润湿分散剂，防止颜料聚凝、颜料浮色及发花。

所述的流平剂为本行业通用的流平剂。例如，荷兰埃夫卡助剂公司生产的 EFKA-3772 型。

所述的消泡剂为本行业通用的消泡剂。例如，荷兰埃夫卡助剂公司生产的 EFKA-2526 型。

所述的成膜助溶剂选自乙二醇、甲苯、二甲苯、醋酸乙酯、醋酸丁酯、丁醇、乙二醇丁醚、环己酮、丁酮中的任意一种或几种。优选的成膜助溶剂为乙二醇丁醚或乙二醇，最优的为乙二醇。能使涂膜外观平整，尤其是在冬季效果更为突出。

所述丙烯酸乳胶树脂液由以下组分组成：甲基丙烯酸甲酯 16～20、丙烯酸甲酯 7～9、甲基丙烯酸丁酯 13～15、苯乙烯 2～3、甲基丙烯酸 1～2、过硫酸盐 0.05～0.15、乳化剂 0.3～0.7、碳酸氢钠 0.1～0.3、去离子水 50～60。

其中，单体的选择除了应考虑玻璃化温度外，还要使共聚物对最终涂膜具有综合的性能，如附着力、柔韧性、耐擦洗性及耐候性等。丙烯酸乙烯基聚合物主链既要有饱和碳氢链段，以发挥其内增塑作用，增大了聚合物的自由体积，使链段有较大的运动空间，从而提高了柔韧性，同时还设置了链段间的旋转位阻，限制了旋转的自由度，从而提高了刚性，因而有利于涂膜硬度及机械强度的提高。

羧酸单体在进入乳液聚合物颗粒表面后，可成为聚合物而溶在水中，这样就起到了稳定乳液颗粒分散的作用。

乳液聚合用引发剂必须是水溶性的，本品选择过硫酸盐，优选的，为过硫酸钾盐、过硫酸钠盐和过硫酸铵盐中的一种或其混合物。

引发剂热分解的速度随温度而加速，共聚反应中的温度变化有非常大的影响，所以在聚合反应中控制温度是一个重要因素。

本品中采用表面活性剂作为乳化剂，它的分子中存在两部分，亲油部分和亲水部分，当乳化剂加入到水中后，亲油部分远离水的基团，使其排出，而亲水部分保留在水中，这样阻止了乳化剂形成另一体系，而只能位于界面上，亲水部分趋向于水，将亲油部分远离水而趋向亲油表面，即将亲油部分聚集于中心，而亲水部分位于水中，这样才能干扰水的氢键结构，而趋向其键能的最低状态，形成稳定体系。

优选的，乳化剂为 OP-10、十二烷基苯磺酸钠中的一种或其混合物。最优的，乳化剂为 OP-10 与十二烷基苯磺酸钠的混合物，其中 OP-10 与十二烷基苯磺酸钠的质量比为 2∶3。

其中，上述的 OP-10 是工业上使用的烷基酚聚氧乙烯醚，是一种常用的扩散、匀染、乳化润湿剂。

产品应用

本品主要用于卷材涂料。

产品特性

① 本品基本上不含有机挥发物，除水外有机挥发物不多于 2%，对环境保护、排除火灾爆炸十分有利。

② 本品生产和施工单位，不需要另外设置防火防爆装置，因此新建厂房造价比较便宜。

③ 乳液合成中单体制造过程中引进酸类单体，增加了涂膜的极性，增强了附着性，并在乳液分支结构中接枝和改进分子结构，如某些苯环和长链结构对增进硬度、改进柔韧性十分有利，比普通溶剂型涂料有显著提高。

④ 乳液合成中通过分子间的位阻效应提高了涂膜的抗水解性，改善了原来聚酯树脂的耐水性。

⑤ 本品组分中采用以水为溶剂，因此它的成本应该比溶剂型涂料要低。

⑥ 本品因本身的分子量比较大，同时采用丙烯酸树脂为主要成膜物质，因此它的性能不但要比原来的品种好，同时它的成膜温度要比原来低 10℃ 左右，能够缩短涂装工艺流程，降低成膜时间，并节约能源。

水性乳胶型电磁波屏蔽涂料

原料配比

原　　料	配比（质量份）			
	1 号	2 号	3 号	4 号
水性丙烯酸酯	50	50	—	—
微米级镍粉	15	—	—	40
微米级铝粉	15	—	—	—
甲氧基丙醇	3	—	—	—
异氰酸酯	2	—	—	—
水性聚氨酯树脂	—	50	—	—
水性聚乙烯酯	—	—	—	60
水性环氧（Ⅰ型）树脂	—	—	30	—
覆盖有镀铜层的玻璃微粒	—	35	—	—
覆盖有镀镍层的石墨微粒	—	—	60	—
己二酸	—	2	—	—
硅油	—	2	—	—
硅酸铝	—	3	—	—
丙二醇醚	—	—	4	—
纤维素醚	—	—	5	—
多磷酸酯	—	—	2	—
乙二醇丁醚	—	—	—	5
缔合型聚氨酯	—	—	—	3
乙烯苯磺酸	—	—	—	2
硅氧烷	—	—	—	2
纯净水	40	—	90	—
干净自来水	—	50	—	50

制备方法

① 将导电填料烘干，温度控制在 50～80℃，时间以导电填料呈粉

末状为限。

② 将烘干的导电填料与成膜助剂、成膜树脂、纯净水或干净自来水一起混合，在研磨机中研磨。

③ 混合均匀后加入增稠剂，将涂料调整至一定黏度。

原料配伍

本品各组分质量份配比范围为：水溶性成膜树脂 20～60、导电填料 20～60、纯净水或干净自来水 30～100、成膜助剂 1～5、增稠剂 1～5。

上述组分中，水溶性成膜树脂决定着水性涂料的耐候性、耐碱性、高低温性能、附着力的优劣，成膜助剂有助于在水的挥发过程中保证成膜的正常进行，增稠剂有利于改善涂料的黏度。

水溶性成膜树脂为水性聚氨酯树脂、水性环氧树脂、水性丙烯酸酯、水性聚乙烯酯、水溶性醇酸树脂中的一种。

成膜助剂可选用己二酸、苯二甲酸、丙二醇醚、乙二醇丁醚、甲氧基丙醇、二乙二醇中的一种。

导电填料至少为铜粉、铝粉、银粉、镍粉、石墨中的一种，或至少为覆盖有镀银层、镀铜层或镀镍层的石墨、玻璃微粒中的一种。

增稠剂可选择硅酸铝、纤维素醚、碱溶胀丙烯酸酯、缔合型聚氨酯、异氰酸酯中的一种。

为了提高导电填料在水中的分散性，可以加入 1～5 份分散剂，可选择多磷酸酯、硼酸酯、马来酸、乙烯苯磺酸、苯乙烯-马来酸酐中的一种作为分散剂。

为了减少涂料在配制和使用过程中产生泡沫，可以加入 1～5 份消泡剂，可选择脂肪酸酯、矿物油、硅油、硅氧烷中的一种。

质量指标

表 1   物理和环境性能测试结果

检验项目	检验结果
附着力/%	96
耐水性	无脱落，起泡和皱皮现象
耐干擦性/级	0
高温试验	表面无龟裂、起泡、剥落现象，附着力为95%
低温试验	表面无龟裂、起泡、剥落现象，附着力为95%
耐碱性	未出现起泡、裂纹、剥落、粉化、软化和溶出等现象
铅笔硬度	H

表 2　内墙涂料中有害物质限量测试结果

检验项目	技术要求	检验结果
挥发性有机化合物/(g/L)	≤200	≤200
游离甲醛/(g/kg)	≤0.1	≤0.006
重金属/(mg/kg)	可溶性铅	≤90
	可溶性镉	≤75
	可溶性铬	≤60
	可溶性汞	≤60

产品应用

本品主要用于电磁波屏蔽涂料领域。

产品特性

① 所提供的涂料物理环境性能好，有害物质限量符合国家标准。

② 所提供的涂料在频率为 9kHz～1000MHz 范围内，电磁屏蔽效能为 45～60dB。

③ 所选用的水溶性成膜树脂品种多，在国内已经是工业化生产的材料，易于获取。

④ 成膜助剂的使用，提高了涂料在干燥过程中的成膜性能，增稠剂的使用，改善了涂料的黏度。

⑤ 在石墨、玻璃球等微粒上进行镀镍、镀铜或镀银等形成的导电填料的使用，有利于提高涂料的电磁屏蔽效能、物理环境性能。

⑥ 以水作为稀释剂，大幅度降低了成本。

⑦ 涂料配方灵活，制备方法简单，容易推广应用。

石墨导电乳胶漆

原料配比

原　料	配比（质量份）		
	1 号	2 号	3 号
乳胶漆	1	1	1
导电石墨	0.2	1	0.6
聚乙二醇	0.3	0.5	0.1
水	0.5	2	1

制备方法

将上述质量组分混合，混捏 30min 左右，制成石墨导电乳胶漆。

原料配伍

本品各组分质量份配比范围为：乳胶漆 1、导电石墨 0.2~1、聚乙二醇 0.1~0.5、水 0.5~2。

产品应用

本品主要用于制作导电布。制成的导电布具有优异的导电屏蔽性能。取原料布——涤纶针刺布（或其他原料布、毡），将上述制得的石墨导电乳胶漆均匀涂刮在原料布上，涂层厚度 10~50μm，再置于 120~150℃烘箱内干燥，得导电屏蔽布（毡）。该涂层使导电屏蔽布（毡）具有优异的导电屏蔽性能。

产品特性

本品配方合理，具有良好的导电屏蔽作用，可用于制作导电布。制成的导电布具有优异的导电屏蔽性能。

饰面型苯丙溴碳乳胶防火涂料

原料配比

原　　料		配比（质量份）		
		1 号	2 号	3 号
三溴苯酚	95％的乙醇	100	100	100
	苯酚	9.40	9.40	9.40
	溴化钠	22.66	20.6	24.72
	浓盐酸（36.5％）	33.0	10.95	13.14
	溴酸钠	63（饱和溶液）	15.1	18.12
	亚硫酸氢钠（10％）	—	—	20.08
	蒸馏水	—	42	50
丙烯酸 2,4,6-三溴苯酯	三溴苯酚	10	10	10
	丙酮	27	2.92	2.92
	三乙胺	—	27	27
	丙烯酰氯	4.07	2.73	5.46
溴碳苯丙乳液	丙烯酸 2,4,6-三溴苯酯	12	12	12
	苯乙烯	1.50	2.50	2.50

原　　料		配比（质量份）		
		1 号	2 号	3 号
溴碳苯丙乳液	丙烯酸	1.80	1.30	0.80
	丙烯酸丁酯	7.70	7.70	7.70
	甲基丙烯酸甲酯	1	0.50	1
	十二烷基硫酸钠	0.12	0.16	0.16
	十二烷基苯磺酸钠	—	0.08	0.08
	OP-10	—	0.72	0.72
	过硫酸钾	0.96	0.12	0.12
	蒸馏水	10	25	25
饰面型溴碳苯丙乳胶防火涂料	蒸馏水	25	27.88	53.93
	聚磷酸铵	7.50	7.50	10.50
	三聚氰胺	7.50	7.50	7.50
	季戊四醇	2.50	2.50	1.50
	三氧化二锑	0.50	—	0.50
	氯化石蜡	2	—	2
	三氧化二钼	1	0.50	1
	硼酸锌	1	—	1
	膨润土	0.50	—	0.50
	钛白粉	2.50	2.50	3.50
	消泡剂二甲基硅油	0.64	0.48	0.64
	溴碳苯丙乳液	25	20	30

◀ **制备方法** ▶

① 将95％的乙醇加入反应器中。加入苯酚，苯酚完全溶解后加入溴化钠、浓盐酸（36.5％），将溴酸钠配成饱和水溶液，在室温下滴加，2h滴完，室温下反应1h，滴加10％的亚硫酸氢钠，至无溴产生（用淀粉淀化钾试纸检测），抽滤，将滤饼减压烘干，温度不高于70℃，得白色三溴苯酚。

② 将三溴苯酚、丙酮加入反应釜中，搅拌使三溴苯酚溶解。搅拌下滴加丙烯酰氯，滴加时间控制在（120±5）min，反应温度控制在（10±2）℃，滴加完毕继续反应8h，得丙烯酸2,4,6-三溴苯酯。

③ 将丙烯酸2,4,6-三溴苯酯、苯乙烯、丙烯酸、丙烯酸丁酯、甲基丙烯酸甲酯进行预混合得到混合单体；溶剂为二甲苯，向反应器中加入部分溶剂，开始搅拌并升温，待温度升至83℃加入1/3单体预乳化

30min，然后滴加剩余单体及引发剂，90～120min 滴完，同时升温至 85～87℃，滴完后保温 40～60min，冷却后得到溴碳苯丙乳液。

④ 将适量的蒸馏水和配方量的聚磷酸铵、三聚氰胺、季戊四醇、三氧化二锑、氯化石蜡、三氧化二钼、硼酸锌、膨润土、钛白粉依次加入多用分散研磨机中高速分散 30～60min，降低搅拌速度，加入丙烯酸树脂再分散 20～40min，然后用锥形磨磨至所需的细度，再加入多用分散研磨机中分散 10～20min，即得产品。

原料配伍

本品各组分质量份配比范围如下。

三溴苯酚的配方为：苯酚 9～10、溴化钠 20～25、溴酸钠 15～65、乙醇 100、浓盐酸 10～33、10%亚硫酸氢钠 0～21、蒸馏水 0～50。

丙烯酸 2,4,6-三溴苯酯的配方为：丙烯酰氯 2～6、三溴苯酚 10、丙酮 2～30、三乙胺 0～27。

溴碳苯丙乳液的配方为：丙烯酸 2,4,6-三溴苯酯 12、苯乙烯 1～3、丙烯酸 0.8～2、丙烯酸丁酯 7～8、甲基丙烯酸甲酯 0.5～1、十二烷基硫酸钠 0.12～0.18、十二烷基苯磺酸钠 0～0.1、OP-10 为 0～1、过硫酸钾 0.1～1、蒸馏水 10～25。

溴碳苯丙乳胶防火涂料的配方为：溴碳苯丙乳液 20～30、聚磷酸铵 7～11、三聚氰胺 7～8、季戊四醇 1～3、三氧化二锑 0～0.5、氯化石蜡 0～2、三氧化二钼 0.5～1、硼酸锌 0～1、膨润土 0～0.5、钛白粉 2～4、蒸馏水 25～55、二甲基硅油 0.4～0.8。

质量指标

项　目	质量指标
容器中的状态	无结块，搅拌后呈均匀状态
初期干燥抗裂性	无裂纹
表干时间/h	2h
附着力/级	2
耐水性/24h	无变化
耐酸性/24h	无变化
耐火极限（2mm）/min	60

产品应用

本品主要用于钢结构、木器的涂装。

◀ 产品特性 ▶

本品具有防火性能好、装饰性强、耐化学介质性能优的特点，并且具有良好的物理性能，硬度大，抗冲击力强，能满足饰面溶剂防火涂料的要求。此外，通过阻燃元素 Br 在苯丙乳液中的引入，实现了 Br 元素的高分子化，克服了添加阻燃型防火涂料防火时限短的缺点，同时 Br 元素阻燃效果高，可以少添加阻燃膨胀体系，提高了涂料的装饰性能，可广泛用于钢结构、木器的涂装。饰面型溴碳苯丙乳胶防火涂料具有工艺简单、原料易得、性能稳定的特点，适合于大规模工业生产。

适用多种基材的多功能水性高光乳胶漆

◀ 原料配比 ▶

原　料	配比（质量份）		
	1 号	2 号	3 号
HD1092 水性丙烯酸乳液	60	30	70
金红石型 TiO_2（供应商：DUPONT）	25	—	30
2,2,4-三甲基-1,3-戊二醇单异丁酸酯	2	0.5	5
1,2-丙二醇	2	0.5	5
聚丙烯酸铵盐分散剂 5027	2	0.5	3
消泡剂 BYK-065	0.2	0.1	1
增稠剂（羧甲基纤维素钠与 HEUR8370 聚氨酯增稠剂＝1∶1）	0.9	0.1	3
2-氨基-2-甲基-1-丙醇	0.2	—	1
苯并咪唑	2		2
1,2-苯并异噻唑-3-酮	0.5	—	1
流平剂 BYK-341	1		2
水	58	35	72

◀ 制备方法 ▶

1 号制备方法：先将 40 份水加入分散罐内，然后加入 2 份 1,2-丙二醇，转速控制在 800～1000r/min；将 2 份聚丙烯酸铵盐分散剂 5027、0.1 份消泡剂 BYK-065 依次加入配料罐，搅拌均匀后；再加入 0.1 份增稠剂（羧甲基纤维素钠与 HEUR8370 聚氨酯增稠剂质量比为 1∶1 的混合物），搅拌 5min；然后加入 0.2 份 2-氨基-2-甲基-1-丙醇，分散 3min；

再加入 25 份金红石型 TiO_2，中间再加入 3 份水，高速（转速控制在 1300r/min）研磨 10～20min；然后加入 5 份水进行降温；再加入 2 份 2,2,4-三甲基-1,3-戊二醇单异丁酸酯，搅拌 5min；再加入 60 份 HD1092 水性丙烯酸乳液，搅拌 3min；然后依次加入 2 份苯并咪唑和 0.5 份 1,2-苯并异噻唑-3-酮，搅拌 3min；然后加入 1 份的流平剂 BYK-341，再加入 0.1 份消泡剂 BYK-065，分散 5min；最后加入 0.8 份增稠剂（羧甲基纤维素钠与 HEUR8370 聚氨酯增稠剂质量比为 1∶1 的混合物）和 10 份水调节黏度到 88～98KU，搅拌均匀后即制得成品。

2 号、3 号参见 1 号的制备方法。

原料配伍

本品各组分质量份配比范围为：水性丙烯酸乳液 30～70、成膜助剂 0.5～5、颜料 0～30、助溶剂 0.5～5、分散剂 0.5～3、消泡剂 0.1～1、增稠剂 0.1～3、pH 调节剂 0～1、防霉剂 0～2、防腐剂 0～1、流平剂 0～2、水 35～72。

所述的成膜助剂包括 Texanol、LusolvanFBH、Coasol、DBE-IB、DPNB、Dowanolpph。

所述的助溶剂包括 1,2-丙二醇。

所述的分散剂包括聚丙烯酰胺、聚羧酸盐。

所述的消泡剂包括有机硅消泡剂、聚醚消泡剂。

所述的增稠剂为纤维素醚及其衍生物与非离子型无溶剂疏水改性环氧乙烷聚氨酯类流变改性剂的混合物。

所述的 pH 调节剂包括 2-氨基-2-甲基-1-丙醇、一乙醇胺、二乙醇胺、三乙醇胺、羟乙基脲、四甲基氢氧化铵。

所述的防霉剂为苯并咪唑氨基甲酸甲酯、N'-(3,4-二氯苯基)-N,N-二甲基脲或其组合。

所述的防腐剂包括 1,2-苯并异噻唑-3-酮、甲基异噻唑啉酮、5-氯-2-甲基-4-异噻唑啉-3-酮。

所述的流平剂包括聚醚改性的二甲基聚硅氧烷共聚物。

质量指标

项　　目	指　　标
容器中状态	无硬块，搅拌后呈均匀状态
涂膜外观	正常

续表

项　　目	指　　标
施工性	喷涂、刷涂无障碍
低温稳定性	不变质
附着力（划格法）/级，≤	1
干燥时间（表干）/h，<	≤2
白度	94.8
耐刷洗性	≥5000
耐水性	96h 不起泡、不脱落
耐碱性	48h 不起泡、不脱落
耐弯曲性/mm	1
耐冲击性	无脱落，无开裂
耐盐水性（3%NaCl 溶液）	24h 不起泡、不生锈
耐水性	24h 不起泡、不脱落
耐盐雾性	96h 不起泡、不生锈
铅笔硬度（划伤）	H

◤ 产品应用 ◢

本品主要用作多种基材的多功能水性高光乳胶漆。

◤ 产品特性 ◢

本品具有漆膜附着力优异、耐水性好、光泽好等特点，涂装方法简便，与普通乳胶漆完全相同。

水性乳胶涂料

◤ 原料配比 ◢

原　　料	配比（质量份）					
	1 号	2 号	3 号	4 号	5 号	6 号
水	18.85	21.7	24.3	18.85	14.1	15.1
丙二醇	2.0	2.0	2.0	2.0	2.0	2.0
有缔合作用的分散剂（H-34）	1.5	1.0	1.5	1.5	1.0	0.8
常规亲水分散剂（Hydropalant 5040）	—	0.15	0.3	—	—	—
润湿剂（Hydropalant 436）	0.1	0.1	0.1	0.1	—	—
润湿剂（Hydropalant 306）	—	—	—	—	0.1	—
润湿剂（Starfactant 20）	—	—	—	—	—	0.1

原　　料	配比(质量份)					
	1 号	2 号	3 号	4 号	5 号	6 号
防腐剂(Alex251)	0.15	0.15	0.15	0.15	0.15	—
防腐剂(LFM)	—	—	—	—	—	0.15
消泡剂(FoamStar A10)	0.3	0.3	—	—	—	0.2
消泡剂(Defoamer 334)	—	—	0.15	—	0.2	—
消泡剂(Defoamer 127)	—	—	—	0.15	—	—
pH 调节剂(AMP-95)	0.1	0.1	0.1	0.1	0.1	0.1
金红石型钛白粉(R-706)	16.0	18.0	—	16.0	18.0	—
金红石型钛白粉(CR-57)	—	—	12.0	—	—	—
铁红粉颜料	—	—	—	—	—	8.0
填料1(重质碳酸钙1000目)	5.0	15.0	20.0	5.0	—	—
填料2(硅灰石800目)	5.0	8.0	10.0	5.0	—	—
填料5(滑石粉)	—	2.0	2.0	—	—	—
填料3(高岭土 DB80)	5.0	—	—	8.0	5.0	8.0
MXK401	—	—	—	—	—	—
填料4(BaSO$_4$250目)	14.0	—	—	14.0	14.0	10.0
苯丙乳液 RS-998A	30.0	—	—	30.0	—	—
乳液2800	—	—	20.0	—	40.0	—
乳液2100	—	—	—	—	—	60.0
苯丙乳液2960	—	30.0	30.0	—	—	—
成膜助剂(十二碳醇酯)	1.5	1.5	1.0	1.5	2.0	3.0
缔合增稠剂 HEUR(DSX3551)	0.55	—	—	0.45	—	0.35
缔合增稠剂 HEUR(DSX3116)	—	0.28	0.28	—	—	—
缔合增稠剂 HEUR(T-632)	—	—	—	—	0.3	—
缔合增稠剂 HEUR(DSX3075)	—	0.22		—	—	—
HASE 缔合型剂 HAS661	—	—	—	0.1	—	—
水合增稠剂羟乙基纤维素醚(HBR250)	—	—	0.25	—	—	—
消泡剂(FoamStarA-10)	—	—	0.15	0.15	0.15	—
消泡剂(FoamStar MF324)	—	—	—	—	—	0.15

制备方法

(1) 研磨漆浆的制备　水预先留下1~5份,将其余水和醇溶剂投入分散缸,以500r/min慢速分散,依次投入润湿剂、分散剂、防腐剂、(1/2)~(2/3)的消泡剂、pH调节剂,搅拌均匀,然后添加颜料,投入填料粉体,先投高目数粉体后投低目数粉体,待粉体完全润湿没有干粉,将速度调至2000r/min左右分散15~20min,砂磨到细度≤50μm,

得研磨漆浆。

（2）调漆　在 $500r/min$ 下慢速搅拌研磨漆浆，将乳液投入研磨漆浆，投入剩余的消泡剂，缓慢添加成膜助剂，搅拌 $5\sim10min$ 充分脱气，然后在搅拌下缓慢添加增稠剂，添加完毕，用剩余的水冲洗装添加助剂的容器并在搅拌下将冲洗水慢慢加入到涂料中。

原料配伍

本品各组分质量份配比范围为：水 $14.1\sim24.3$、丙二醇 2.0、有缔合作用分散剂 $0.8\sim1.5$、常规亲水分散剂 $0\sim0.3$、润湿剂 0.1、防腐剂 0.15、消泡剂 $0.3\sim0.45$、pH调节剂 0.1、钛白颜料＋无机填料 $18.0\sim50.0$、聚合物乳液 $20.0\sim60.0$、成膜助剂乳液固体分 10.0、缔合型增稠剂 $0.28\sim0.55$。

涂料黏度调节全部使用缔合型增稠剂，如疏水改性聚胺酯 HEUR、疏水改性聚醚 HPE 和/或疏水改性碱膨胀乳液 HASE，并使用有缔合作用的分散剂分散颜填料研磨漆浆。

分散剂还可以配合使用少量常规亲水分散剂，用量为总涂料质量的 0.3% 以下。

产品应用

本品主要用于屋面彩瓦的涂装，作为酸雨地带的耐酸雨涂料使用。

产品特性

① 使用了有缔合作用的分散剂改性无机颜填料颗粒表面，使其具有被拉进增稠网络的可能，可以满足涂料的较低低剪黏度的要求，满足不兑水稀释直接施工的需要。

② 涂料放弃传统的水合型增稠方式，全部采用缔合型增稠剂调节涂料黏度，涂料具有良好的低触变性；同时使涂料起黏结作用的乳胶颗粒和起填充和着色作用的颜填料颗粒更理想地均匀分布，因而涂料不会出现脱水收缩的分层现象。

③ 本品由于使用了较高分子量有缔合作用的分散剂，使得密度较大的无机颜填料颗粒因参与疏水缔合被拉进增稠网络，涂料悬浮性变好，不需要借助过高的低剪切黏度来抗沉降。由于全部采用缔合型增稠剂，满足了低触变性的要求，使涂料有更好的流动和流平性，因而可以获得高固体分低黏度的涂料。由于采用了纯缔合增稠剂，缔合型增稠剂分子量低，只有几千到上万，分子链段中亲水的部分与水作用，分子端

上的疏水基团与乳胶粒子、颜填料粒子疏水缔合作用对体系贡献黏度，在一定的表面活性剂浓度下（不会使缔合的颗粒全部解吸），体系不会形成体积限制絮凝，因而不会出现脱水收缩的分层现象，提高了涂料外观质量。缔合的作用使得涂料体系中的乳胶颗粒和颜料、填料颗粒因缔合而被支配开，防止颗粒聚集，使成膜物质呈现比较均匀的理想分布状态，特别适合采用了功能性颗粒物的涂料，如防霉、负离子等功能性涂料。作为屋面的彩瓦涂料和酸雨地带的耐酸雨涂料，要求涂膜致密均匀，因此，优先推荐使用本品。

水性金属乳胶漆

原料配比

原　　料	配比（质量份）
珠光颜料	10
纯丙	53
改性聚丙烯酸钠盐 731-A	0.4
矿物油改性聚硅氧烷 BYK-033	0.5
十二碳醇酯	5
羟乙基纤维素 H6000YP2	1
颜色调整剂	0.1
水	30

制备方法

① 在低速下配好珠光颜料浆（珠光颜料与水、分散剂等混合）。

② 把乳液及其余助剂依次加入颜料浆，搅拌均匀。

③ 用颜色调整剂调出所需的金属光泽。

④ 检验合格后，过滤包装即得所需的水性金属乳胶漆。

原料配伍

本品各组分质量份配比范围为：珠光颜料 4～15、成膜物质 30～70、分散剂 0.1～0.5、消泡剂 0.1～0.5、成膜助剂 1～7、增稠剂 0.2～1、颜色调整剂 0.01～0.1、水 15～30。

其中，成膜物质采用苯丙、纯丙、硅丙、氟硅等中的一种或一种以上的混合物；分散剂选用聚丙烯酸钠盐（商品名为 5040）、聚羧酸铵盐

（商品名为 5027）、聚丙烯酸铵盐（商品名为 A-40）、改性聚丙烯酸钠盐（商品名为 731-A）、丙烯酸磷酸酯共聚物钠盐（商品名为分散剂 A）中的一种或一种以上的混合物；消泡剂采用矿物油改性聚硅氧烷（商品名为 Byk-003）、矿物油改性聚硅氧烷（商品名为 CF-107）、矿物油改性聚硅氧烷（商品名为 681-F）；不含有机溶剂的消泡剂为德国汉高生产的商品名为 FoamStar A-34、矿物油改性聚硅氧烷由德国汉高生产的商品名为 SN2345 中的一种或一种以上的混合物；成膜助剂采用十二碳醇酯、Filmer C40（2,2,4-三甲基 1,3-戊二醇一单异丁酸酯）中的一种或一种以上的混合物；增稠剂选用羟乙基纤维素类（商品名分别为 250HBR、Qp15000H、H6000yp2、市售商品名为 TR117）、聚氨酯增稠剂（商品名为 H600）中的一种或一种以上的混合物。

◀产品应用▶

本品用于内外墙的装潢。

◀产品特性▶

① 本品不含有毒有机溶剂，无毒，无污染。

② 本品所采用的配方所需原料品种简化，成本低于同类产品，制作简单。

③ 低温可成膜（5℃），耐擦洗、抗老化、附着力强，具有较好的长期稳定性。

④ 装饰效果好，抗污性较好，其独有的金属光泽效果，令建筑物焕发迷人光彩，彰显尊贵豪华。

新型蓄能发光乳胶漆

◀原料配比▶

原　料		配比（质量份）		
		1 号	2 号	3 号
A 组分	水	170～240	180～230	200
	羟乙基纤维素	1～5	1～4	2
	分散剂	1～10	2～8	5
	消泡剂	1～7	1～5	4
	润湿剂	0.5～4	0.5～3	2

原　　料		配比(质量份)		
		1号	2号	3号
A组分	氨水	0.5～4	0.5～3	2
	杀菌剂	1～4	1～2	2
	成膜助剂	12～24	13～23	20
	乙二醇	17～40	20～35	25
	金红石型钛白粉	80～160	90～140	110
	发光粉	120～200	120～180	150
	绢云母粉	30～80	35～70	50
	硅灰石粉	30～70	40～65	50
	环氧树脂乳液	350～450	380～450	400
	增稠剂	2～10	2～8	5
B组分	水性聚酰胺固化剂	60～100	60～100	80
	去离子水	15～30	15～30	20
A组分：B组分		(6～9)：(0.8～1.5)	(6～8)：(0.8～1.4)	7：1

制备方法

① 按质量份配比将水、羟乙基纤维素、分散剂、消泡剂、润湿剂、氨水、杀菌剂、成膜助剂、乙二醇、金红石型钛白粉、发光粉、绢云母粉、硅灰石粉、环氧树脂乳液和增稠剂混合配制。

② 按质量份配比将水性聚酰胺固化剂和去离子水混合配制。

③ 将步骤①和步骤②的两组分按质量比（6～9）：（0.8～1.5）混合配制，即得成品。

原料配伍

本品各组分质量份配比范围如下。

A组分：水 170～240、羟乙基纤维素 1～5、分散剂 1～10、消泡剂 1～7、润湿剂 0.5～4、氨水 0.5～4、杀菌剂 1～4、成膜助剂 12～24、乙二醇 17～40、金红石型钛白粉 80～160、发光粉 120～200、绢云母粉 30～80、硅灰石粉 30～70、环氧树脂乳液 350～450、增稠剂 2～10。

B组分：水性聚酰胺固化剂 60～120、无离子水 15～40。

将 A 组分与 B 组分按质量比（6～9）：（0.8～1.5）混合配制即为成品。

乳胶涂料配方与制备（二）

产品应用

本品是一种新型蓄能发光乳胶漆。

产品特性

本品以水性环氧乳液为基料，无毒、不可燃，施工安全方便。漆膜固化性能好，发光强度高，余晖时间达 12h 以上，无放射性，是一种环境友好型蓄能发光涂料。其中包膜蓄能发光粉处理后有良好的水解稳定性，可以得到储存稳定的水性发光涂料。该发光涂料可用在水泥、铁、铝合金、木材、PVC 塑料等基材表面并具有良好附着力。漆膜耐水、耐碱、耐候性好，发光强度高，余晖时间长，可广泛用于安全通道、矿井坑道、交通标志、消防器材，电气开关等方面，作为无电力照明情况下的应急标识，亦可用于发光工艺品。

本品采用铕激活的铝酸锶型发光材料，该发光材料的余晖时间较长，采用二价铕激活的铝酸锶作发光粉，采用丙烯酸树脂法对发光粉表面进行包膜处理，提高了发光粉的水解稳定性其中发光材料的辅助激活元素为：镝、铈、钕、镨、钐、铽、钬、铒、铥、镱中的一种或多种，氧化锶、氧化钙、氧化钡、氧化镁中的一种或多种。采用水性环氧树脂乳液作基料，与填料、助剂、水性聚酰胺固化剂等配合制成的发光涂料，涂饰于物体表面干燥后形成发光涂层，经紫外线、太阳光、日光灯等光源照射后储蓄光能，撤去光源后在黑暗中可发出荧光，余晖可持续 12h 以上。

蓄能发光乳胶漆属于近代高科技功能材料，该产品可以在太阳光或灯光等可见光照射下吸收并储存光能，然后在黑暗处将吸收的能量再以可见光的形式缓慢释放出来。

该发光材料有很高的耐热和抗氧化稳定性，在空气中加热到 500℃不发生化学变化，在无氧条件下加热到 900℃ 也不发生化学变化。由于铕激活的碱土金属铝酸盐型发光粉在水溶液中有部分水解现象，其水萃取液呈较强碱性，pH 值可达 10~12。因而，该发光粉不能直接用于制备水性乳胶漆。

该产品采用刷涂或喷涂方法进行施工。使用前搅匀，可用水调节黏度。漆膜厚度达到 100μm 以上才能形成发光亮度均匀的漆膜，为此一般需要喷涂 2~3 遍。在不同颜色的底漆上喷涂同样厚度的发光漆，以白色漆上的涂层发光亮度最高，因此为降低成本，减少发光涂料用量，应预涂白色底漆。

碳基乳胶涂料

原料配比

原　料	配比（质量份）	
	1号	2号
去离子水	520	574
羟乙基纤维素	4	2.2
丙二醇	40	64
成膜助剂	40	80
分散剂（43％）	25	28
消泡剂	4	5.8
炭粉	700	780
远红外粉	适量	适量
乙烯基乳液（50％）	615	460
消泡剂	3	—
碱溶胀型增稠剂（30％）	适量	适量
去离子水	110	—
防霉剂	5	5

制备方法

按上述配方先将羟乙基纤维素用部分水润湿溶解，然后将水、丙二醇、丙二醇丁醚、三甲基戊二醇单异丁酸酯、分散剂、消泡剂、防霉剂依次加入混合均匀，再加入远红外粉，加毕开动搅拌器低速搅拌，使远红外粉初步润湿后再加入炭粉，在中速下分散15～20min，使上述原料充分混合均匀，浸泡3～5h后，在高速下分散20min左右，而后在低速下加入乳液，充分搅拌15～20min，再根据涂料黏度及用途，加入水及碱溶胀型增稠剂调整黏度，并视涂料泡沫情况加入消泡剂，搅拌分散均匀后即可作为产品待用。

原料配伍

本品各组分质量份配比范围为：水570～680、羟乙基纤维素1～4、丙二醇40～64、丙二醇丁醚30～40、三甲基戊二醇单异丁酸酯10～60、分散剂（43%）24～29、消泡剂4～9、防霉剂10～15、炭粉700～780、远红外粉25～35、丙烯酸乳液（50%）90～180、纯丙弹性乳液（50%）380～500、碱溶胀型增稠剂（30%）适量。

配方中，碱溶胀型增稠剂（30%）的使用量不要求精确，为业内一般技术人员所能掌握。

炭粉：600目，800～1000℃，松木或竹子高温下炭化，作为颜料、填料，具有遮盖力、吸附性，可吸附有害气体、除湿。

丙烯酸乳液（50%），附着力强，表面硬度、光泽、耐水、耐碱性好，制成的涂膜硬，抗黏结，平滑、耐久。在配方一中适当提高涂膜硬度，使涂膜干燥快，更干爽。在配方二中，减少了丝网印刷过程的糊网，改善了印刷性能。

纯丙弹性涂料乳液（50%），具有优异的柔韧性、抗污性。用于涂布或印刷，赋予涂膜或印刷品优异的柔韧性、耐摩擦性。

水，作为分散介质，调节黏度。要求经过滤和杀菌。新炭粉应适当增加水量。

羟乙基纤维素，白色或微黄色粉末，使炭粉在较高的黏度下研磨，利于炭粉的分散。调整涂料的黏度，避免湿膜流挂以满足施工的需要。

碱溶胀型增稠剂，带官能团的丙烯酸乳液（30%），与羟乙基纤维素配合使用提高涂料储存稳定性，防止乳液与颜料分层。用于丝网印刷的油墨中可改善印刷性能，避免了单纯使用羟乙基纤维素对丝网的黏结。

丙二醇，工业级。成膜溶剂，使乳液颗粒溶胀，降低成膜温度，湿润基材，使涂膜致密均匀，提高涂膜性能。尤其在难涂布的PE薄膜上更显得必要。作为丝网印刷涂料，可提高涂料的润滑性，易于印刷，减少糊网。

丙二醇丁醚，工业级，作用同丙二醇，取代高毒性的乙二醇丁醚与丙二醇配合使用。

三甲基戊二醇单异丁酸酯，成膜溶剂，作用同丙二醇，在丝网印刷用涂料中可改善涂料的延展性，降低涂料对丝网的黏结（糊网）。

分散剂是一种经中和的低分子量的聚丙烯酸酯分散剂，固含量43%。对于细颗粒炭粉分散效果好。

远红外粉，白色粉体。该产品为无毒、无味、无污染的无机非金属材料，可吸收并反射人体所需的远红外线，并具有节能作用。用于涂布的涂料中，其制品（炭布）可作为食品的冷藏、保鲜袋内膜，保鲜效果好；用于室内铺垫，可改善室内小环境。

防霉剂采用 2-甲基-4-异噻唑啉-3-酮与 5-氯-2-甲基-4-噻唑啉-3-酮（1.5％）水溶液。具有非常广谱的活性。可杀菌防霉。

消泡剂，是一种含疏水聚硅氧烷的矿物油基消泡剂，消泡效果好。

◀ **产品应用** ▶

本品主要用于塑料薄膜、纸张等的涂布以及用于无纺布、薄膜等的丝网印刷。

◀ **产品特性** ▶

配方一涂料，固含量 50％，黏度 35～40s（涂-4 杯），刮板细度不大于 50μm。该涂料主要用于塑料薄膜、纸张等的涂布。在配方中，乳液总量不变的情况下，而采用不同类别、不同性能的乳液及调整它们之间的比例，可制得不同柔韧性的涂膜。此类涂料采用经高温焖烧的竹炭、木炭的副产品炭粉作为颜料及填料，并采用环保、无污染、透气性优良的乳液作为成膜物质，添加高新技术产品——功能性材料，不使用对环境污染严重的有机溶剂，是环保的绿色涂料。将涂膜置于室内，可有效地吸附室内有害气体，有除湿、除臭、杀菌等功能，涂膜具有施工性能好、与基材附着力好、干燥快、表面干爽美观等特点。涂料可采用滚涂、刷涂、喷涂等通用方法施工，可常温干燥，也可在 60℃/5min 下烘干，涂膜厚度 5～10μm。

配方二涂料，固含量 50％，黏度 130～140s（涂-4 杯），刮板细度不大于 50μm。该涂料主要用于代替传统油墨用于无纺布、薄膜等的丝网印刷。节约能源、环保无污染。本配方与配方一原材料相同，调整其中各组分比例，使之有适中的干性，及很好的印刷性能，印制的图案精美。与配方一相同，该涂料制品具有较强的吸附性，可有效地吸附室内有害气体，有除湿、除臭、杀菌等功能。同时具有很强的装饰效果。

总之，碳基乳胶涂料具有节约能源、保护环境、生产成本低（与溶剂型涂料、油墨比较）的优点，尤为重要的是具有通常涂料所没有的吸附性。

无纺布专用乳胶漆

◀原料配比▶

原　　料	配比(质量份)		
	1 号	2 号	3 号
蒸馏水	19.78	9.89	39.56
乙醇	8.48	1.25	16.96
丙烯酸丁酯	21.19	10.6	42.38
甲基丙烯酸	4.24	2.122	8.48
丙烯腈	0.71	0.36	1.42
苯乙烯	2.12	1.06	4.24
过硫酸铵	0.17	0.09	0.34
水	4	2	8
十二烷基硫酸钠	0.1	0.05	0.2

◀制备方法▶

① 称取蒸馏水和乙醇的混合液作为溶剂，其中蒸馏水和乙醇的质量比为 7∶3。

② 称取丙烯酸丁酯、甲基丙烯酸、丙烯腈、苯乙烯作为单体，单体总量与第一步得到的溶剂的质量比为 1∶1，其中各单体的质量比为丙烯酸丁酯∶甲基丙烯酸∶(丙烯腈＋苯乙烯)＝75∶15∶10，丙烯腈∶苯乙烯＝1∶3，然后将这四种单体按质量比混合，记为溶液一。

③ 称取单体总量 0.6% 的过硫酸铵作为引发剂，将称取的引发剂加入到占单体总量 14% 的水中溶解，得到过硫酸铵水溶液待用。

④ 称取单体总量 0.2% 的十二烷基硫酸钠作为乳化剂，将搅拌器放入四颈瓶中间的口中，将四颈瓶放在水浴锅中并固定，向四颈瓶中依次加入 1/3 量的溶液一、第一步得到的溶剂、称取得到的乳化剂，然后搅拌均匀。

⑤ 将第三步得到的过硫酸铵溶液的 1/4 加入到四颈瓶中，搅拌均匀。

⑥ 将四颈瓶的其他三个口分别与回流冷凝管、温度计及恒压滴液漏斗相连，打开搅拌器，水浴升温至 65～75℃，搅拌乳化 25～35min。

⑦ 将剩下的 2/3 的溶液一起加入四颈瓶中，继续升温至 80℃，待

85℃时保温。

⑧ 打开恒压滴液漏斗，将步骤⑤剩余的过硫酸铵溶液加入恒压滴液漏斗中，并每隔 2~4min 向四颈瓶中滴加 0.05mL，直至滴加完毕，反应过程中温度控制在 85℃±2℃。

⑨ 滴加完以后反应 3~4h，冷却至室温，得成品无纺布专用乳胶漆。

原料配伍

本品各组分质量份配比范围为：蒸馏水 9.89~39.56、乙醇 1.25~16.96、丙烯酸丁酯 10.6~42.38、甲基丙烯酸 2.122~8.48、丙烯腈 0.36~1.42、苯乙烯 1.06~4.24、过硫酸铵 0.09~0.34、水 2~8、十二烷基硫酸钠 0.05~2。

本品制造方法原理是利用自由基聚合反应，该反应始于引发剂分解而产生的自由基，将一些带有极性基团的单体在自由基的作用下共聚成带有极性基团的高分子化合物，形成可溶性树脂。

本反应采用自由基溶液聚合机理：链增长为头尾相接型，链终止可通过偶合，也可通过歧化。溶液聚合通常是间歇进行的，把单体或单体混合物加入有机溶剂中，在可溶性过氧化物或偶氮化合物引发剂的存在下，加热并维持到适当温度，聚合即得以顺利进行。

产品应用

本品主要用于无纺布的生产。

产品特性

本品是直接利用树脂骨架中的羟基（—CN）和羧基（—COOH）等亲水性极性基团使树脂溶于水，这样就减少了多种合成原材料的使用，制造简便。合成配方中使用了价格相对较低的苯乙烯和丙烯酸单体，大大降低了生产成本，这是一种节能环保的做法。采用水和乙醇的混合液作为溶剂，因为仅使用水作为溶剂时，水的蒸发潜热很大，加速干燥需要提高温度，且水的表面张力非常大，对乳胶漆的涂布也有不利影响，当水性乳胶漆应用于金属基体时，由于水的高导电性会引起基体腐蚀等，本品中使用水和乙醇的混合液作为溶剂，这样既解决了单独以水作为溶剂所带来的缺点，又能增加树脂的水溶性，有利于合成性能稳定、耐碱性的无纺布专用乳胶漆。本品制造成本低，且制造出来的乳胶漆不会对环境造成污染，可在无纺布领域推广应用。

乙丙乳胶漆

原　料	配比（质量份）
聚醋酸乙烯乳液	25
钛白粉	15.5
滑石粉	5
六偏磷酸钠	0.15
丙烯酸丁酯	5
尿素	2
乙二醇	0.5
五氯酚钠	0.1
水	19

制备方法

① 将上述原料分别投入搅拌罐中搅拌 15～45min。

② 再用胶体磨研磨，即为白乳胶漆。

③ 研磨后成品黏度为 60s，经 24h 后为 90s（涂-4 黏度计），以后黏度不变。使用时加水，调到 60s 以下。

原料配伍

本品各组分质量份配比范围为：聚醋酸乙烯乳液 25、钛白粉 15.5、滑石粉 5、六偏磷酸钠 0.15、丙烯酸丁酯 5、尿素 2、乙二醇 0.5、五氯酚钠 0.1、水 19。

产品应用

本乳胶漆可用于涂饰建筑物墙面、地面、木材面、布麻面、纸面、钢铁面等。

产品特性

① 在现有的乙酸乙烯乳胶漆的基础上，增加丙烯酸丁酯，提高了塑性、耐大气性、保光性等。

② 现有的乙丙乳胶漆制造法，系采用醋酸乙烯单体与丙烯酸丁酯或丙烯酸乙基己酯等共聚，需加热聚合，生产工艺复杂。本制造法由于发现了聚醋酸乙烯乳液在常温下，经 24h，能与丙烯酸丁酯聚合，省去了加热的工艺与设备，节省了热源，消除了热源造成的污染，有利于环

境保护。

③ 本法制造的乳胶漆，属于水溶性，无毒、不燃、不污染环境，而且用途广泛，可取代现有的一般油漆，可节省苯类、汽油等有机溶剂。

用于塑料基材涂装的乳胶漆

原料配比

原　料	配比（质量份）
水	16.5
分散剂	1.5
润湿剂	0.3
增稠剂	0.7
消泡剂	0.6
颜填料	25
助溶剂	2.7
成膜助剂	3
成膜物质	45
防霉防藻剂	0.3
防腐剂	0.1
pH 调节剂	0.2

制备方法

将水、分散剂、润湿剂、部分增稠剂、部分消泡剂依次加入配料罐，搅拌均匀，然后加入颜填料，高速研磨 10～20min；依次加入助溶剂、成膜助剂搅拌 5min；然后依次加入防霉防藻剂、防腐剂搅拌 3min；再加入成膜物质、消泡剂搅拌均匀后；分别用 pH 调节剂、增稠剂调节黏度和 pH 值，调节黏度至 78～82KU，即得到成品。

原料配伍

本品各组分质量份配比范围为：水 16.5、分散剂 1.5、润湿剂 0.3、增稠剂 0.7、消泡剂 0.6、颜填料 25、助溶剂 2.7、成膜助剂 3、成膜物质 45、防霉防藻剂 0.3、防腐剂 0.1、pH 调节剂 0.2。

所述成膜物质选自玻璃化转化温度为 10～30℃的丙烯酸酯共聚改

性的苯乙烯乳液。

所述成膜助剂满足以下条件：溶解度参数 T（总参数）平均为 8～10、NP（非极性）约为 7～9、P（极性）平均为 3～5、H（氢键）平均为 1.5～3.5。

所述分散剂为疏水改性共聚盐类分散剂。

所述润湿剂为 HLB 值为 2～12 的 EO/PO 嵌段共聚物。

所述适量的水是指其将塑料基材用乳胶漆的黏度调节到 78～82KU 之间。

所述成膜助剂为戊二酸二（乙-甲基丙）酯、丁二酸二（乙-甲基丙）酯和二（乙-甲基丙基）己二酸酯的混合物及二丙二醇丁醚复配物，具低气味、水解稳定、不含挥发性有机合物等特点；同时与其他成膜助剂相比，由于聚合物聚结更完全，与水的密切度更低，因此涂膜的附着力、耐水性更好。且所述任意混合物与二丙二醇丁醚的质量配比为 $(0.5～3.5):1$。

所述丙烯酸类乳液用作成膜物质，且所述丙烯酸类乳液是丙烯酸酯共聚改性的苯乙烯乳液。

所述分散剂为疏水改性共聚盐类分散剂。

所述润湿剂是 HLB 值为 2～12 的 EO/PO 嵌段共聚物。

所述颜填料分别为金红石型二氧化钛、天然碳酸钙、水合硅酸铝或其组合。

所采用的助溶剂为 1,2-丙二醇。

所采用的消泡剂为矿物油基化合物。优选地，采用特殊分子结构的消泡物质 Foamstar 与矿物油合成的矿物油基化合物。

所采用的增稠剂为水溶性纤维素衍生物、疏水改性的聚丙烯酸盐碱溶胀型乳液和疏水基团改性的乙氧基聚氨酯水溶性聚合物的复配物。

所采用的 pH 调节剂为 2-氨基-2-甲基-1-丙醇。

所采用的防霉剂为苯并咪唑氨基甲酸甲酯、N'-(3,4-二氯苯基)-N,N-二甲基脲或其组合。

所采用的防霉剂为苯并咪唑氨基甲酸甲酯、N'-(3,4-二氯苯基)-N,N-二甲基脲或其组合。其中苯并咪唑氨基甲酸甲酯水溶性低、光稳定性好，热稳定性好，毒性低。而 N'-(3,4-二氯苯基)-N,N-二甲基脲对藻类物质有很好的抵抗作用。

所采用的防腐剂为 1,2-苯并异噻唑啉-3-酮及其衍生物。它不释放甲醛，不含卤素，不挥发，稳定性好，具有热稳定性、酸碱稳定性，可在广泛的 pH 值范围内使用，化学稳定性好，对金属无腐蚀作用。

产品应用

本品是一种用于塑料基材涂装的乳胶漆。

施工：首先用 800♯ 砂纸将塑料表面进行打磨，除去表面上的浮灰、油污等杂质，直接在塑料表面涂刷塑料基材用乳胶漆。施工方法可根据现场情况而定，可刷涂、滚涂，也可以喷涂；施工遍数，以遮盖底材为准，建议涂刷两道。施工工艺简单，对施工人员也没有特殊要求，一般油漆工即可。

产品特性

本品安全环保，易于涂装，可达到良好的装饰效果，在 25℃ × 30min 左右即可表干，是一种具有良好附着力，环保性、经济性优越的涂料。

参 考 文 献

中国专利公告

CN—200910026292.5
CN—201310287437.3
CN—201010106714.2
CN—200510035111.7
CN—200910075441.7
CN—200710027572.9
CN—201410218649.0
CN—201210322966.8
CN—201410209709.2
CN—200410008372.5
CN—200810021666.X
CN—200810079201.X
CN—200710075223.4
CN—201410221751.6
CN—201410212172.5
CN—201210166038.7
CN—201210406588.1
CN—201410092609.6
CN—201410132563.6
CN—201010546261.5
CN—200610121154.1
CN—201010526384.2
CN—201010160075.8
CN—201110027646.5
CN—201310744656.X
CN—201310466633.7
CN—200710040360.4
CN—200910092696.4
CN—201010106715.7
CN—201210000388.6
CN—200810089587.2
CN—201310155107.9
CN—201410222887.9
CN—201410221749.9

CN—200910184243.4
CN—201310721041.5
CN—201210568003.6
CN—201310099483.0
CN—201210470718.8
CN—200710021891.9
CN—201010120852.6
CN—201010583625.7
CN—201210093555.6
CN—200910148754.0
CN—201410236468.0
CN—201310655354.5
CN—201310661164.4
CN—200710075954.9
CN—200810139174.0
CN—201210457959.9
CN—201310743966.X
CN—201310740789.X
CN—201410200765.X
CN—201210526731.0
CN—201210574692.1
CN—201310557401.2
CN—200610091190.8
CN—200510085791.3
CN—200810083964.1
CN—201110087813.5
CN—201410221668.9
CN—200410065241.0
CN—200510049717.8
CN—201410210163.2
CN—200510042332.7
CN—201310350953.6
CN—200610155808.2
CN—200510020801.5
CN—200810243214.6

CN—200910181993. 6

CN—200410009066. 3

CN—201410218689. 5

CN—200910208563. 9

CN—201410218689. 5

CN—201410275834. 3

CN—201410222888. 3

CN—201210139047. 7

CN—200810102894. X

CN—200910197749. 9

CN—201110001284. 2

CN—201410218650. 3

CN—201310453843. 2

CN—200410061372. 1

CN—201410235039. 1

CN—201410236662. 9

CN—201410218647. 1

CN—201410222890. 0

CN—201310681141. X

CN—200910084556. 2

CN—201110111936. 8

CN—201410209899. 8

CN—201210525974. 2

CN—201210561925. 4

CN—201310473353. 9

CN—200910146839. 5

CN—201210026787. X

CN—201210549511. X

CN—201310657818. 6

CN—201010163818. 7

CN—201010611310. 9

CN—200810128440. X

CN—201410148959. X

CN—201210459542. 6

CN—201310453112. 8

CN—200810128440. X

CN—201410218657. 5

CN—201310146933. 7

CN—201310689983. X

CN—200810042303. 4

CN—200410098776. 8

CN—200410006221. 6

CN—200410098775. 3

CN—200410098777. 2

CN—201110150922. 7

CN—200510035115. 5

CN—201210568875. 2

CN—201210016176. 7

CN—200910217200. 1

CN—201010530483. 8

CN—201410234968. 0

CN—201310727271. 2

CN—201210422421. 4

CN—201410218646. 7

CN—201010530477. 2

CN—201410234505. 4

CN—200910036940. 5

CN—200910069661. 9

CN—201110126390. 3

CN—201410304136. 1

CN—201210333060. 6

CN—201210561930. 5

CN—201310727290. 5

CN—201410234441. 8

CN—201010533475. 9

CN—200810119199. 4

CN—201110124383. X

CN—200910197750. 1

CN—201110126036. 0

CN—201010142594. 1

CN—201210112555. 6

CN—201310283891. 1

CN—201310088229. 0

CN—201110135717. 3

CN—200510136082. 3
CN—201310351019. 6
CN—200310100872. 7
CN—200710180517. 3
CN—201410218656. 0
CN—201310474651. X
CN—201410221708. X
CN—200810066988. 6
CN—200910016895. 7
CN—200710032053. 1
CN—201110428876. 2
CN—200910264474. 6
CN—201410138289. 3
CN—201310114613. 3
CN—201310413327. 7
CN—200910211993. 6
CN—201410209735. 5
CN—200410008371. 0
CN—201410181836. 6
CN—201010148038. 5
CN—200710156605. X
CN—201410215818. 5
CN—201210342227. 5
CN—201210342184. 0
CN—201110054763. 0
CN—200910192124. 3
CN—200510046435. 0
CN—201110111940. 4
CN—201210061792. 4
CN—200910100686. 0
CN—201110111951. 2
CN—201010127860. 3
CN—201310647036. 4
CN—201310751705. 2
CN—201210520983. 2
CN—201210571371. 6
CN—201210580989. 9

CN—201410218648. 6
CN—201010138652. 3
CN—201010621326. 8
CN—201210294583. 4
CN—201110195429. 7
CN—201010623661. 1
CN—201110263322. 1
CN—200310100868. 0
CN—200910026296. 3
CN—201210256318. 7
CN—201110449809. 9
CN—200310100866. 1
CN—201010296563. 1
CN—201210170705. 9
CN—201310282839. 4
CN—201110126045. X
CN—201010197562. 1
CN—201410236585. 7
CN—200910208578. 5
CN—200910040754. 9
CN—201210016148. 5
CN—201110126419. 8
CN—200710037130. 2
CN—201210050273. 8
CN—201010546265. 3
CN—201210201329. 5
CN—201410221748. 4
CN—200610035564. 4
CN—201110031523. 9
CN—201210058694. 5
CN—200710178078. 2
CN—200910184010. 4
CN—200610043479. 2
CN—201410102113. 2
CN—200710075954. 9
CN—200310100879. 9
CN—200310100873. 1

CN—201110107441. 8

CN—201210201319. 1

CN—200910032868. 9

CN—201110147247. 2

CN—200710134794. 0

CN—200510040839. 9

CN—200510047606. 1

CN—200810120889. 1

CN—200710134794. 0

CN—200510020870. 6

CN—200810042193. 1

CN—201210351946. 3

CN—201010205645. 0

CN—200910192055. 6

CN—200910247867. 6

CN—201210201715. 4

CN—201110113956. 9

CN—200310100870. 8

CN—201210471971. 5

CN—201410200629. 0

CN—201110414765. 6

CN—200910181992. 1

CN—201310350952. 1

CN—201010147685. 4

CN—201010530492. 7

CN—200610085837. 6

CN—200410086567. 1

CN—201410294606. 0

CN—201110126054. 9

CN—201110235704. 3

CN—201110126063. 8

CN—201110126417. 9

CN—201010142597. 5

CN—201410361986. 5

CN—201410297743. X

CN—201210463688. 8

CN—201210561923. 5

CN—201310727303. 9

CN—201410234443. 7

CN—201410236538. 2

CN—201110126070. 8

CN—200810119200. 3

CN—200710075953. 4

CN—200510120764. 5

CN—200910232586. 3

CN—200510120764. 5

CN—201310270454. 6

CN—201310270691. 2

CN—201310270073. 8

CN—201010598382. 4

CN—200910208579. X

CN—200410035680. 7

CN—201010540814. 6

CN—201110049363. 0

CN—200310100869. 5

CN—200310100867. 6

CN—201410233541. 9

CN—201410221669. 3

CN—201410218787. 9

CN—201310432367. 6

CN—201310467785. 9

CN—201210526712. 8

CN—201310471823. 8

CN—201010535854. 1

CN—201410236560. 7

CN—201410218789. 8

CN—201410218788. 3

CN—201210574225. 9

CN—201410221707. 5

CN—201410236495. 8

CN—201410218614. 7

CN—201010549167. 5

CN—201010517042. 4

CN—201210119311. 0

乳胶涂料配方与制备（二）

CN—201210202526.9

CN—200810042193.1

CN—201210188043.8

CN—200910194824.6

CN—200610088145.7

CN—200710018689.0

CN—201210188642.X

CN—200610153579.0

CN—201210322961.5

CN—200410059125.8

CN—201010280333.6

CN—201110110480.3